青少年科技创新丛书

用Arduino进行创造

刘玉田 许勇进 编著

清华大学出版社
北 京

内 容 简 介

本书对电子技术和编程的基础知识进行了深入浅出的讲解，降低了学习难度，使学习更有乐趣；既包含基础应用，又有前沿探索的内容，如物联网的知识等，使学习循序渐进；充分考虑了 Arduino 开源的特点，探讨了 Arduino 与中学实验、与乐高机器人等领域的融合，丰富了 Arduino 的应用；还引入了 Arduino 辅助设计软件 Fritzing，完整呈现了创意、虚拟呈现、试验电路、产品实现的过程。

本书主要面向没有电子技术和编程基础知识的青少年。

图书在版编目（CIP）数据

用 Arduino 进行创造/刘玉田，许勇进编著. --北京：清华大学出版社，2014(2019.6 重印)
(青少年科技创新丛书)
ISBN 978-7-302-32365-1

Ⅰ. ①用…　Ⅱ. ①刘…　②许…　Ⅲ. ①单片微型计算机－青少年读物　Ⅳ. ①TP368.1-49

中国版本图书馆 CIP 数据核字(2014)第 098918 号

责任编辑：帅志清
封面设计：刘　莹
责任校对：刘　静
责任印制：沈　露

出版发行：清华大学出版社
网　　址：http://www.tup.com.cn，http://www.wqbook.com
地　　址：北京清华大学学研大厦 A 座　　**邮　　编**：100084
社 总 机：010-62770175　　**邮　　购**：010-62786544
投稿与读者服务：010-62776969，c-service@tup.tsinghua.edu.cn
质量反馈：010-62772015，zhiliang@tup.tsinghua.edu.cn
课件下载：http://www.tup.com.cn，010-62795764
印 装 者：山东润声印务有限公司
经　　销：全国新华书店
开　　本：185mm×260mm　　**印　　张**：13.75　　**字　　数**：308 千字
版　　次：2014 年 6 月第 1 版　　**印　　次**：2019 年 6 月第 2 次印刷
定　　价：66.00 元

产品编号：051075-02

序　（1）

吹响信息科学技术基础教育改革的号角

（一）

信息科学技术是信息时代的标志性科学技术。信息科学技术在社会各个活动领域广泛而深入的应用，就是人们所熟知的信息化。信息化是 21 世纪最为重要的时代特征。作为信息时代的必然要求，它的经济、政治、文化、民生和安全都要接受信息化的洗礼。因此，生活在信息时代的人们应当具备信息科学的基本知识和应用信息技术的能力。

理论和实践表明，信息时代是一个优胜劣汰、激烈竞争的时代。谁先掌握了信息科学技术，谁就可能在激烈的竞争中赢得制胜的先机。因此，对于一个国家来说，信息科学技术教育的成败优劣，就成为关系国家兴衰和民族存亡的根本所在。

同其他学科的教育一样，信息科学技术的教育也包含基础教育和高等教育两个相互联系、相互作用、相辅相成的阶段。少年强则国强，少年智则国智。因此，信息科学技术的基础教育不仅具有基础性意义，而且具有全局性意义。

（二）

为了搞好信息科学技术的基础教育，首先需要明确：什么是信息科学技术？信息科学技术在整个科学技术体系中处于什么地位？在此基础上，明确：什么是基础教育阶段应当掌握的信息科学技术？

众所周知，人类一切活动的目的归根结底就是要通过认识世界和改造世界，不断地改善自身的生存环境和发展条件。为了认识世界，就必须获得世界（具体表现为外部世界存在的各种事物和问题）的信息，并把这些信息通过处理提炼成为相应的知识；为了改造世界（表现为变革各种具体的事物和解决各种具体的问题），就必须根据改善生存环境和发展条件的目的，利用所获得的信息和知识，制定能够解决问题的策略并把策略转换为可以实践的行为，通过行为解决问题、达到目的。

可见，在人类认识世界和改造世界的活动中，不断改善人类生存环境和发展条件这个目的是根本的出发点与归宿，获得信息是实现这个目的的基础和前提，处理信息、提炼知识和制定策略是实现目的的关键与核心，而把策略转换成行为则是解决问题、实现目的的最终手段。不难明白，认识世界所需要的知识、改造世界所需要的策略以及执行策略的行为是由信息加工分别提炼出来的产物。于是，确定目的、获得信息、处理信息、提炼知识、制定策略、执行策略、解决问题、实现目的，就自然地成为信息科学技术的基本任务。

这样，信息科学技术的基本内涵就应当包括：①信息的概念和理论；②信息的地位和作用，包括信息资源与物质资源的关系以及信息资源与人类社会的关系；③信息运动的基本规律与原理，包括获得信息、传递信息、处理信息、提炼知识、制定策略、生成行为、解决问题、实现目的的规律和原理；④利用上述规律构造认识世界和改造世界所需要的各种信息工具的原理和方法；⑤信息科学技术特有的方法论。

鉴于信息科学技术在人类认识世界和改造世界活动中所扮演的主导角色，同时鉴于信息资源在人类认识世界和改造世界活动中所处的基础地位，信息科学技术在整个科学技术体系中显然应当处于主导与基础双重地位。信息科学技术与物质科学技术的关系，可以表现为信息科学工具与物质科学工具之间的关系：一方面，信息科学工具与物质科学工具同样都是人类认识世界和改造世界的基本工具；另一方面，信息科学工具又驾驭物质科学工具。

参照信息科学技术的基本内涵，信息科学技术基础教育的内容可以归结为：①信息的基本概念；②信息的基本作用；③信息运动规律的基本概念和可能的实现方法；④构造各种简单信息工具的可能方法；⑤信息工具在日常活动中的典型应用。

（三）

与信息科学技术基础教育内容同样重要甚至更为重要的问题是要研究：怎样才能使中小学生真正喜爱并能够掌握基础信息科学技术？其实，这就是如何认识和实践信息科学技术基础教育的基本规律的问题。

信息科学技术基础教育的基本规律有很丰富的内容，其中有两个重要问题：一是如何理解中小学生的一般认知规律，二是如何理解信息科学技术知识特有的认知规律和相应能力的形成规律。

在人类（包括中小学生）一般的认知规律中，有两个普遍的共识：一是“兴趣决定取舍”，二是“方法决定成败”。前者表明，一个人如果对某种活动有了浓厚的兴趣和好奇心，就会主动、积极地探寻奥秘；如果没有兴趣，就会放弃或者消极应付。后者表明，即使有了浓厚的兴趣，如果方法不恰当，最终也会导致失败。所以，为了成功地培育人才，激发浓厚的兴趣和启示良好的方法都非常重要。

小学教育处于由学前的非正规、非系统教育转为正规的系统教育的阶段，原则上属于启蒙教育。在这个阶段，调动兴趣和激发好奇心理更加重要。中学教育的基本要求同样是要不断调动学生的学习兴趣和激发他们的好奇心理，但是这一阶段越来越重要的任务是要培养他们的科学思维方法。

与物质科学技术学科相比，信息科学技术学科的特点是比较抽象、比较新颖。因此，信息科学技术的基础教育还要特别重视人类认识活动的另一个重要规律：人们的认识过程通常是由个别上升到一般，由直观上升到抽象，由简单上升到复杂。所以，从个别的、简单的、直观的学习内容开始，经过量变到质变的飞跃和升华，才能掌握一般的、抽象的、复杂的学习内容。其中，亲身实践是实现由直观到抽象过程的良好途径。

综合以上几方面的认知规律，小学的教育应当从个别的、简单的、直观的、实际的、有趣的学习内容开始，循序渐进，由此及彼，由表及里，由浅入深，边做边学，由低年级到高年级，由小学到中学，由初中到高中，逐步向一般的、抽象的、复杂的学习内容过渡。

（四）

我们欣喜地看到，在信息化需求的推动下，信息科学技术的基础教育已在我国众多的中小学校试行多年。感谢全国各中小学校的领导和教师的重视，特别感谢广大一线教师们坚持不懈的努力，克服了各种困难，展开了积极的探索，使我国信息科学技术的基础教育在摸索中不断前进，取得了不少可喜的成绩。

由于信息科学技术本身还在迅速发展，人们对它的认识还在不断深化。由于“重书本”、“重灌输”等传统教育思想和教学方法的影响，学生学习的主动性、积极性尚未得到充分发挥，加上部分学校的教学师资、教学设施和条件还不够充足，教学效果尚不能令人满意。总之，我国信息科学技术基础教育存在不少问题，亟须研究和解决。

针对这种情况，在教育部基础司的领导下，我国从事信息科学技术基础教育与研究的广大教育工作者正在积极探索解决这些问题的有效途径。与此同时，北京、上海、广东、浙江等省市的部分教师也在自下而上地联合起来，共同交流和梳理信息科学技术基础教育的知识体系与知识要点，编写新的教材。所有这些努力，都取得了积极的进展。

《青少年科技创新丛书》是这些努力的一个组成部分，也是这些努力的一个代表性成果。丛书的作者们是一批来自国内外大中学校的教师和教育产品创作者，他们怀着“让学生获得最好教育”的美好理想，本着“实践出兴趣，实践出真知，实践出才干”的清晰信念，利用国内外最新的信息科技资源和工具，精心编撰了这套重在培养学生动手能力与创新技能的丛书，希望为我国信息科学技术基础教育提供可资选用的教材和参考书，同时也为学生的科技活动提供可用的资源、工具和方法，以期激励学生学习信息科学技术的兴趣，启发他们创新的灵感。这套丛书突出体现了让学生动手和“做中学”的教学特点，而且大部分内容都是作者们所在学校开发的课程，经过了教学实践的检验，具有良好的效果。其中，也有引进的国外优秀课程，可以让学生直接接触世界先进的教育资源。

笔者看到，这套丛书给我国信息科学技术基础教育吹进了一股清风，开创了新的思路和风格。但愿这套丛书的出版成为一个号角，希望在它的鼓动下，有更多的志士仁人关注我国的信息科学技术基础教育的改革，提供更多优秀的作品和教学参考书，开创百花齐放、异彩纷呈的局面，为提高我国的信息科学技术基础教育水平作出更多、更好的贡献。

钟义信

2013 年冬于北京

序（2）

探索的动力来自对所学内容的兴趣，这是古今中外之共识。正如爱因斯坦所说：一个贪婪的狮子，如果被人们强迫不断进食，也会失去对食物贪婪的本性。学习本应源于天性，而不是强迫地灌输。但是，当我们环顾目前教育的现状，却深感沮丧与悲哀：学生太累，压力太大，以至于使他们失去了对周围探索的兴趣。在很多学生的眼中，已经看不到对学习的渴望，他们无法享受学习带来的乐趣。

在传统的教育方式下，通常由教师设计各种实验让学生进行验证，这种方式与科学发现的过程相违背。那种从概念、公式、定理以及脱离实际的抽象符号中学习的过程，极易导致学生机械地记忆科学知识，不利于培养学生的科学兴趣、科学精神、科学技能，以及运用科学知识解决实际问题的能力，不能满足学生自身发展的需要和社会发展对创新人才的需求。

美国教育家杜威指出：成年人的认识成果是儿童学习的终点。儿童学习的起点是经验，“学与做相结合的教育将会取代传授他人学问的被动的教育”。如何开发学生潜在的创造力，使他们对世界充满好奇心，充满探索的愿望，是每一位教师都应该思考的问题，也是教育可以获得成功的关键。令人感到欣慰的是，新技术的发展使这一切成为可能。如今，我们正处在科技日新月异的时代，新产品、新技术不仅改变我们的生活，而且让我们的视野与前人迥然不同。我们可以有更多的途径接触新的信息、新的材料，同时在工作中也易于获得新的工具和方法，这正是当今时代有别于其他时代的特征。

当今时代，学生获得新知识的来源已经不再局限于书本，他们每天面对大量的信息，这些信息可以来自网络，也可以来自生活的各个方面：手机、iPad、智能玩具等。新材料、新工具和新技术已经渗透到学生的生活之中，这也为教育提供了新的机遇与挑战。

将新的材料、工具和方法介绍给学生，不仅可以改变传统的教育内容与教育方式，而且将为学生提供一个实现创新梦想的舞台，教师在教学中可以更好地观察和了解学生的爱好、个性特点，更好地引导他们，更深入地挖掘他们的潜力，使他们具有更为广阔的视野、能力和责任。

本套丛书的作者大多是来自著名大学、著名中学的教师和教育产品的科研人员，他们在多年的实践中积累了丰富的经验，并在教学中形成了相关的课程，共同的理想让我们走到了一起，“让学生获得最好的教育”是我们共同的愿望。

本套丛书可以作为各校选修课程或必修课程的教材，同时也希望借此为学生提供一些科技创新的材料、工具和方法，让学生通过本套丛书获得对科技的兴趣，产生创新与发明的动力。

丛书编委会

2013 年 10 月 8 日

前　言

先说两件事。

第一件事：记得早些年,我看了一个电视节目，主持人问五六岁的孩子“你长大了想干什么？”孩子说：“我想当发明家，能够把水变成油，这样好多好多汽车只用加水就能跑了。”许多人交口称赞：“孩子真有想象力！”随着孩子年龄的增长，我们越来越难从他们口中听到类似的想法,以至于现在有不少声音质疑孩子们的想象力、创造力，进而质疑学校教育，似乎教育和孩子的创造力已经真的到了只能扼腕叹息的地步。

第二件事：编者在上初中的时候开始对电子制作有了兴趣，也想办法拆了不少东西。后来偶然得到一本电子电路方面的书，此书跟大多数电子类的书一样，电阻、二极管、三极管等内容一应俱全、面面俱到。当时我只是个初中生，在看到“三极管特性曲线”的时候，就再也看不下去了。也就是说，那本书我就看了前面十几页。那个时候，学习几乎是学生唯一和必须完成的任务，我的爱好没有继续下去。后来进入大学，学习没有那么紧张了，想再玩一玩电子制作。这个时候，大家已经都在玩单片机了。由于完全没有单片机的基础，于是我求助电子专业的一位老师，他给了我一本《51 单片机》让我先补点基础知识。那是一本 32 开的书，没多厚，书角已磨得不成样子，很有沧桑感，竟跟我最早的那本电子书有些神似。等我看的时候才发现，看书的感觉跟当年那么相似，满书都是什么地址、寄存器、指令……结果可想而知。

不知道有多少人像编者一样，有那么一个兴趣爱好，却始终在门口徘徊，慢慢地丢了、放了，没有了创造的欲望。我一直在想这是为什么。几年前开始接触 Lego（乐高），再后来发现了 Arduino，觉得似乎找到了答案，或者说找到部分答案。创造力不仅仅是“把水变成油”的奇想，还需要及时把它表现和物化出来。对于热爱创造的人来说，这种“成果”是激励他克服困难的强大动力。遗憾的是，很多时候，爱好者们要想实现其想法，必须积累太多的知识、技能之后才能有一点点成果，很多人坚持不到这一阶段。表现和物化的过程一定需要借助一些外部手段——工具。“工具”的好坏、易用程度，直接决定了其是否能够顺利地取得成果，“工欲善其事，必先利其器”就有这个意思。

我想，Arduino 会是适合孩子们的“利器”。Arduino 本身就不是为专业人员开发的，其设计之初的目的是让设计师和艺术家们能够快速地表达其创意。想一想，艺术家们懂得的电子知识应该不会比孩子们多很多。

这本书面向的对象是没有太多电子技术和计算机编程基础知识的青少年朋友，书中的案例不见得精彩、高深，编写的程序也肯定没有那么精炼。仅靠这本书，读者不会成为 Arduino 高手，但是相信能帮读者迈出成为高手的第一步。

创造，不仅仅要有上天入地的奇想；创造，要先实现自己脑海中闪现的那一丁点儿的小火花！

本书主要由刘玉田负责构思和编写，部分章节与同事共同编写，具体为：第 3 章与许勇进共同编写，第 2 章与崔艳丽共同编写，第 4 章与马丽娜共同编写，第 5 章与张瑞琳共同编写，第 8 章与何佳星共同编写，在此对他们表示感谢。

由于编者水平所限，书中难免存在疏漏与不足，恳请广大读者批评指正。

编　者

2014 年 3 月

目　录

第 1 章　Arduino 简介

Arduino 能做什么？如何工作？在回答这个问题之前，先想想我们自己——人是如何工作的。我们做任何事情都要经历三个步骤：①先用耳朵、眼睛等感官从外界获取信息，比如听到某个人叫自己；②在大脑中对信息进行分析和处理，比如要判断是谁在叫自己，他要干什么；③根据分析的结果，用嘴巴等向外界传递一些信息，或者直接用手、脚等对外界施加影响。比如，是认识的人，就与他聊一会儿。Arduino 的工作过程也一样。在一块蓝色的电路板上有一些 I/O 口，"I"代表 INPUT（输入），接上"耳朵"、"眼睛"后就可以向 Arduino 输入信息；"O"代表 OUTPUT（输出），接上"嘴巴"就可以向外界"哇啦哇啦"，接上"手、脚"等运动部件，就可以手舞足蹈。当然，Arduino 还不能像人一样自己思考和行事，需要事先编写好程序，Arduino 将完全按照我们预设的情况工作。在相应的软件中编写程序，并将其下载到蓝色电路板上的一块芯片中，这块芯片就成了 Arduino 的"大脑"。

1.1　Arduino UNO 硬件介绍

> 提示：不需要完全记住或理解本节介绍的内容，可以在继续学习的过程中，回过头来查找需要的东西。

Arduino 是开源的微型控制器，在 2005 年产生于意大利，由意大利米兰互动设计学院的教师 Massimo Banzi 等人发起。目前 Arduino 出现了一系列型号，以适用于不同的人群和场合。Arduino 是一个工具，能帮我们做出一个感知和控制物理世界的计算机。关于 Arduino 的更多详细信息，可以登录 Arduino 的主页 http://www.arduino.cc 查看（看一手的资料对于学习是非常重要的）。该主页上有大量的硬件、软件和案例资源，对初学者无疑有巨大的帮助。另外，这个主页是英文版的，学习 Arduino 的同时也可以提高读者的英文阅读能力。

目前 Arduino 系列较为主流的产品是 Arduino UNO，其最新的版本是 R3（Revision 3），如图 1-1 所示。本书使用 Arduino UNO R3。

UNO 的处理器核心是 ATmega328，具有 14 路数字输入/输出口（其中 6 路可作为 PWM 输出）、6 路模拟输入、一个 16MHz 晶体振荡器、一个 USB 口、一个电源插座、一个 ICSP header 和一个复位按钮。

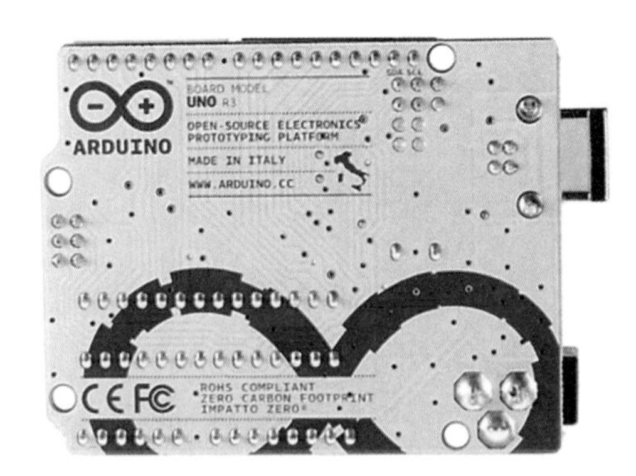

图 1-1　Arduino UNO R3 电路板正、反面

UNO 与所有之前的型号不同的地方是，不再使用 FTDI USB-to-Serial（USB 转串口）驱动芯片，而是使用 ATmega16U2 作为 USB 转串口的转换器。

相对前两个版本，UNO R3 有以下新的特点：

(1) 在 AREF 处增加了两个引脚 SDA 和 SCL(标记在背面)，支持 I^2C 接口。

(2) 增加 IOREF 引脚，使扩展板能适应由 Arduino 提供的电压，扩展板将能兼容 AVR 板(工作电压为 5V)和 Arduino Due（工作电压为 3.3V)；增加了一个为扩展用途预留的引脚。

(3) 改进了复位电路设计。

(4) USB 接口芯片由 ATmega16U2 替代了 ATmega8U2。

Arduino UNO R3 的简要介绍如表 1-1 所示。

表 1-1　Arduino UNO R3 概要

处　理　器	ATmega328
工作电压	5V
输入电压(推荐)	7～12V
输入电压(限制范围)	6～20V
数字 I/O 引脚	14(其中 6 路作为 PWM 输出)
模拟输入引脚	6
I/O 引脚输出电流	最大 40mA
3.3V 引脚电流	最大 50mA
Flash Memory	32KB(ATmega328，其中 0.5KB 用于 bootloader)
SRAM	2KB(ATmega328)
EEPROM	1KB(ATmega328)
工作时钟	16MHz

图 1-2 标出了 Arduino UNO R3 未标示或标示不清楚的一些引脚、器件，相关说明如表 1-2～表 1-5 所示。图 1-2 中部分说明如下：

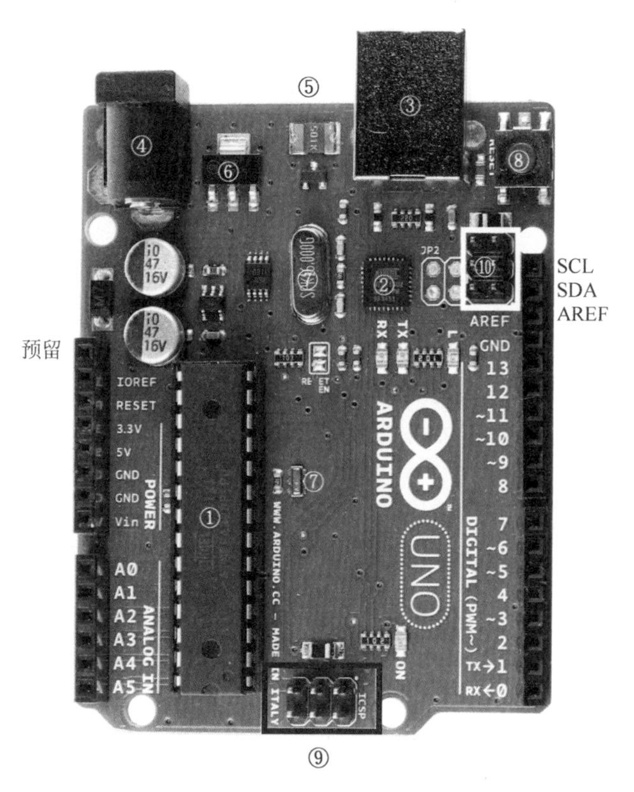

图 1-2　Arduino UNO R3

表 1-2　**电源引脚说明**

引脚名称	功　　能	说　　明
Power Jack 图 1-2 中④	直流电源插座，外接直流电源，电压 7～12V	这三种方式均能为 Arduino UNO 供电；电路板能自动选择供电方式
USB 图 1-2 中③	为 Arduino 提供直流电源；与计算机通信、下载程序	
V_{in}	外接直流电源输入，电压 7～12V（V_{in} 是 Voltage Input 的缩写）；外接电源正极接“V_{in}”，负极接“GND”	
GND	“地”引脚（GND 是 Ground 的缩写）Arduino 共有 3 个 GND 引脚	在电子电路中，“地”并不是真正的大地，而是代表电位的零点，有时可以将 GND 理解为“负极”（只是方便理解，并不严谨）
3.3V	Arduino 电路板向外输出 3.3V 直流电压，最大电流 50mA	3.3V 和 5V 电压输出，要经过电路板上的电压调整器从“直流电源插座”、USB 或 V_{in} 获得。这样做会对电路板有损坏，一般不推荐使用它们
5V	Arduino 电路板向外输出 5V 直流电压（说明书上没有说明能提供的最大电流，上限约为 300mA）	

表 1-3　**输入/输出(I/O)引脚说明**

	引脚名称	基本功能	引脚额外功能	
模拟输入	A0～A5	每一路具有 10 位的分辨率(即有 1024 个不同值),默认输入信号范围为 0～5V,可以通过 AREF 针和 analogReference()函数调整输入上限	A4(同 SDA)和 A5(同 SCL)	TWI 通信 需要用到 Wire Library
数字输入/输出	0～13	既可以作为数字量输入口,也可以作为数字量输出口,需要在程序中使用 pinMode()函数设定。作为输出使用时,单个引脚能提供的最大电流约为 40mA	0 和 1	串口通信 用引脚 0 接收(Receive)串口信号 引脚 1 发送(Transmit)串口信号
			2,3	触发中断引脚,可设成上升沿触发、下降沿触发或同时触发;相关函数为 attachInterrupt()
			3,5,6,9,10,11	6 路 PWM 输出使用 analogWrite()函数
			10,11,12,13	SPI 通信接口,10 为 SS,11 为 MOST,12 为 MISO,13 为 SCK。需要用到 SPI Library

表 1-4　**其他引脚说明**

引脚名称	功　　能
IOREF	使扩展板能适应由 Arduino 提供的电压;扩展板将能兼容 AVR 板(工作电压为 5V)和 Arduino Due (工作电压为 3.3V)
预留引脚	空引脚,为扩展用途预留
ICSP 图 1-2 中⑨	In-Circuit Serial Programming,在线串行编程 用于 SPI 通信,也可以通过 ICSP 引脚烧录引导程序
Reset	重启 Arduino 电路板,低电位有效;在电路板上靠近 USB 的地方,还有一个红色的 Reset 按键(图 1-2 中⑧),按压以重启 Arduino 电路板
AREF	模拟输入信号的参考电压,使用 analogReference()函数

表 1-5　**指示 LED 说明**

标示	名　　称	功　　能
ON	电源指示 LED	Arduino 电路板接通电源时,该 LED 点亮
RX	串口通信接收指示 LED	通过 USB 下载程序时,该 LED 闪烁(通过 1、2 引脚串口通信时,这两个 LED 不闪烁)
TX	串口通信发送指示 LED	
L	数字 13 引脚指示 LED	与数字引脚 13 相连。引脚 13 输出高电平时,该 LED 点亮。常用于电路板的检查

(1) ATmega328 微型控制器①:Arduino 的大脑,在 Arduino IDE 中编写的程序要下载和运行其中。

(2) ATmega16U2 微型控制器②:USB 转串口的转换器,用于计算机和 Arduino 通信。

(3) 自恢复保险丝(PTC)⑤：它可以限制从USB口输入Arduino中的电流，以保护计算机。出现问题时，它能断开Arduino；等待几分钟后，保险丝自动恢复。

(4) 3.3V电压调节器⑥：这个芯片从Arduino取5V电压并调节为3.3V，供其他板子或扩展板使用。

(5) 晶振⑦：两个，一个用于USB接口芯片，一个用于ATmega328。晶振为芯片提供时钟信号。

(6) ICSP⑩：供ATmega16U2使用。

1.2　Arduino的开发环境

> 提示：不需要完全记住或理解下面介绍的内容，可以在继续学习的过程中，回过头来查找需要的东西。

Arduino的编程软件称为Arduino IDE(Integrated Development Environment，集成开发环境)。可以在IDE中编写程序代码。IDE把代码编译成微处理器能识别的指令，并可以方便地把指令通过USB下载到微处理器中。

可以在http://arduino.cc/en/Main/Software下载Arduino IDE，在下载页的上部显示的是软件的最新版本。2011年11月30日，Arduino发布了Arduino 1.0，在这之后的版本都以“Arduino ×.×.×”的方式命名，作者在写本书时，最新的软件版本是Arduino 1.0.3，本书中所有的案例都采用Arduino 1.0.3版本。如图1-3所示，Arduino还为不同的操作系统提供了不同的选择。

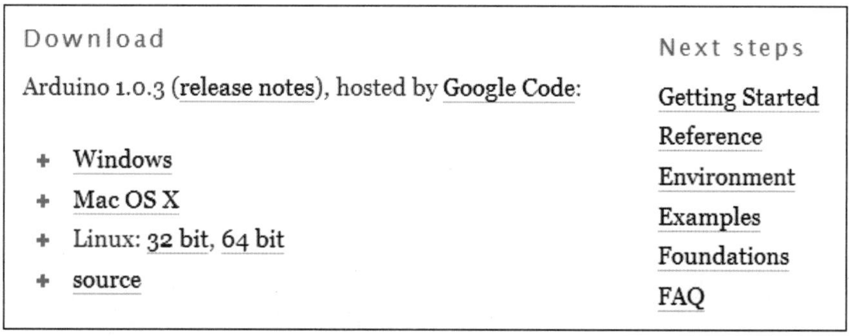

Download

Arduino 1.0.3 (release notes), hosted by Google Code:

+ Windows
+ Mac OS X
+ Linux: 32 bit, 64 bit
+ source

Next steps

Getting Started
Reference
Environment
Examples
Foundations
FAQ

图1-3　Arduino下载页

在下载页“Previous IDE Versions(之前的IDE版本)”中还可以看到以“Arduino 00××”(如Arduino 0022)方式命名的版本。Arduino 1.0是Arduino IDE的一个重大变化，其程序文件的扩展名从之前的.pde变为.ino(ino是“Arduino”的后3个字母)，目的是避免与Processing软件的冲突(Arduino的语言就是从Processing演变来的，Arduino还保持了Processing的IDE界面，在1.0版本之前，Arduino和Processing文件的扩展名均为.pde)。IDE 界面图标也与之前版本不同。不同的版本可能会有一些语法或函数库的变化,具体的可以在 release notes 中查看。

从 http://arduino.cc/en/Main/Software 下载 Arduino 1.0.3,得到的是一个名为 arduino-1.0.3-windows.zip 的压缩文件。将其解压缩到要存放的位置,得到一个名为 arduino-1.0.3 的文件夹,其内容如图 1-4 所示。Arduino 是免安装软件,双击图标,即可运行软件。可以在桌面上创建一个快捷方式,以方便运行软件。

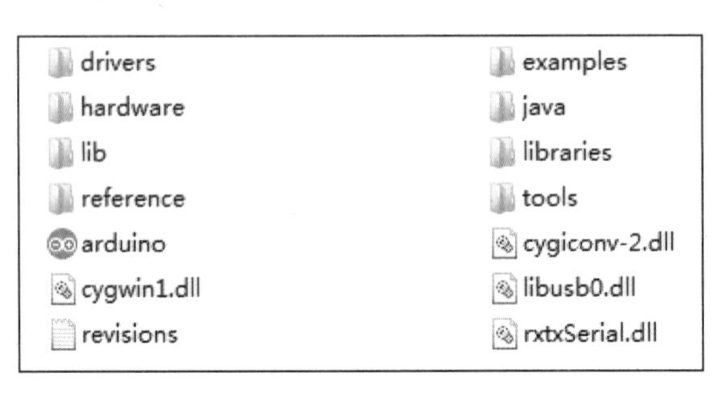

图 1-4 Arduino 文件夹中的内容

Arduino 1.0.3 和 Arduino 0022 打开后,界面分别如图 1-5 和图 1-6 所示。

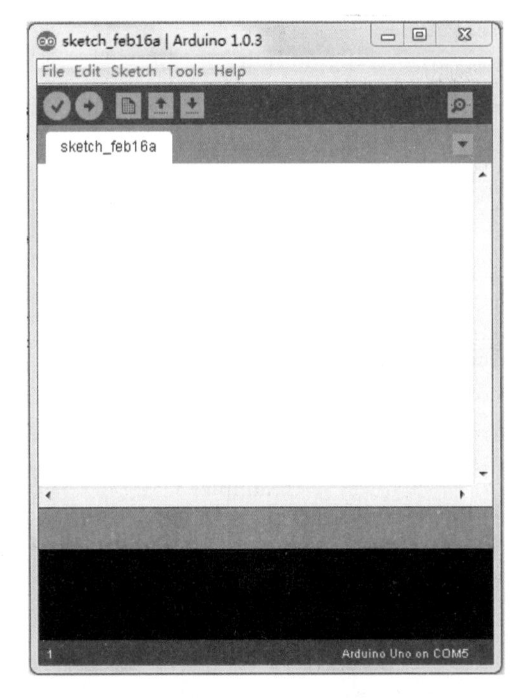

图 1-5 Arduino 1.0.3 版本界面

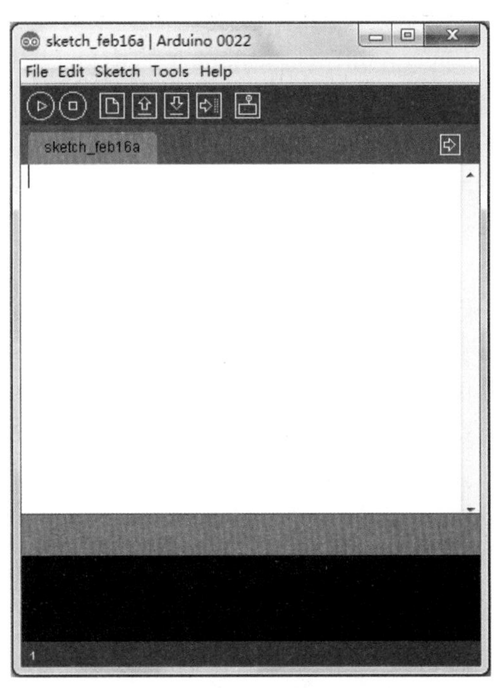

图 1-6 Arduino 0022 版本界面

Arduino IDE 界面组成如图 1-7 所示。其各部分功能如下所述。

(1) 编辑区:在编辑区编写程序代码,支持剪切、复制、粘贴、查找和替换操作。目前编辑区不支持中文输入,但可以从其他编辑工具(如 Word、记事本)复制、粘贴中文信息

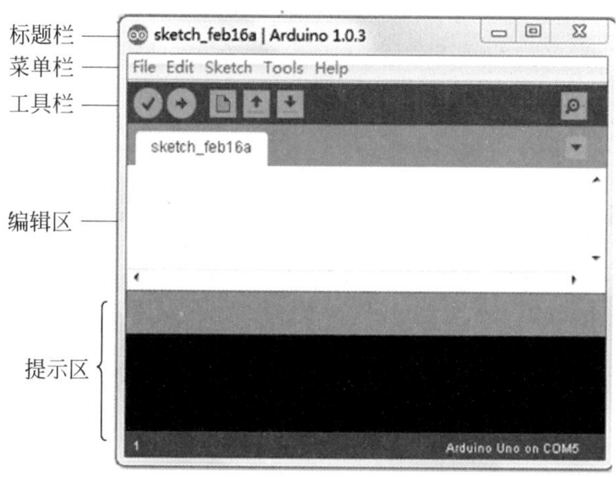

图 1-7　IDE 界面组成

到编辑区中。在编辑区的上方有一个称为"标签(Tab)"的位置,用于显示当前程序文件的名字。

(2) 提示区:提示区中显示保存、编译、上传等进度情况,也显示报错信息。详细的错误信息和其他信息显示在黑色区域内。提示区下部显示的是当前电路板和串口信息,还显示接在计算机上的 Arduino 电路板型号和使用的串口号。

(3) 标题栏:打开软件时,软件会自动为程序文件命名,并显示在标题栏中。如 sketch_feb16a | Arduino 1.0.3,竖线前为文件名,竖线后标记的是软件版本。"sketch"有"草图、草稿"之意,在 Arduino 中,一个程序文件就是一个 sketch;"feb16"代表日期 2 月16 日;"a"说明此文件是 2 月 16 日这天所写的第一个 sketch。

在 Windows 操作系统中,Arduino 软件会自动在"我的文档(Documents)"中创建一个名为 Arduino 的文件夹,用以存放 sketch。当单击 File\Save 保存 sketch 时,软件自动在 Arduino 文件夹下生成一个与 sketch 同名的文件夹,并将 sketch 保存其中。当然,在"保存"对话框中,可以为 sketch 起一个意义更明确的名字。在 Arduino 中,这个标准的存储 sketch(程序文件)的位置被称为"Sketchbook(草稿本)"。单击 File\ Sketchbook,可以看到已保存的所有 sketch。

草稿本的默认保存路径也是可以更改的,单击 File\Preferences(参数设置),在弹出的对话框中更改默认保存路径和其他设置,如图 1-8 所示。

从 Arduino 1.0.3 开始,"Preferences(参数设置)"加入了"Editor Language(选择语言)"下拉选项,可以选择"简体中文"。选择完毕,关闭并再次打开 Arduino IDE,设置生效。不过,Arduino 软件界面本身很简单,Arduino 主页上的所有资料又都是英文的,为了方便对照学习,本书仍然采用英文界面。Arduino 1.0(及之后的版本)与之前的版本在 IDE 方面有一些不同,主要是工具栏的图标,其对比如表 1-6 所示。

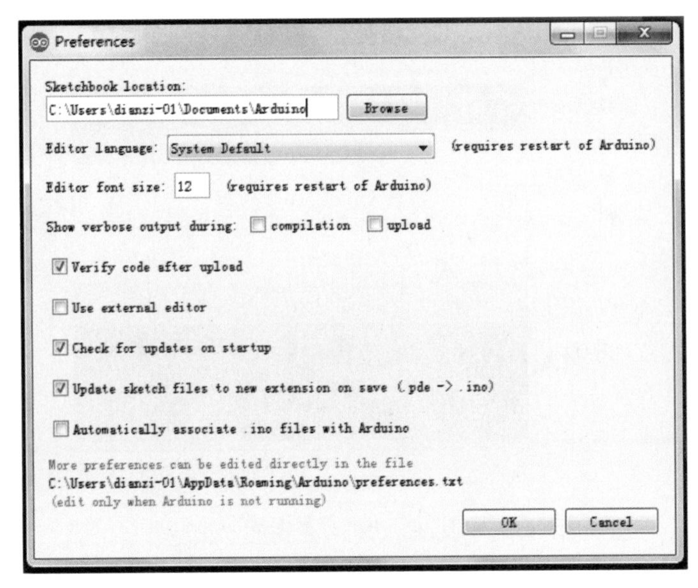

图 1-8　**参数设置对话框**

表 1-6　**不同版本工具栏图标对比**

Arduino 1.0 及之后版本	Arduino 1.0 之前版本	名称及功能
		验证(Verify)：检查程序错误。如果有错误，会在"提示区"上显示出来
没有		停止(Stop)
		新建(New)：新建 sketch
		打开(Open)：显示草稿本(sketchbook)中所有的程序。选择一个要打开的 sketch，该 sketch 会在当前 IDE 中打开
		保存(Save)：保存当前 sketch
		上传(Upload)：将程序编译成微控制器能明白的语言，并将编译后的程序上传至 Arduino 电路板(注：我们更习惯说"下载至电路板")
		串口监视器(Serial Monitor)：打开串口监视器窗口，查看 Arduino 与计算机的串口通信
		多文件菜单：单击该图标，在下拉列表中选择"New Tab"，创建一个新 sketch 标签。新的 sketch 在当前 IDE 中以新的标签(Tab)出现(注意与 的区别。通过 新建的 sketch 是在新的 IDE 窗口中)

1.3　使用 Arduino

了解 Arduino 硬件和软件的相关内容后，终于到了将 Arduino 连接上计算机，使之工作的时刻。作者在本书中使用的硬件版本是 Arduino UNO R3，软件版本是 Arduino 1.0.3，操作系统为 Windows 7。

第一步：将 Arduino 连接到计算机

用一根 USB 2.0 线（如图 1-9 所示，A-B 型）将 Arduino UNO R3 电路板连接到计算机，电路板上标记为“ON”的绿色 LED 点亮。

第二步：安装驱动程序

（1）将 Arduino 连接到计算机后，Windows 开始自动安装驱动程序，但不会成功，如图 1-10 所示。需要我们手动安装驱动程序。

图 1-9　A-B 型 USB 线

（2）打开设备管理器（选择菜单命令“开始\控制面板\硬件和声音\设备和打印机\设备管理器”；或者单击“开始”，然后右击“计算机”，在弹出的快捷菜单中选择“管理”选项，如图 1-11 所示）。在“设备管理器\其他设备”中，有一个用黄色叹号标记的“未知设备”。

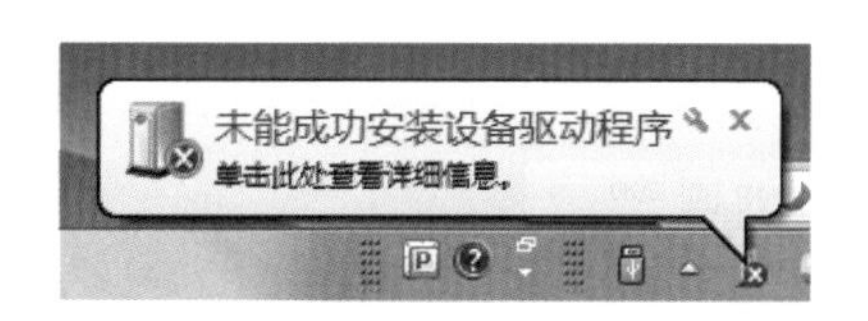

图 1-10　未成功安装驱动程序

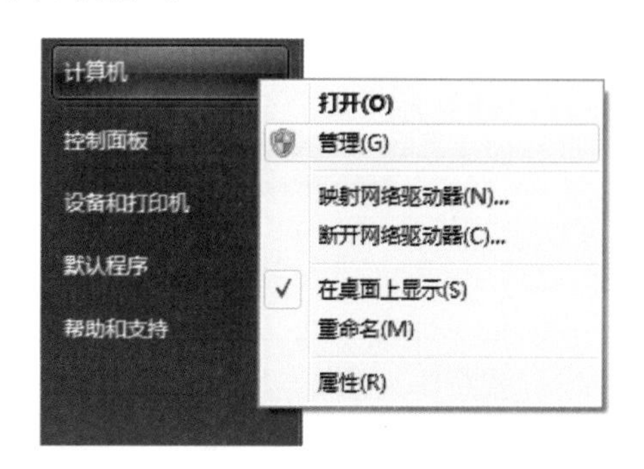

图 1-11　打开设备管理器

（3）右击“未知设备”，在弹出的菜单中选择“更新驱动程序软件”，如图 1-12 所示，再在弹出的对话框中选择“浏览计算机以查找驱动程序软件”。然后，在弹出的对话框中选择路径，找到 Arduino 1.0.3 文件下的 drivers 文件夹，如图 1-13 所示。最后，单击“下一步”按钮。

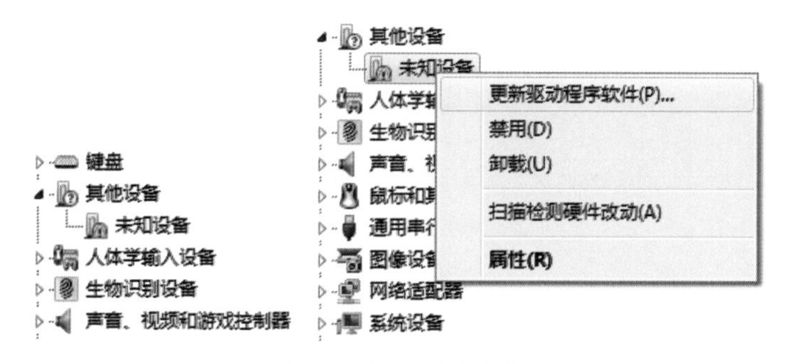

图 1-12　更新驱动程序

（4）此时，弹出一个“Windows 安全”提示对话框，如图 1-14 所示。选择“始终安装此驱动程序软件”。

（5）对话框显示“正在安装驱动程序软件”，直到提示成功安装，显示 Arduino UNO R3，如图 1-15 所示。

在以下位置搜索驱动程序软件:
G:\arduino-1.0.3\drivers
浏览(R)...
包括子文件夹(I)

图 1-13　选择驱动程序的位置

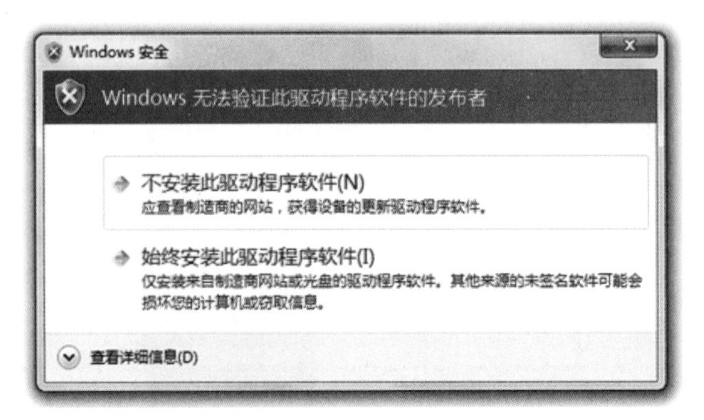

图 1-14　安全提示对话框

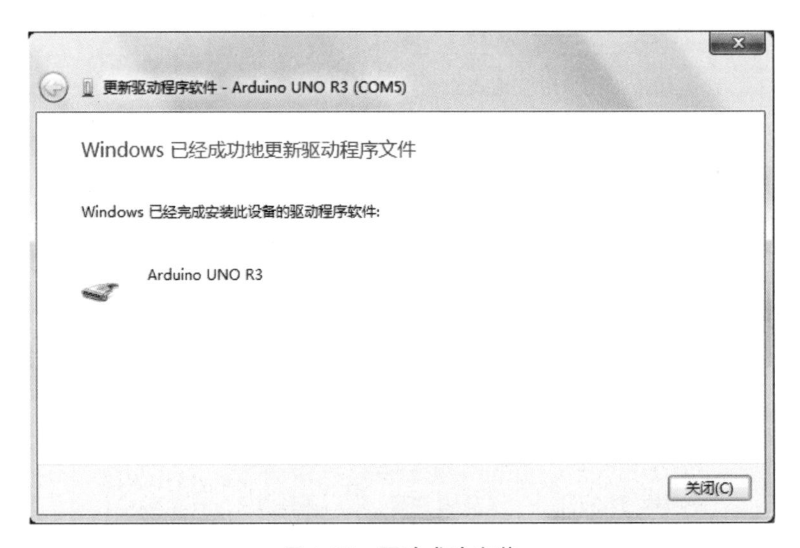

图 1-15　驱动成功安装

(6) 回到“资源管理器”中，在“端口(COM 和 LPT)”中显示 Arduino UNO R3 (COM5)，如图 1-16 所示。请记住 COM5 这个编号，这是 Arduino 与计算机串行通信的端口(注意，不同的计算机或者计算机上插了不同的设备，出现的端口号不一样)。

图 1-16　串行端口号

第三步：运行 Arduino 1.0.3

在 Arduino 1.0.3 文件夹下，双击图标，打开 Arduino IDE，界面如图 1-7 所示。

第四步：打开例子程序 blink

目前还不知道该如何编写程序文件，先打开一个 Arduino IDE 自带的例子，以熟悉完整的操作流程。需要说明的是，Arduino IDE 自带的例子对初学者有很大的帮助。很多时候，我们的程序可以在这些例子的基础上"修改"获得。

打开 File\Examples\01. Basics\Blink，如图 1-17 所示。

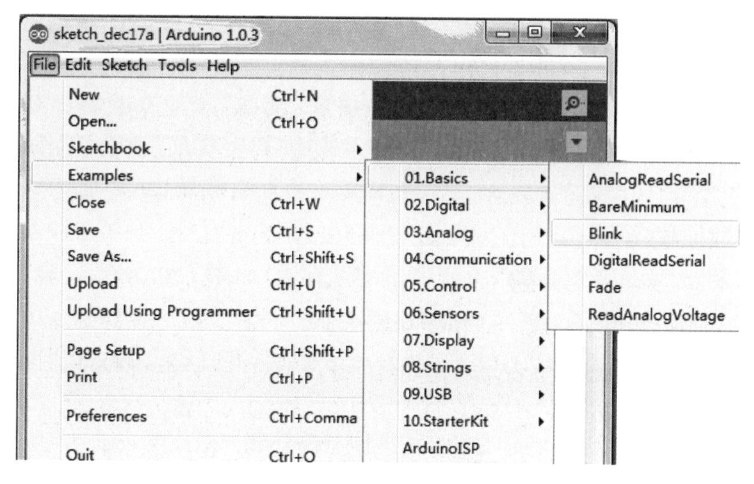

图 1-17　**打开示例程序**

第五步：选择电路板型号和串行端口号

打开菜单 Tools\Board，选择列表中的 Arduino Uno，此时前面会有个圆点，表示选中，如图 1-18 所示。如果使用的是其他型号的电路板，请选择对应的名称。

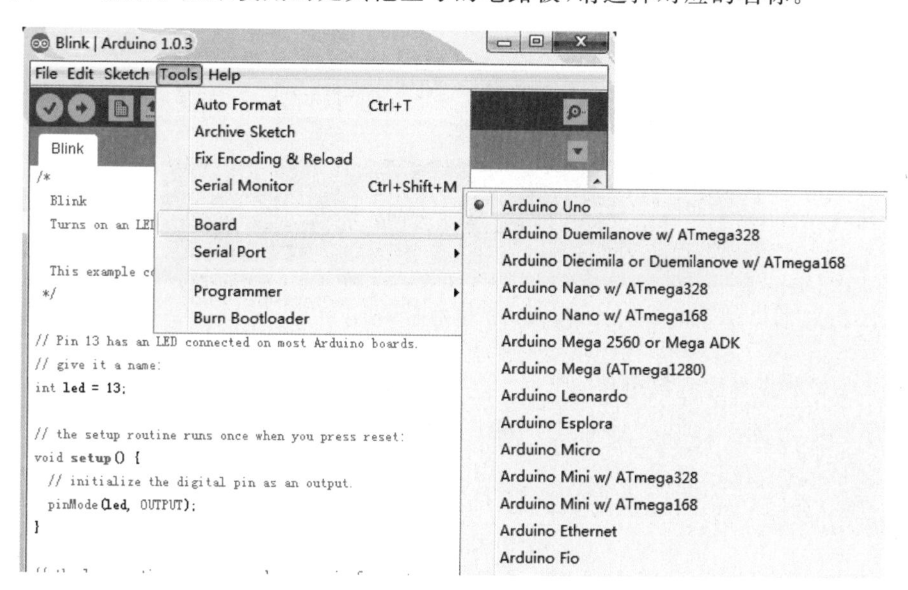

图 1-18　**选择电路板型号**

第六步：选择串行端口

打开 Tools\Serial Port，在列表中选择正确的串行端口。还记得在安装驱动程序时

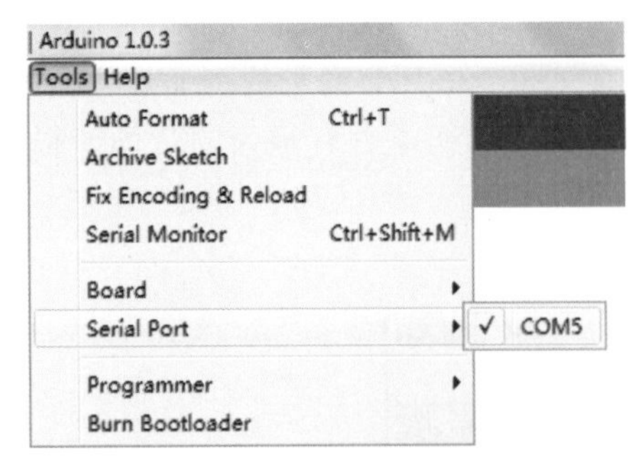

图 1-19　**选择串行端口**

要求记住的端口号吗？就选择它，如图 1-19 所示。当计算机上插有多个 Arduino 时，与各块板对应的串行端口号都会显示出来。如果分不清楚某块板子对应的串行端口，拔掉其 USB 线，从列表中消失的那个端口号就是你需要的。然后，重新连接电路板至计算机，再选择正确的端口号。

提示：第五、六步如果选择错误，会造成无法下载程序至电路板（执行 Verify 时会报错）。更换不同的电路板时，一定记得重新选择。

第七步：验证程序

单击工具栏上 Verify 图标，验证程序是否有错，如图 1-20 所示。验证过程中，IDE 的提示区显示“Compiling sketch...（程序编译中）”。

图 1-20　**提示“程序编译中”**

验证完成，如果程序没有错误，显示“Done compiling（编译完成）”，如图 1-21 所示，同时显示程序文件的大小。“of a 32256 byte maximum”是说 Arduino 最大的存储空间为 32KB，请参考表 1-1。因为我们使用的是 Arduino 自带的例子，肯定不会有错。为了看一看程序有错时的情况，请在程序文件中随便删除一个大括号，再执行 Verify，效果如图 1-22 所示。Arduino IDE 显示错误信息，同时在编辑区中高亮显示有错误的那行代码。

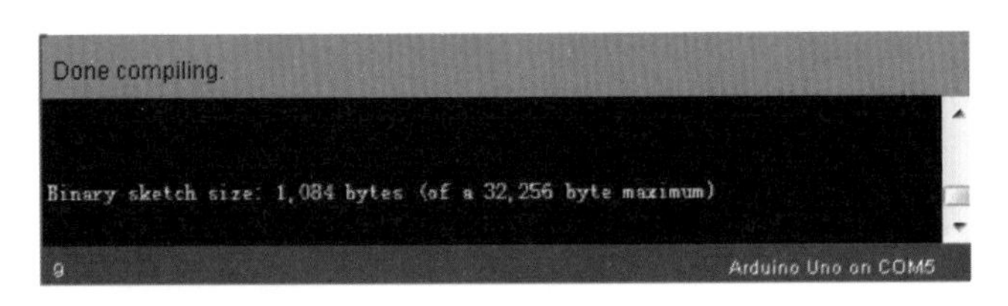

图 1-21　**提示程序大小**

第八步：下载程序到电路板

程序验证无误后，单击工具栏上的图标。等待几秒钟后，电路板上标记为 TX 和 RX 的 LED 闪烁，IDE 提示栏显示 uploading；如果上传成功，在进度提示里会有 Done uploading 的提示。

等待几秒钟后，电路板上标记为 L 的 LED 开始闪烁（blink）。如果是这样，就已经让 Arduino 成功运行了。

也许有人说：“不对啊，我的 Arduino 在接上计算机后就一直是这样闪烁的呀。”没错，新的 Arduino 已经预装了这个 blink 程序，目的是方便验证板子的好坏。因此，只要

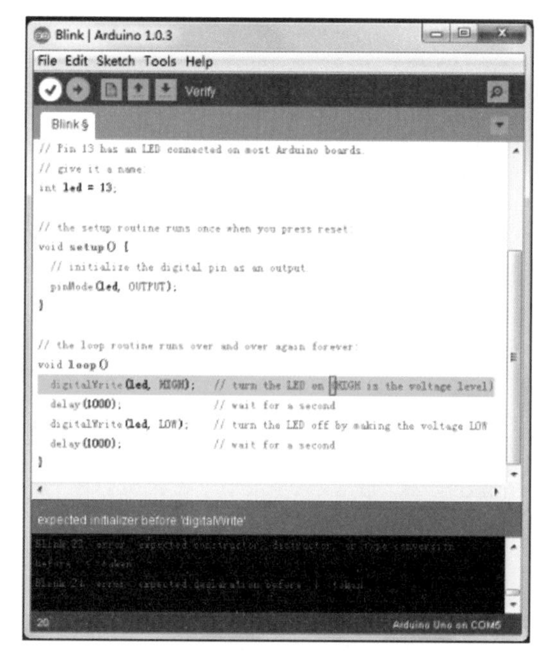

图 1-22　**编译报错**

电路板一通电，标记为 L 的 LED 就会闪烁。那如何知道闪烁的效果，是板子中原来的程序，还是我们新下载的程序产生的呢？这个好办，找到程序代码中的两行“delay(1000);”，然后把两个括号中的 1000 全部改成 2000，再重复 Verify 和 Upload。有没有发现 LED 闪烁得慢了？如果有，毫无疑问，是你让 Arduino 成功运行了。

第 2 章　Arduino 入门

2.1　LED 闪烁

Arduino 真的很棒，但仍然需要我们“告诉”它干什么。这个时候就需要一套语言，有一定的规则，以便让 Arduino“听懂”我们的要求。

2.1.1　Arduino 编程基础

下面仍然以 Blink 的例子来讲解编程的基础知识。打开 File\Examples\01. Basics\Blink，IDE 编辑区中的代码如图 2-1 所示。

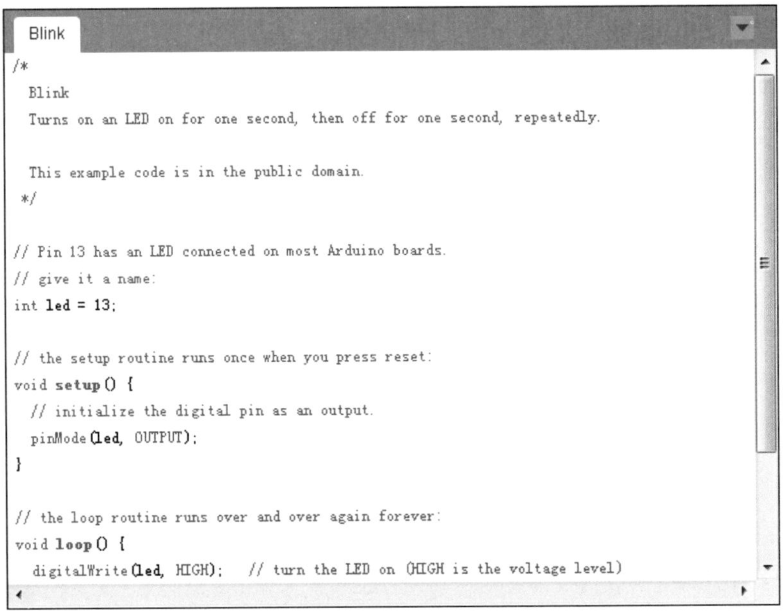

```
Blink
/*
  Blink
  Turns on an LED on for one second, then off for one second, repeatedly.

  This example code is in the public domain.
 */

// Pin 13 has an LED connected on most Arduino boards.
// give it a name:
int led = 13;

// the setup routine runs once when you press reset:
void setup() {
  // initialize the digital pin as an output.
  pinMode(led, OUTPUT);
}

// the loop routine runs over and over again forever:
void loop() {
  digitalWrite(led, HIGH);   // turn the LED on (HIGH is the voltage level)
```

图 2-1　Bink 程序代码

1. 注释

有没有感觉内容很多，有些无从下手。其实，真正有用的代码只有下面几行：

```
1    int led=13;
2    void setup()
```

```
3       {
4         pinMode(led, OUTPUT);
5       }
6     void loop()
7       {
8         digitalWrite(led, HIGH);
9         delay(1000);
10        digitalWrite(led, LOW);
11        delay(1000);
12      }
```

除了这些内容，其他的都是注释，就像我们在书本空白位置上记的笔记，只是为了方便自己和别人读懂代码。Arduino 会忽略这部分内容。如何让 Arduino 知道哪些是注释，不用管它们呢？图 2-1 中有两种标记方式："/＊　＊/"和"//"。"/＊"和"＊/"是成对出现的，在这两个标记中间的内容都是注释；"//"只能标记所在行该符号后面的内容是注释，如果注释内容比较多，需要分行显示，那么每行的前面都要用"//"标记。

需要注意的是，Arduino 的编辑区不支持中文输入。如果要加中文注释，可以在 Word 或记事本中写好，再复制过来。可以用右键菜单，也可以用 Ctrl＋C 和 Ctrl＋V 快捷方式。

写注释是学习编程时一定要养成的好习惯！不过在本书中，为了让读者不至于感觉混乱，注释部分都单独列出；为方便解释代码，在代码前加入了行号。

2. 函数

再看代码部分，我们发现代码中有两个相似的结构：

```
void setup()
    {
    }
```

和

```
void loop()
    {
    }
```

每一个这样的结构称为一个"函数"。在这里，"函数"并不是指数学中的函数（如 $y=2x^2$），而是指 Arduino 要执行的系列动作组合。就像我们做广播体操，一套广播体操分为准备动作、第一节、第二节……每一节都是一些动作的组合，称为一个"函数"。例如，第二节扩胸运动，写成函数的形式就是：

```
void  扩胸运动()
    {
              ;
```

;

}

其中，“扩胸运动”、setup 和 loop 这样的名称叫做“函数名”。在 Arduino 中，像 setup 和 loop 这样的函数名是特定的，也有专门的含义，后面会有说明。当然，我们可以自己编一套动作，起个名字（根据自己的爱好，只要不跟 Arduino 函数库中的名称冲突）就能成为一个函数。

Arduino 在函数中要执行的动作一定要放在一对大括号“{}”中。有以下两点需要注意。

(1) 大括号“{”和“}”一定要成对出现，初学者特别容易少写、漏写，尤其是大括号中再嵌套大括号的时候。建议大家在输入的时候，凡是碰到要输入成对出现的符号（如{}、()等）时，先把两半符号都输入，再把光标移到两半符号间输入其中的内容，以防止遗漏和混乱。

(2) 每一句代码（动作）都要以“;”结束。只要每句代码（动作）有“;”标记结束，多句代码可以写在同一行里。但为了提高程序的可读性，建议每句代码单独成行，并把注释（注意要用“//”标记）写在代码的右侧。要特别注意，在 Arduino 中，标点符号都要用英文输入法下的标点，例如分号就是“;”而不是“；”。当你敲击键盘，却发现什么也输入不到编辑区的时候，很有可能是输入法不对，Arduino 为了防止出错而禁止了你的输入。

前文提过，程序中的“函数”不同于数学里的函数，如 $y=2x^2$，但也有相似之处。数学函数和程序函数都需要有输入（input，提供给函数的信息）和输出（output，函数返回的信息）。对于数学函数 $y=2x^2$，$x=1$ 即为一个输入，此时对应的输出为 $y=2$。对程序函数来说，函数名后面的“()”里填写的是“参数(parameter)”，提供给函数的信息经“参数”进入函数。我们需要声明函数返回数据的类型，并标记在函数名前。

在 Blink 这个例子中，“void setup()” 表示函数名为 setup；“()”中是空的，表示该函数不需要参数；void 表示该函数不返回任何数值。

3. Blink 代码解读

(1) 第 1 行代码：

```
int led=13;
```

定义了一个名为 led 的变量，变量的数据类型为“int(整型)”，并把 led 赋值为 13。

定义一个变量(variable)，相当于在芯片里预留一个存储空间（就像桌子的一个抽屉）；给变量赋值，即把数值存储在该空间里。数值能一直存储在这里，随时可以调用，直到下一次赋值。本句代码中，定义了一个叫 led 的抽屉，抽屉里放着一个纸条，上面写着数值 13。抽屉的名字叫什么由你自己决定，但一定要意义明确。相对于变量(variable)，还有常量(constant)。常量实际上是事先赋了值（并且不能更改）的特殊变量。在 Arduino 中，如 HIGH、LOW、INPUT 和 OUTPUT 等都是常量，并有特定的含义，在给变量或常量起名字时要回避这些名字，避免冲突。

在 Arduino 中，一定要声明变量的数据类型，如 int(整型，integer 的缩写)。不同的数据类型有不同的数值范围，占用的存储空间也不一样，如表 2-1 所示。

表 2-1　Arduino 数据类型

数据类型	占用存储字节数	数值范围	说明
void			这个关键词仅在函数声明时使用。它说明调用的函数不返回任何信息
boolean	1	True 或 False	布尔类型数据只能是两个值之一，“真(True)”或“假(False)”
char	1	－128～127	存储一个字符的值(ASCII 码)，字符要用单引号标记。例如： char myChar＝'A'; char myChar＝65; 上面的代码作用相同，都是把“A”赋值给“myChar”。因为存储的是字符的值，因此可以对字符进行数学运算，例如：'A'＋1 的值为 66
unsigned char	1	0～255	与 byte 数据类型相同，8 位。 为了使 Arduino 的编程风格一致，byte 型数据是首选
byte	1	0～255	存储一个 8 位无符号数据 例如：byte b＝B10010 B 表示二进制，B10010 为十进制的 18
int	2	－32768～32767	最主要的数据存储类型。 在 Arduino UNO 中，一个整型数据是 16 位(2 字节)
unsigned int	2	0～65535 ($2^{16}-1$)	无符号整数
word	2	0～65535 ($2^{16}-1$)	16 位无符号整数，用法同 unsinged int
long	4	－2147483648～2147483647	长整型数
unsigned long	4	0～4294967295 ($2^{32}-1$)	无符号长整型数
short	2	－32768～ 32767	整数类型数据
float	4	3.4028235E＋38 ～－3.4028235E＋38	浮点型数据，即带有小数点的数据。浮点型数据经常用来近似模拟量和连续值，因为它比整型数据具有更高的分辨率
double	4	3.4028235E＋38 ～－3.4028235E＋38	与其他平台不同，在 UNO 和其他 ATmega 中与 float 相同
String(char array)			字符串数组
String(object)			字符串类，该数据类型可以使用更多的函数，例如查找字符、替换子字符串
array		数组	有序号的变量集合

对于初学者，把变量定义为"int(整型)"能满足大部分场合的需要。

要小心"="这个符号，它并不代表数学里的"等于"，而是"赋值"，也就是把"13"这个数值放进"抽屉"里。在 Arduino 中，"等于"是用"=="表示的。

Arduino 的运算符如表 2-2 所示。Arduino 的比较操作符如表 2-3 所示。

表 2-2　Arduino 运算符

符　号	功　能	示　例
=(一个等号)	赋值(assingnment operator)，把符号右边的值存储在符号左边的变量中	int sensVal; sensVal=analogRead(0);
+	加法(addition)	
−	减法(subtraction)	
*	乘法(multiplication)	
/	除法(division)	6/4=1，即求取商
%	求余(modulo)	6%4=2，即求取余数

表 2-3　比较操作符

符　号	功　能
==(两个等号)	等于。与"="不同，"="用于赋值，"=="用于条件的判断
!=	不等于
<	小于
>	大于
<=	小于等于
>=	大于等于

(2) 函数 setup()和函数 loop()。

setup()函数在程序开始时执行，只执行一遍。大括号"{}"中的代码用于初始化变量、引脚的输入/输出类型、开始使用库文件等。

loop()函数跟在 setup()函数之后，它会被一遍又一遍地执行。Arduino 只要不断电，就会永远重复执行 loop()函数，而且没有中断或跳出 loop 的功能。

setup()和 loop()构成了 Arduino 程序的框架结构。

(3) 第 4 行代码：

```
pinMode(led, OUTPUT);
```

设置 13 号引脚为"输出"，即向外输出信息(电压)。

参考表 1-3，Arduino 的数字 I/O 口 0～13 既可以作为输入口，也可以作为输出口，这就好像一个房间有 14 扇门，每扇门既可以作为入口，也可以作为出口(2 选 1)。究竟作为入口还是出口使用，需要程序来设定，函数 pinMode(pin，mode)就是这个功能。函数有两个参数，在"()"中用逗号隔开。参数 pin 是要设定的数字引脚号，0～13；参数 mode 有 INPUT、OUTPUT 和 INPUT_PULLUP 三种值(如果对电子电路知识了解不多，可以回避使用 INPUT_PULLUP)。

整型变量 led 的值为 13，因此本句代码的功能是设置 13 号引脚为输出口。由此也可以知道，在引用变量时，实际上引用的是变量的值。

Arduino 的模拟口 A0～A5 不需要 pinMode()函数，因为 A0～A5 只能作为输入口使用。

(4) 第 8 行代码：

```
digitalWrite(led, HIGH);
```

要理解本句代码，首先要搞清楚我们多次提到的"数字量"。生活中有各种数码产品(或数字产品)，我们所说的"数码"指的就是"数字量"。电子电路中处理的都是电信号(电压)，用电路的通(有电压，如 Arduino 的引脚为 5V)和断(没电压，0V)组合，以及通和断所持续的时间来代表各种信息。这就好像我们打手势来传递信息，只不过这套手势只有两个动作——"有电压"或"没电压"。有电压用 1 来表示，没电压用 0 来表示。这就是为什么关于网络、计算机的宣传图片或者电影里黑客的屏上常出现"01001011"这样的数字串的原因。数字量只有两种状态：有电压(Arduino 引脚 5V)和没电压(0V)。在数字电路中，1、HIGH、"高电平"代表的含义是一样的，都是表示"有 5V 电压"；0、LOW、"低电平"代表的含义是一样的，都是表示"有 0V 电压"。

函数 digitalWrite(pin，value)有两个参数：pin 和 value。参数 pin 是要设定的数字引脚号，0～13；参数 value 有 HIGH 和 LOW 两种值。

代码 digitalWrite(led，HIGH)应与代码 pinMode(led，OUTPUT)配合使用。pinMode(led，OUTPUT)把 13 号引脚设置为输出口，digitalWrite(led，HIGH)设置 13 号引脚输出 5V 的电压，此时接在 13 号引脚上的电子元件就会工作。Arduino 在电路板上内置了一个 LED(标记为 L，如图 1-2 所示)并接在 13 号引脚上；当 13 号引脚上输出为 HIGH 时，该 LED 点亮。

第 10 行代码"digitalWrite(led，LOW)"就是设置 13 号引脚输出 0V 的电压，此时接在 13 号引脚上的电子元件停止工作，本例中 L 熄灭。

与函数 digitalWrite(pin，value)相对应，函数 digitalRead(pin)的功能是从参数 pin 指定的数字引脚读取信息(电压)。当然，这个引脚首先要用 pinMode(pin，mode)设置为 INPUT。如果从外界向引脚输入 5V 电压，digitalRead(pin) 读到的值为 HIGH；如果引脚上输入 0V 电压，digitalRead(pin) 读取到的值为 LOW。实际上，只要输入电压在2.5V 和 5V 之间，读取到的数值就是 HIGH；只要输入电压低于 2.5V，读取到的值就是 LOW。这就是数字信号的优势所在："打手势"的时候，即使"手势"受到某些原因的影响而有些变形，也不会影响传递信息。

当数字引脚作为"输入"使用时，加在引脚上的电压不能高于 5V，否则会对电路板造成损坏。

与数字量对应的是模拟量，请参考 4.1.1 小节的内容。

digitalWrite(pin，value)和 digitalRead(pin)是数字 I/O 口的动作。对应地，模拟 I/O 口的动作有 analogWrite(pin，value)和 analogRead(pin)函数。但是要注意，模拟口 A0～A5 只能作为输入口，只能用 analogRead(pin)来读取模拟量。数字口 3、5、6、9、10、11 具

有 PWM(请参考 4.4.2 小节的内容)输出功能,可以使用 analogWrite(pin,value)函数输出模拟量。

(5) 第 9 行代码:

```
delay(1000);
```

第 8 行代码 digitalWrite(led,HIGH)把与 13 号引脚相连的 L 点亮,第 10 行代码 digitalWrite(led,LOW)把 L 熄灭,而且它们都在 loop()中,因此应该看到灯 L 点亮,熄灭,再点亮,熄灭,……这就是程序名"Blink(闪烁)"的由来。但实际上,如果没有第 9 行和第 11 行代码,我们根本看不到 L 闪烁(请试一下。当然,你不需要把第 9 行和第 11 行代码删除,只需要在这两行代码前分别加上"//",让 Arduino 忽略这两行代码。这是程序调试时非常有用的技巧)。这是因为 Arduino 每秒钟运算 1600 万次,执行 digitalWrite(led,HIGH)或 digitalWrite(led,LOW)代码需要非常短的时间,也就是说,L 点亮和熄灭分别持续的时间非常短,以至于眼睛根本就区分不出 L 亮和灭的状态变化。

函数 delay(ms)可以让 Arduino 延迟一段时间。在这段时间里,Arduino 保持之前的状态。参数 ms 指定延迟的时间,单位是毫秒(ms,milliseconds)。第 9 行代码的功能就是让 L 的点亮状态保持 1000ms,也就是 1s。第 11 行代码的功能就是让 L 的熄灭状态保持 1000ms。

现在请你做这样一个试验:把第 9 行和第 11 行 delay(ms)的延迟时间设置为 500、100、50、10ms 等,一直到你看不出闪烁。当看不出闪烁后,继续减小第 9 行的延迟时间,看一看 L 的亮度会有什么变化?有没有看到灯的亮度降低了?此时,你已经掌握了一种了不起的控制灯亮度的方法,这种方法的名字叫做 PWM(Pulse Width Modulation,脉冲宽度调制),请参考 4.4.2 小节的内容。

如果愿意,可以添加一些类似 8~11 行的代码,修改 delay(ms)的参数,让灯亮出更多的花样。

阅读程序解读后,也许你会问:第 1 行代码"int led=13;"有必要吗?去掉定义变量 led,代码变成下面的形式可以吗?

```
1    void setup()
2      {
3        pinMode(13, OUTPUT);
4      }
5    void loop()
6      {
7        digitalWrite(13, HIGH);
8        delay(1000);
9        digitalWrite(13, LOW);
10       delay(1000);
11     }
```

答案是可以,但是不好。原因有以下两点:

(1) 当程序比较复杂的时候,程序里大量出现 13、10、8、9 这样的引脚号,意义不明确,程序的可读性差。

还记得我们建议起一个意义明确的变量名称吗？有时候，为了让名字更明确，可以用多个英文单词（不建议大家用汉语拼音）组合的形式。请遵守一个原则：除第一个单词外，各个单词的首字母都大写。比如 Blink 程序中，引脚 13 是 OUTPUT，我们把变量名命名为 ledOut，这个名字由 led 和 out 两个单词组成。led 是第一个单词，首字母不用大写，out 是第二个单词，首字母 O 要大写。这么做看起来烦琐，但保持一致的命名方式和风格，能够方便编写程序，也方便自己和别人读懂程序。有没有注意，Arduino 特有的名称都是按这一原则命名的，如 digitalWrite、pinMode 等。

（2）用变量名称方便修改程序，程序的迁移性好。

我们现在是用引脚 13 接 led，在加入了新的元件后，有时难免把 led 从引脚 13 改到其他引脚（比如引脚 12）。是把“int led＝13;”改为“int led＝12;”方便，还是在十几甚至几十、上百句代码中逐一地把“13”改为“12”方便呢？

再有，当我们做的项目多了以后，有可能在不同的项目里重复使用某些代码。这样，就不用再输入一遍，复制过去就好了，这时候难免要适当地修改一些内容（比如引脚号），采用定义变量的方式，修改起来会方便很多。

2.1.2 Blink 程序拓展

学了这么久，我们还没有自己在 Arduino 接上任何电子元件呢。在本小节里，我们将借用 Blink 程序，在引脚 12 上接发光二极管（LED），实现闪烁效果。所需电子元器件有以下几种：

（1）LED，额定电压 2V，如图 2-2 所示。

（2）220Ω 电阻，五环金属膜电阻，功率 1/8W（或 1/4W），如图 2-3 所示。

（3）面包板和面包线，如图 2-4 所示。

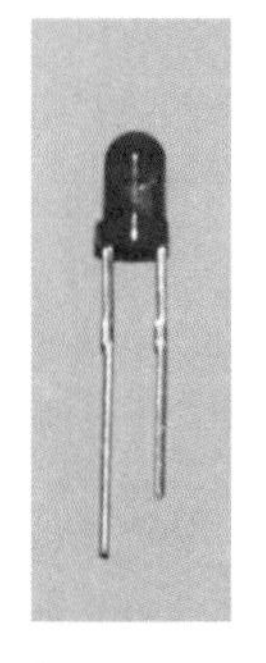

图 2-2 LED

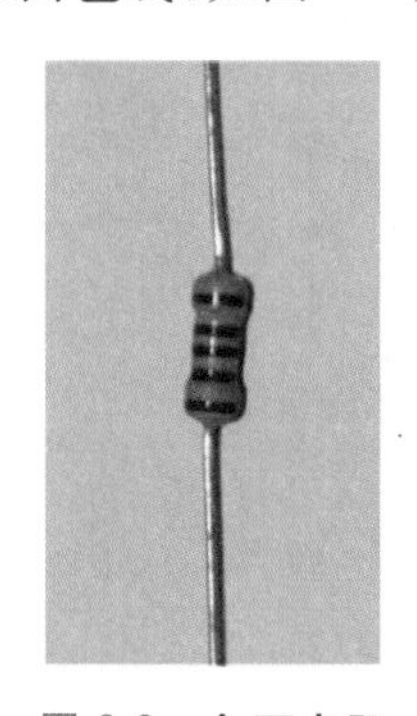

图 2-3 色环电阻

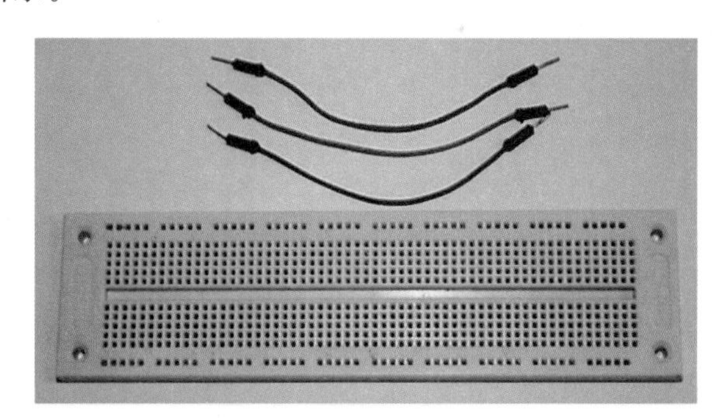

图 2-4 面包板和面包线

如果对电子电路知识不是很熟悉，可以先阅读本小节的“相关知识”。

按照图 2-5 接好电路，连接实物如图 2-6 所示。把 Blink 程序的第一行代码“int led＝13;”改为“int led＝12;”，然后单击图标✔。检查程序无误后，单击图标➔，将程序下载到 Arduino 中。有没有看到自己亲手搭建的电路闪烁起来了？

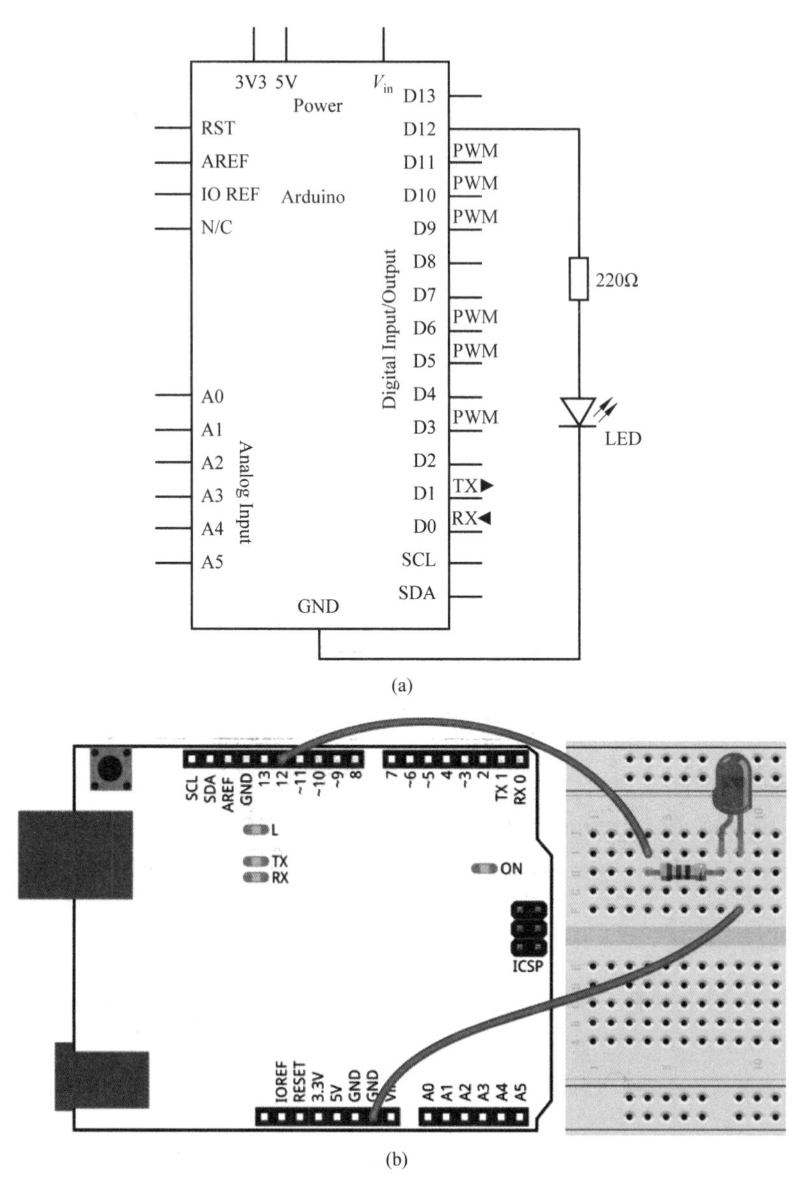

图 2-5　电路原理和连接示意图

图 2-6　电路连接

相关知识

(1) LED 在生活里有很多应用，比如各种指示灯、商店门口的广告屏，甚至现在的车灯、电视机显示屏的背光灯都是 LED 制作的。关于 LED，需要注意下面几点。

① LED 有两条引脚，长腿为正极，短腿为负极，接反时不会发光。

② LED 正常工作所需电压(额定电压)一般都不高，发红光的 2.0～2.2V，发黄光的 1.8～2.0V，发绿光的 3.0～3.2V。在额定电压下，电流均为 15～20mA(毫安)。

③ 加在 LED 上的电压稍高一点，流过 LED 的电流就会急剧增大，很容易烧毁 LED，要特别小心。

本小节使用红光 LED，工作电压用 2V。当数字引脚 0～13 作为输出口使用，用 digitalWrite()设定为 HIGH 时，输出的电压是 5V；设定为 LOW 时，输出的电压是 0V。5V 的电压远高于红光 LED 所需的 2V，因此需要电阻器"分担"一部分电压。

(2) 计算电阻器的阻值。电阻器和 LED 是串联的。LED 正常发光需要 2V 电压，则电阻器需"分担"3V(5V－2V＝3V)。流过电阻器和 LED 的电流是一样的(串联的特点)，都是 15～20mA，我们按 15mA(0.015A)计算。

流过电阻器的 I、电阻器两端的电压 U 和电阻器的阻值 R，这三个量符合欧姆定律 $I=\frac{U}{R}$，因此所需的电阻器阻值可以这样计算：

$$R = \frac{U}{I} = \frac{5\text{V} - 2\text{V}}{0.015\text{A}} = 200\Omega$$

如果没有 200Ω 电阻，可以使用 220Ω 电阻器。注意，有些阻值在定值电阻中是没有的，比如有 200Ω 和 220 Ω 的电阻，但是没有 201Ω、210Ω 等阻值，这主要是为了生产方便。制作电路时，可以查阅"标准阻值表"，找到最接近所需阻值的电阻。

(3) 计算电阻器的功率。电功率的计算方法为 $P=UI$。本例中，电阻器的功率计算为：

$$P = UI = 3\text{V} \times 0.015\text{A} = 0.045\text{W}$$

选用电阻器时，它的额定功率要大于实际功率。本例中可选用额定功率为 1/8W(或 1/4W)的电阻器。额定功率大的电阻器价格较高。

(4) 定值电阻上的色环是用来标记阻值大小的，需要时可以查阅表 2-4 所示色环电阻对照表，也可以在网上找到计算色环电阻的小软件来使用。从材质上来说，色环电阻有碳膜电阻和金属膜电阻，金属膜电阻精度较高；从环数上来说，有四环电阻和五环电环，最后一环都是表示精度级别的。

表 2-4　精密电阻器五色环颜色与数值对照表

颜　色	第一色环	第二色环	第三色环	第四色环	第五色环
	第一位数	第二位数	第三位数	倍乘	允许误差
黑	0	0	0	10^0	
棕	1	1	1	10^1	±1%
红	2	2	2	10^2	±2%

续表

颜色	第一色环	第二色环	第三色环	第四色环	第五色环
	第一位数	第二位数	第三位数	倍乘	允许误差
橙	3	3	3	10^3	
黄	4	4	4	10^4	
绿	5	5	5	10^5	±0.5%
蓝	6	6	6	10^6	±0.25%
紫	7	7	7	10^7	±0.1%
灰	8	8	8	10^8	
白	9	9	9	10^9	
金				10^{-1}	
银				10^{-2}	

例如，电阻器色环标示如下所示：

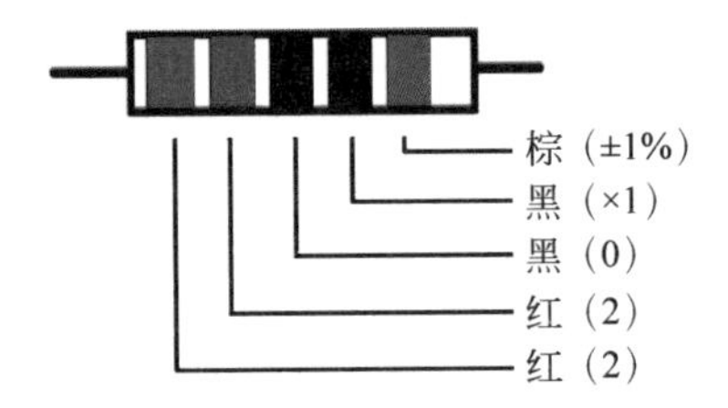

它代表的阻值为：

$$(220\times1)\pm1\%=220\Omega\pm1\%$$

四色环阻值对照表与表 2-4 类似，只不过第一、二环代表数字，第三环代表倍乘，第四环代表误差。

(5) 面包板。面包板如图 2-7 所示，上面有很多插孔，5 个插孔为一组，每组的 5 个插孔内部电气相连，组与组之间电气断开。要将不同元件引脚接在一起时，把相应的引脚插在同一列里即可。面包线是两端带插针的导线，可以方便地在面包板上搭建实验电路。

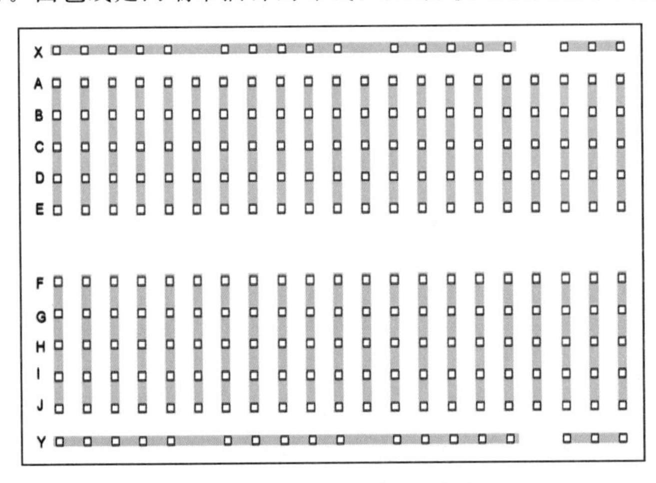

图 2-7　**面包板(局部)示意图**

注意图 2-7 中的 X 行和 Y 行，这两行一般用作电源插孔(有的面包板 X 有两行，Y 有两行)。以 SYB-120 型面包板为例，X 行有 10 组(每组 5 个插孔)插孔，这 10 组插孔从一头起按 3 组、4 组和 3 组的组合进行内部电气连接。

2.2 按键开关控制 LED

LED 只自己闪来闪去似乎太简单了，我们想让它亮的时候再亮吧。下面改造一下电路，使用按钮开关控制 LED 发光：按下按钮时，LED 点亮；松开按钮时，LED 熄灭。

要实现该任务，关键是要让 Arduino 知道按钮按下或松开的状态，或者说要将外界的信息输入到 Arduino 中。按键只有按下、松开两种状态，非常符合"数字量"的特征。因此，使用数字 I/O 引脚，将某个引脚设置为输入(INPUT)，由开关控制接在该引脚上的电压。

机械式开关的原理都是一样的，其内部有两部分金属片，按压开关时，金属片接通或断开。机械式开关虽多种多样，但基本分为两类：第一种是能自动锁住接通或断开的状态，比如家里照明灯的开关，有明确的 ON 和 OFF 位置；第二种是不能锁住接通或断开的状态，比如计算机的 POWER 按钮，这类开关一般称为轻触开关。轻触开关又分为常开(不按压时断开、按压时接通)和常闭(不按压时接通、按压时断开)两种。

2.2.1 初步方案

如图 2-8 所示搭建电路。在面包板上搭建的电路，拍摄出的效果并不清楚(尤其是电路较复杂时)，因此不再加入实物图片。

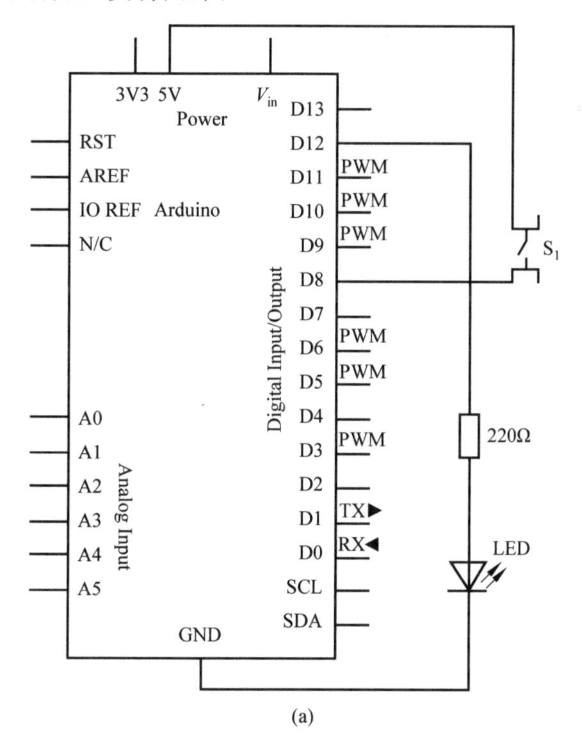

图 2-8 电路原理图和连接示意图

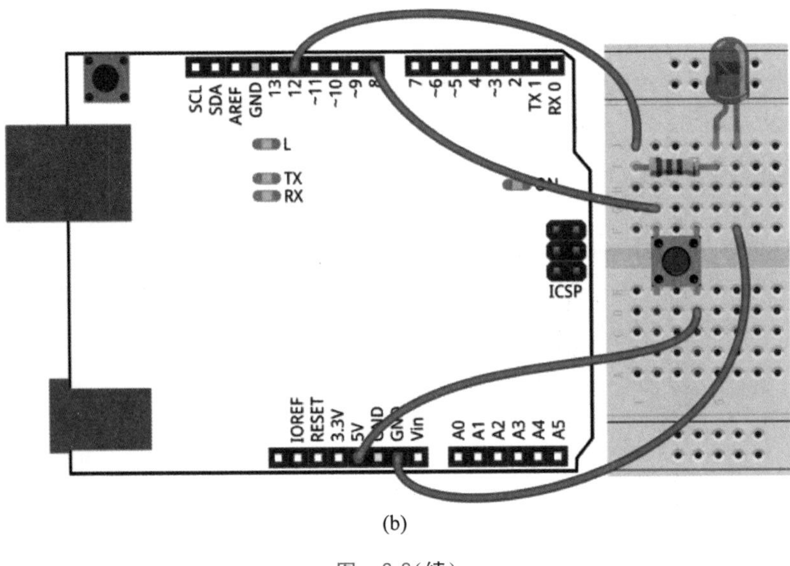

(b)

图 2-8(续)

打开 Arduino IDE,新建一个名为 buttonControlLed 的 sketch,代码编写如下:

```
1     int ledOut=12;
2     int buttonRead=8;
3     int val;
4     void setup()
5       {
6         pinMode(ledOut,OUTPUT);
7         pinMode(buttonRead,INPUT);
8       }
9     void loop()
10      {
11        val=digitalRead(buttonRead);
12        if(val==HIGH)
13          {
14            digitalWrite(ledOut,HIGH);
15          }
16        else
17          {
18            digitalWrite(ledOut,LOW);
19          }
20      }
```

代码解读

1. 第 1 ~ 3 行代码

第 1~3 行代码分别定义三个整型变量 ledOut、buttonRead、val(value 的缩写)。注意命名时大小写的问题。其中,变量 val 没有赋值。

2. 第 6、7 行代码

将 12 号引脚设置为 OUTPUT(输出)模式，将 8 号引脚设置为 INPUT(输入)模式。

3. 第 11 行代码

函数 digitalRead(pin)的功能是读取某一数字引脚(由参数 pin 指定，从 0～13)的值。如果该引脚所接电压为 5V(其实高于 2.5V 即可)，读取到的值为 HIGH；如果该引脚所接电压为 0V(其实低于 2.5V 即可)，读取到的值为 LOW。使用函数 digitalRead(pin)之前，一定要用函数 pinMode(pin，mode)将该引脚设置为 INPUT。使用 digitalRead(pin)函数时要注意：接在引脚上的电压不能高于 5V，否则会对电路板造成损坏。

类似地，从外界读取模拟量时，或者说外界的模拟量输入 Arduino 时，可以使用函数 analogRead(pin)，参数 pin 指定模拟引脚 0～5。使用 analogRead(pin)之前，不需要 pinMode(pin，mode)函数对 A0～A5 引脚设置为 INPUT，因为模拟引脚 A0～A5 只能作为模拟输入使用。

代码中“＝”表示将函数 digitalRead(pin)读取到的值赋予变量 val。要特别注意“＝”与“＝＝”的区别，参考表 2-2 和表 2-3。

4. 第 12～15 行代码

```
if()
    {
    }
```

If 结构的功能是：()中是用比较运算符判断某种情况是否满足的一个表达式。如果情况满足，答案为 true(或“真”、“是”)，则执行{}中的动作；如果答案为 false(或“假”、“否”)，则什么也不做。比较运算符有“＝＝”(等于)、“!＝”(不等于)、“＜”(小于)、“＞”(大于)、“＜＝”(小于等于)和“＞＝”(大于等于)。

比如，我们为门锁设置了一个密码 1234，开锁时，如果输入了数字 1234，则门锁打开。写成代码的形式就是：

```
if(输入数字==1234)
    {
        门锁打开;
    }
```

“输入数字＝＝1234”是判断密码输入正确与否的表述。如果数字是 1234，则表述“输入数字＝＝1234”为 true，程序执行{}中的动作；如果数字不是 1234，则表述“输入数字＝＝1234”为 false，程序什么也不做。

在有的场合，()中为 false，即条件不满足时，我们也希望程序干点什么。比如输入的数字与密码不符，有可能是非法人员在试密码，需要让程序报警。写成代码的形式就是：

```
if(输入数字==1234)
    {
      门锁打开;
    }
```

```
else
    {
      报警;
    }
```

其中,else 后的{}中就是条件不满足时要执行的动作。

if/else 语句比基本的 if 语句有更强大的功能,而且 if 和 if/else 都可以嵌套 if 和 if/else,形成多重条件判断。比如,根据考试成绩评优良、合格、不合格的等级,代码可以写成:

```
if(成绩<60)
    {
      等级评为"不合格"
    }
else if(成绩<80)
        {
            等级评为"合格"
        }
      else
        {
            等级评为"优良"
        }
```

注意:当出现嵌套结构时,改变代码左侧缩进量,突出代码的逻辑层次(这不是必须的,但可以帮助你理清思路,同时提高代码的可读性)。

第 12~19 行代码使用 if/else 结构。如果按钮被按下(即 val==HIGH),点亮接在数字引脚 12 上的 LED(digitalWrite(ledOut,HIGH););如果按钮没被按下(即 val==LOW),熄灭接在数字引脚 12 上的 LED(digitalWrite(ledOut,LOW);)。

按照前面的步骤,试验成功了吗? 应该不会,我们会发现 LED 似乎不受开关的控制。为了方便解说,可以先告诉大家,程序是没有问题的,问题出在电路连接上。

2.2.2 问题分析

问题主要出在按钮开关的连接上。在图 2-8 所示的电路中,当按钮开关按下时,引脚 8 所接电压为 5V。但是按钮没有按下时,相当于引脚 8 什么也没有接(一般称为“引脚悬空”),在这种情况下,用 digitalRead(pin)读取到的值并不是我们预期的 LOW,而是 LOW 和 HIGH 都有可能,随机的。这就是在图 2-8 所示的方案中,按钮没有按下的时候,LED 也会被点亮的原因。必须改变电路连接,使按钮不管按下与否,引脚 8 都非常确定地接 0V 电压或 5V 电压,而不是悬空状态。

如何解决这个问题呢? 如图 2-9 所示,当开关没有按下时,相当于数字引脚 8 通过 10kΩ 电阻直接接在 GND 上,引脚 8 上的电压被拉低在 0V 上(一般称具备这种功能的电阻为“下拉电阻”),digitalRead(pin)读取到的值为 LOW;当开关按下时,引脚 8 直接接在 5V 上,digitalRead(pin)读取到的值为 HIGH。

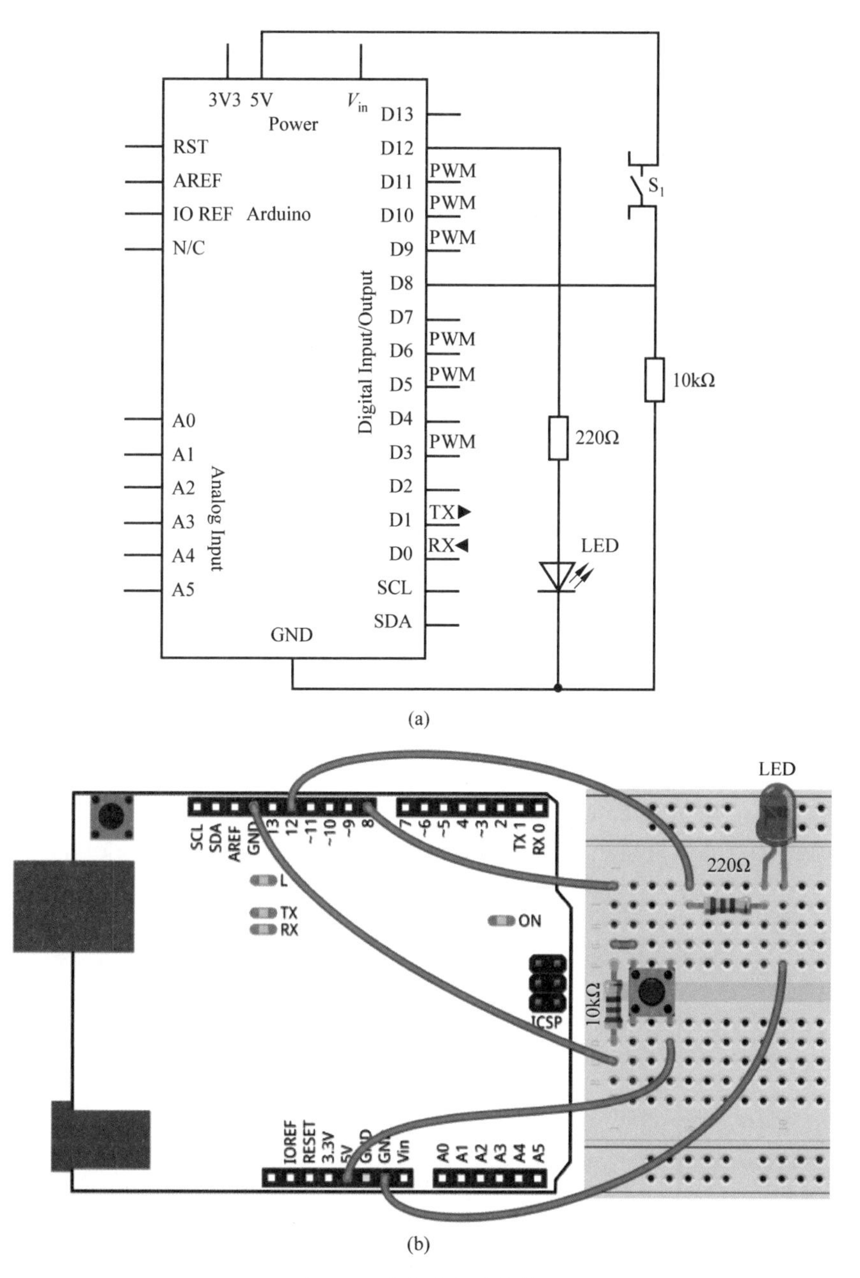

图 2-9　**正确的电路连接**

这个方案需要的电子元器件如下：

(1) LED，额定电压 2V；

(2) 220Ω 和 10kΩ 电阻，五环金属膜电阻，功率为 1/8W(或 1/4W)；

(3) 面包板和面包线；

(4) 按钮开关。

在该电路中，10kΩ 电阻是不可缺少的。如果按图 2-10 所示的电路，当开关按下时，会造成引脚 5V 和 GND 短路。

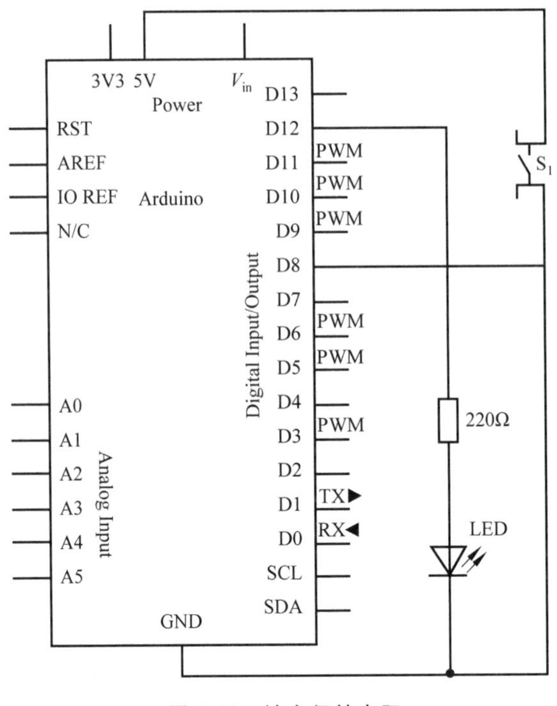

图 2-10　缺少保护电阻

如果把图 2-9 所示电路改为图 2-11 的形式，也是可以的。此时，若开关没有按下，引脚 8 上的电压被 10kΩ 电阻拉高到 5V（电阻因此被称为"上拉电阻"）；开关按下时，引脚 8

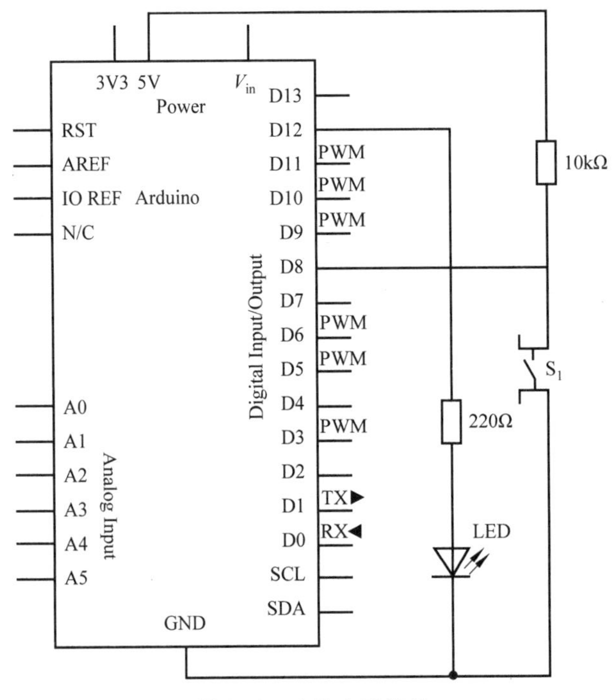

图 2-11　上拉电阻接法

上的电压为 0V。当然,如果仍然运行之前的程序,效果刚好反过来。

2.3 触摸开关控制 LED

在前面这个试验中,如果要 LED 一直点亮,必须一直按住开关,显然很不方便。当然,用带锁住功能的开关就可以解决这个问题,这是一种办法。不过,有没有发现生活中有越来越多触摸式的设备,它们显然不是机械的锁住功能。本节将研究如何实现。

在本项目中,我们使用一款电容感应式触摸开关模块,如图 2-12 所示。人体接触开关的感应面时,模块向外输出 5V 电压,类似于机械式开关的功能。也许你对"电容感应式触摸开关"很陌生,但对触摸屏的手机一定很熟悉,有没有听销售人员跟你介绍,屏幕是"电容屏"或是"电阻屏"? 销售人员所说的"电容屏"与这里所用的"电容感应式触摸开关"有相似的原理。

触摸开关模块的 PCB(印制电路板)上有一个 3P(pin,针)插接母头,引脚分别为 1(输出)、2(UCC,电源正极)和 3(GND)。触摸开关配一根 3P 连接线,一端是 3P 插接公头,另一端是 3P 杜邦插座。杜邦插座是配合插针(如 Arduino 电路板上的 ICSP 引脚就是插针)使用的。为了实现该模块与 Arduino 的连接,有以下方法。

(1) 如图 2-13 所示,将面包线一端插在 Arduino 的 I/O 口中,一端插在杜邦插座中。这种方法成本低,适合在试验中使用。

图 2-12 **感应式触摸开关**

图 2-13 **面包线转接杜邦插头**

(2) 使用 Arduino I/O 扩展板。这种方法在后面的项目再使用。

触摸开关模块 3P 插座的 3 个引脚分别为 1(输出)、2 (电源正极)和 3(地),电路连接如图 2-14 所示。

打开 Arduino IDE,新建一个名为 touchSensor 的 sketch,代码编写如下:

```
1    int ledOut=12;
2    int buttonRead=8;
3    int val;
4    boolean state=0;
5    void setup()
```

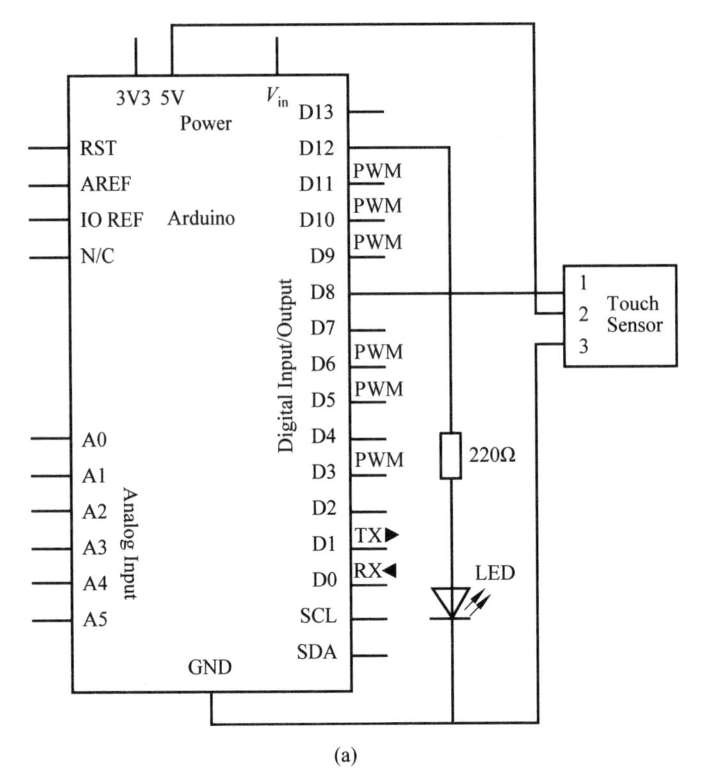

(a)

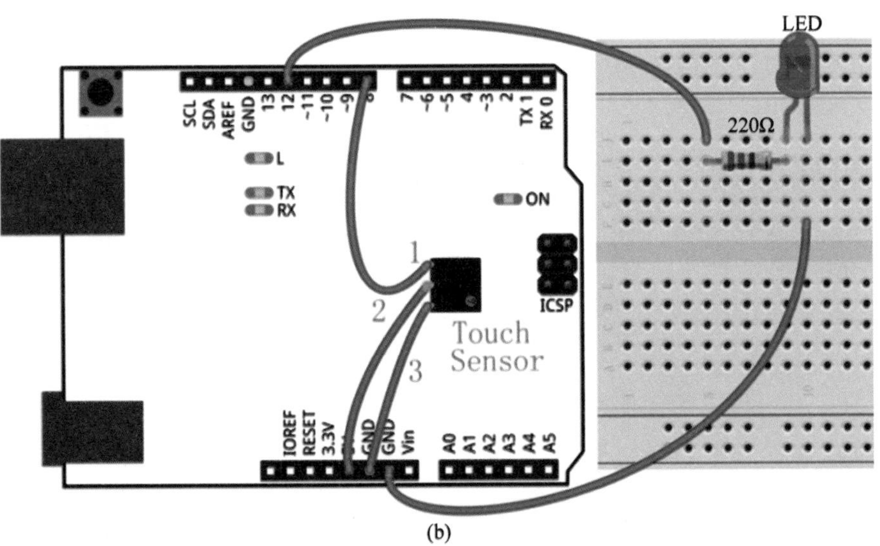

(b)

图 2-14　**电路原理图和连接示意图**

```
6        {
7        pinMode(ledOut,OUTPUT);
8        pinMode(buttonRead,INPUT);
9        }
10   void loop()
```

```
11        {
12         val=digitalRead(buttonRead);
13         if(val==HIGH)
14           {
15             state=1-state;
16           }
17        if(state==1)
18           {
19            digitalWrite(ledOut,HIGH);
20           }
21        else
22           {
23             digitalWrite(ledOut,LOW);
24           }
25      }
```

代码解读

(1) 第 4 行代码：

```
boolean state=0;
```

定义了一个布尔型的变量 state，用以记录 LED 的状态。布尔类型的变量只有两种值：1(或 True)和 0(或 False)。

(2) 第 13～16 行代码：Arduino 每检测到一次触摸开关的动作，执行一次“state＝1－state”。变量 state 的值在 1 和 0 间切换一次。

“state＝1－state”这句代码先执行“1－state”，调用了变量 state 之前的数值；再执行“＝”，将“1－state”的值赋予变量 state，即将新值赋予变量。“＝”左边的 state 是当前值，“＝”右边的 state 是之前值。

本程序可以用于图 2-9 或图 2-14 所示的电路，实现效果是一样的。

我们做的东西越来越好玩了，相信你一定兴奋地按了一次又一次的触摸开关，LED 点亮、熄灭、点亮、点亮、……为什么 LED 没有切换到正确的状态？失灵了？触摸开关不够灵敏？都有可能，不要放过任何异常的现象，出问题的时候才是热爱创造的人进步的时机。

问题可能出在硬件部分，也可能出在程序部分。在盲目地拆掉重来之前，先试着分析一下最有可能出错的地方。用图 2-9 和图 2-14 执行 touchSensor 程序时出现了同样的问题，会有这么巧？图 2-9 所示的电路在执行 buttonControlLed 时一切正常，但在执行 touchSensor 时就有问题。由此判断硬件部分出问题的可能性不是太大，我们先重点分析程序部分。

我们之前说过，Arduino 每秒钟运算 1600 万次，在 touchSensor 中执行一轮 loop()需要非常非常短的时间。看起来，我们接触触摸开关只是一瞬间，其实已经执行了非常多轮的 loop()，变量 state 一直在 0 和 1 之间切换，而不是我们原来预想的触摸一下切换一次。结果手离开，state 的值有可能是 0，也有可能是 1。仔细观察一个现象也能证明我们的分析：当手触摸开关时，LED 是点亮的，但是亮度低一些，这是因为 state 一直在 0 和 1 之间切换，代码 digitalWrite(ledOut，HIGH)和 digitalWrite(ledOut，LOW)交替执行，因为很快，人眼感觉不到闪烁，但总归有一半的时间灯是不亮的，因此感觉到亮度降低。

怎么解决这个问题呢？关键是让按住开关的那段时间（虽然感觉很短）state 的值保持不变，只在手松开的一瞬间切换一次。

打开 Arduino 软件，新建一个名为 touchSensor_2 的 sketch，代码编写如下：

```
1    int ledOut=12;
2    int buttonRead=8;
3    int val=LOW;
4    int lastVal=LOW;
5    int state=0;
6    void setup()
7      {
8        pinMode(ledOut,OUTPUT);
9        pinMode(buttonRead,INPUT);
10     }
11   void loop()
12     {
13       val=digitalRead(buttonRead);
14       if (val==HIGH)
15         {
16           lastVal=val;
17         }
18       if (val!=lastVal)
19         {
20           state=1-state;
21           lastVal=LOW;
22         }
23      if(state==1)
24        {
25          digitalWrite(ledOut,HIGH);
26        }
27      else
28        {
29          digitalWrite(ledOut,LOW);
30        }
31     }
```

代码解读

(1) 第 3、4 行代码：定义变量 val 和 lastVal，分别用于记录开关当前和之前的值。

(2) 第 14～17 行代码：每一次执行完 val＝digitalRead(buttonRead)，val 值就变成旧的了（用“lastVal＝val”把 val 的值赋给变量 lastVal）。这几行代码执行后，lastVal 的值为 HIGH，等待 val 的值从 HIGH 变为 LOW。

(3) 第 18～22 行代码：如果开关从按下状态变为放开状态（val!＝lastVal，“!＝”表

示“不等于”)，切换变量 state 的值(state = 1 - state)，并把 lastVal 的值改为 LOW (lastVal=LOW)，等待开关再次被按下。

(4) 第 23～30 行代码：如果 state 的值为 1，点亮 LED，否则熄灭 LED。

使用图 2-14 所示电路测试程序，问题解决，说明程序是完全正确的。实际上还有很多方法可以解决该问题，请自己尝试。

请改用轻触开关测试程序。有没有发现，还会偶尔出现控制错误。触摸开关已经验证了程序没有问题，因此应该是电路问题。机械开关在按下和松开的过程中，金属片不是一下子就完全接通或断开的，会出现一个短暂的、极快的通、断、通、断的跳跃(bounce)，变量 state 的值随之切换，造成控制错误。

请在 Arduino IDE 中打开 File\Examples\02digital\debounce，该程序的功能就是消除跳跃(debounce)。请自己学习，在这里不多解释。

不知不觉中，我们开始使用传感器(sensor)了。也许有人会问：“传感器？什么是传感器？我们使用了吗？”其实 2.1 节中的“按压开关”、2.2 节中的“触摸开关”都是传感器。凡是能感受到被测量的信息(如触碰、声音、温度等)，并将其按照一定的规律转换成可用信号(如能够被 Arduino 处理的电信号)的器件或装置，都可以叫做传感器。有了传感器，Arduino 就拥有了眼睛、耳朵、鼻子等感觉器官。

2.4　用红外接近开关控制 LED

有没有注意过宾馆的自动门、伸手出风的干手器和伸手出水的水龙头这些东西？它们怎么知道有人过来了呢？你一定猜到了，用某种传感器！在这个项目中，我们用一种叫做“红外接近开关”的传感器来实现。

如图 2-15 所示，红外接近开关有 3 条引线，分别为电源正极(V_{CC})、电源负极(GND)和信号输出(S)。开关可以向外发射红外线，也能接收红外线。当有物体靠近开关时，发射的红外线照射在物体上并被反射回来，开关根据是否接收到反射回来的红外线判定有没有物体接近。当有物体接近时，开关可以输出与 V_{CC} 相同的高电平(有的开关是低电平 0V，可以根据需要来选择)。

(a)

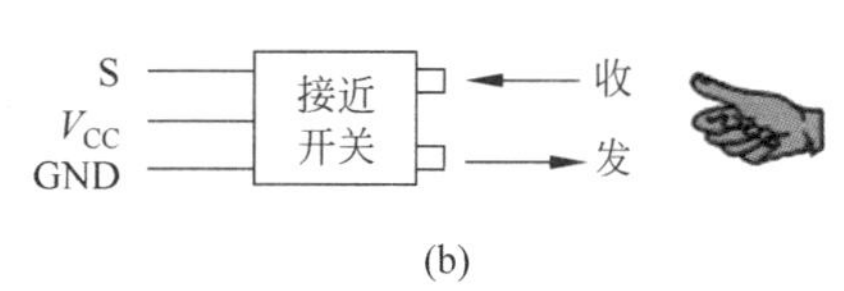

(b)

图 2-15　红外接近开关及工作原理

使用工作电压为5V的红外接近开关,替换图2-14中的触摸开关,有物体接近时输出低电平(0V)。

打开 Arduino IDE,新建一个名为 infraredSensor 的 sketch,代码编写如下:

```
1    int ledOut=12;
2    int pinIn=8;
3    int val;
4    void setup()
5      {
6        pinMode(ledOut,OUTPUT);
7        pinMode(pinIn,INPUT);
8      }
9    void loop()
10     {
11       val=digitalRead(pinIn);
12       if(val==HIGH)
13         {
14           digitalWrite(ledOut,HIGH);
15         }
16       else
17         {
18           digitalWrite(ledOut,LOW);
19         }
20     }
```

这个程序很简单,不再详细解读。本例中使用的开关在有物体接近时输出低电平(0V),程序运行的效果是:有物体接近时,LED熄灭;没有物体时,LED点亮。要想有物体接近时LED点亮,只需将第14行和第18行代码对调。

用红外接近开关,替换图2-14中的触摸开关,运行touchSensor_2,并观察运行效果。触摸开关设置的是触摸时输出高电平(5V)。本次使用的红外接近开关是有物体时输出低电平(0V),因此使用touchSensor_2程序实现的效果是:物体接近开关时(相当于按下机械开关的一瞬间,或接触触摸开关的一瞬间),LED的状态发生改变。

三种开关虽工作原理有所不同,但实现的效果都一样,即输出在高电平(例如5V)和低电平(例如0V)之间切换。程序touchSensor_2决定了在开关输出从"高电平"变为"低电平"的一瞬间切换LED状态,如表2-5所示。这其实对应着数字电路中"下降沿"这个概念。如图2-16所示,在数字电路中,要么是高电平,要么是低电平。从"高电平"变为"低电平"的过程称为"下降沿",从"低电平"变为"高电平"的过程称为"上升沿"。

表2-5　**不同开关运行程序 touchSensor_2 的效果**

电　　路	开关输出情况	运行 touchSensor_2 的效果
轻触开关	按下,输出高电平	松开开关的一瞬间,LED状态切换
触摸开关	触摸,输出高电平	离开开关的一瞬间,LED状态切换
红外接近开关	接近,输出低电平	接近开关的一瞬间,LED状态切换

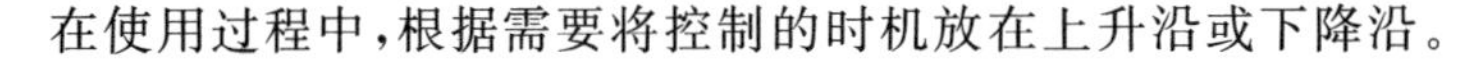
在使用过程中,根据需要将控制的时机放在上升沿或下降沿。

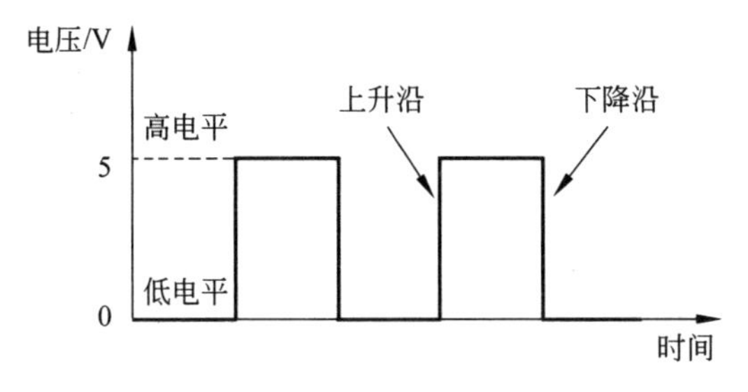

图 2-16　**数字信号**

第 3 章　Arduino 与 Fritzing

本单元的内容可以有选择地阅读，跳过本单元不影响学习 Arduino。

Fritzing 是什么？我们引用其网站 http://fritzing.org/中的欢迎页面的这段话：Fritzing 是一个开源硬件的倡议，以帮助设计师、艺术家、研究人员和爱好者们创造性地致力于交互式电子产品的开发。与 Processing 和 Arduino 的精神一样，Fritzing 创造了一个工具软件、一个交流网站并提供服务，形成一个能让使用者记录他们的蓝本、与他人分享、在教室里教授电子知识、设计和制造专业的印制电路板（PCB）的小生态环境。

这就是 Fritzing。热爱 Arduino 的人一定不要错过 Fritzing，它可以让你的创造更加丰富，也可以帮助你将原型变为产品。本书中的很多插图就是用这款软件制作的，本章将学习如何使用 Fritzing。

3.1　初识 Fritzing

登录 http://fritzing.org/download/，下载 Fritzing 软件，如图 3-1 所示。写这本书的时候，该软件版本已发布到 0.7.11b，我们就以这个版本为例来说明。

DOWNLOAD

We're very happy that you are interested in evaluating Fritzing. Please be aware that while you can already do serious stuff with it, we make no guarantees about anything.

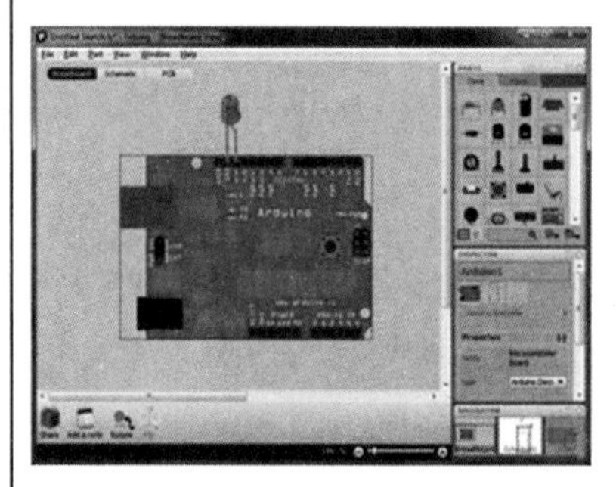

Latest release: 0.7.11b | Jan. 3, 2013

↓ Windows ↓ Source tarball ↓ Mac OS X 10.5 ↓ Linux (64-bit) ↓ Linux (32-bit)

图 3-1　Fritzing 下载页面

下载的是一个名为 fritzing.2013.01.02.pc.zip 的压缩文件。解压缩后得到一个名为 fritzing.2013.01.02.pc 文件夹，其内容如图 3-2 所示。

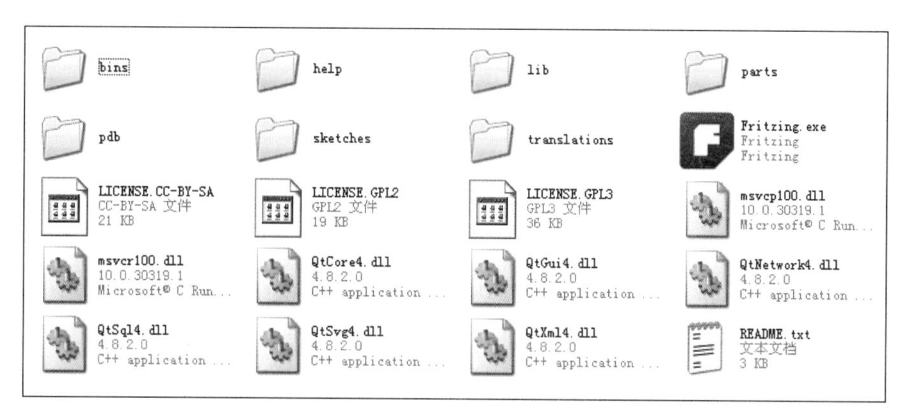

图 3-2　Fritzing 文件夹中的内容

同 Arduino 一样，Fritzing 也是免安装的软件，双击文件中名为 Fritzing.exe 的图标，可直接运行。软件打开过程中会出现 Fritzing 标志性卡通画面，如图 3-3 所示。软件打开后的界面如图 3-4 所示，Fritzing 支持中文。

图 3-3　Fritzing 打开过程界面

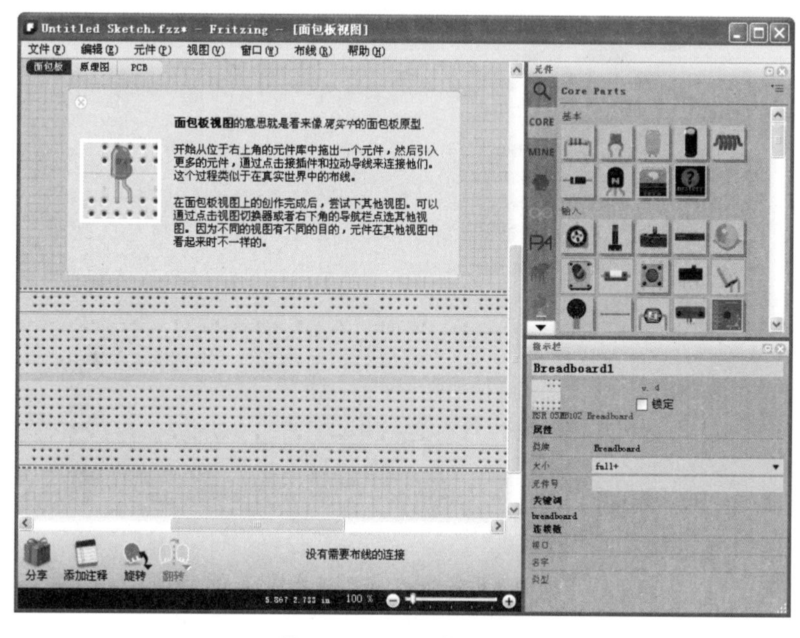

图 3-4　Fritzing 软件界面

Fritzing 软件界面介绍如下。

1. 标题栏

标题栏显示“Untitled Sketch. fzz(未命名的草稿)”。Fritzing 也是以 sketch 称呼一个文件,. fzz 是文件的扩展名。单击菜单“文件\保存”将 sketch 以合适的名字存在需要的位置。

2. 编辑区

菜单下方的区域是编辑区,可以在“面包板”、“原理图”和“PCB”三种视图间切换。默认的是面包板视图。

每次打开软件都有这样一段话:“面包板视图的意思就是看起来像现实中的面包板原型。开始从位于右上角的元件库中拖出一个元件,然后引入更多的元件,通过单击插接件和拉动导线来连接它们。这个过程类似于在真实世界中的布线。在面包板视图上创作完成后,尝试其他视图。可以通过单击视图切换器或右下角的导航栏选择其他视图。因为不同的视图有不同的目的,元件在其他视图中看起来是不一样的。”

看完这段话,基本上就知道怎么用这款软件了。详细的内容在后面的实例中说明。

3. 元件库

在界面的右上角,我们能看到一堆电子元件,“库”就如同元件箱。单击某个想要的元件,按住鼠标左键,将光标移动到编辑区,元件跟随光标被拖了进来。

在元件库里有我们熟悉的 Arduino 图标,这是关于 Arduino 的库,其中有各种版本的 Arduino 电路板;库 CORE 中是最常用的元器件,如果经常用到某些元器件,可以将其存于 MINE 中。如图 3-5 所示,右击处于编辑区的元件,然后在快捷菜单中选择“加入元件库/My Parts”,就可以将它存放在库 MINE 中。

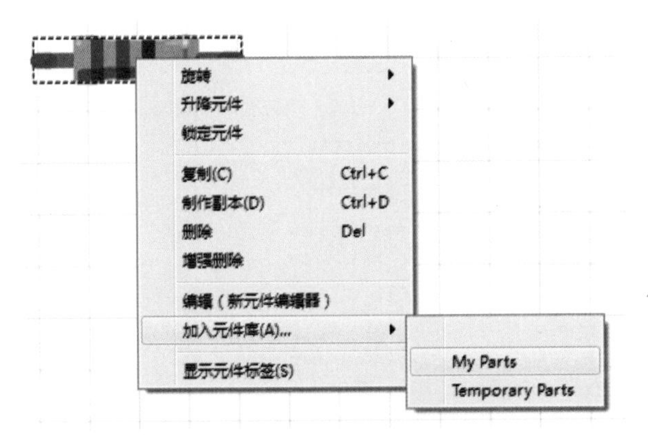

图 3-5 **将元件存到库“MINE”中**

4. 指示栏

单击某个元件,关于这个元件的参数等信息会显示在界面右下角的指示栏中。

3.2 面包板视图操作

(1) 从元件库中拖动元件至编辑区。

(2) 光标处于编辑区时，滚动鼠标滚轮，放大或缩小视图。

(3) 光标移动到编辑区某个元器件上时，光标从空心变成实心(全黑)，同时该器件高亮显示。光标停留在元件上，会弹出一个文本框，显示该元件的相关信息，如图 3-6 所示。单击鼠标左键可选中该元器件。若按住鼠标左键并移动光标，元器件被选中，并跟随光标移到合适的位置。

(4) 元器件被选中时，单击界面左下角的“旋转”或“翻转”按钮，直到元件处于合适的方位，如图 3-7 所示。注意，不是所有元件都能翻转。

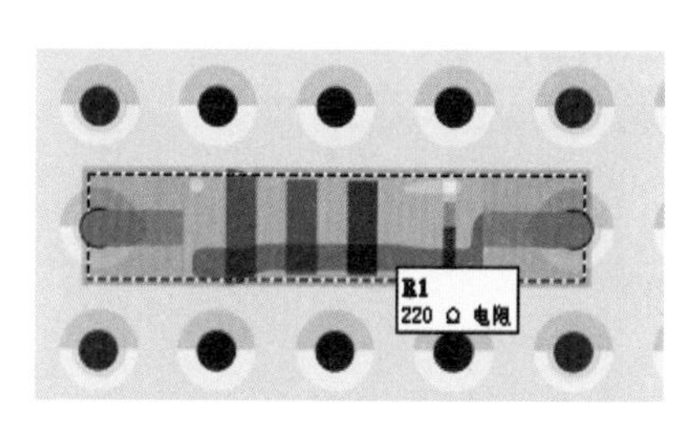

图 3-6　显示元件信息

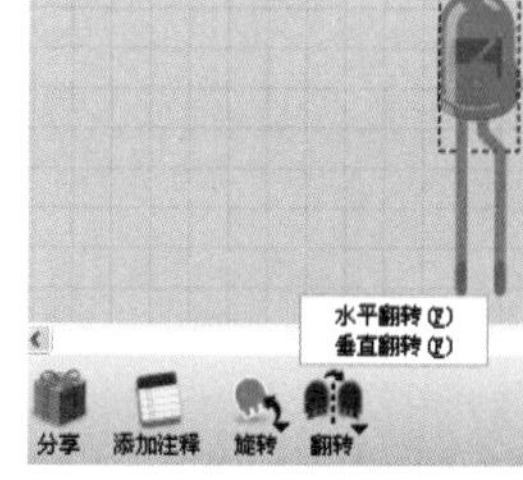

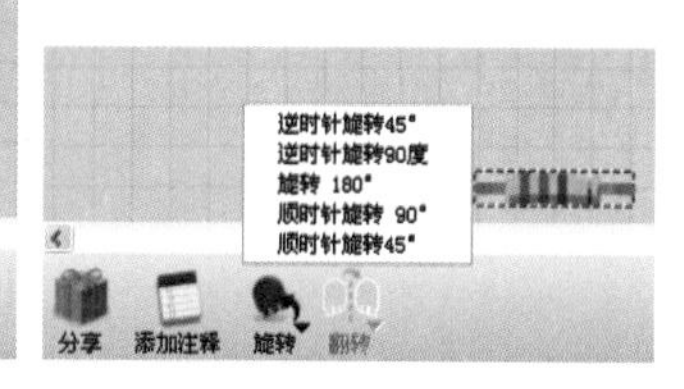

图 3-7　旋转和翻转元件

(5) 元件被选中时，指示栏中显示它的属性等信息。可以设定具体的参数，如图 3-8 所示。指示栏中左上角的三个图片分别是该元件在“面包板视图”、“原理图视图”和“PCB 视图”中的样子。

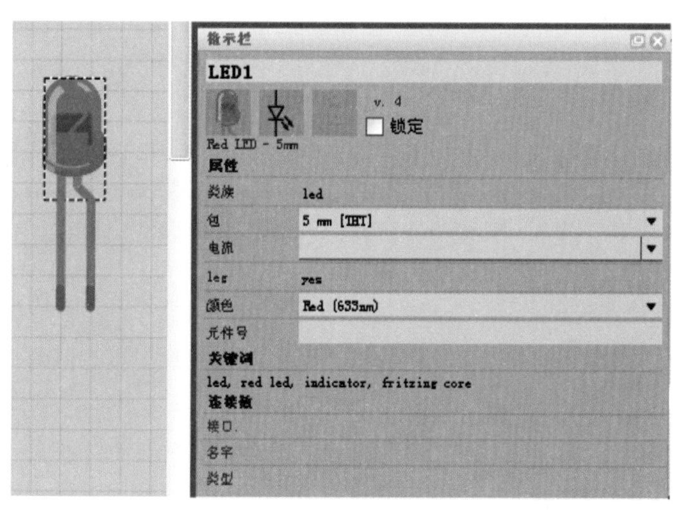

图 3-8　指示栏

(6) 右击元件，在弹出的菜单中可以对元件进行各种操作，如图 3-9 所示。如果选中“显示元件标签”，将显示元件标签，如图 3-10(a)所示。双击标签，可在弹出的对话框中修

改标签内容；右击标签，可对字体大小等进行设置，如图 3-10(b)、图 3-10(c)所示。

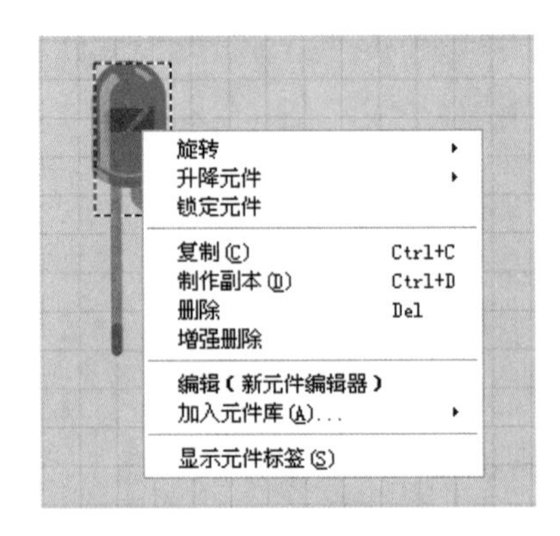

图 3-9 快捷菜单

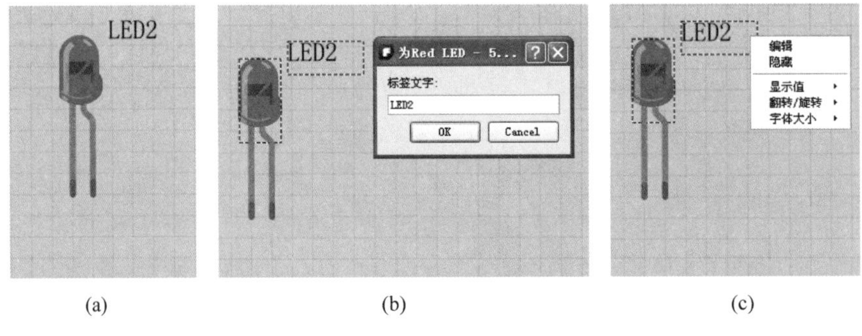

(a) (b) (c)

图 3-10 元件标签

(7) 拖动元件到面包板上，元件的引脚会自动捕捉到面包板的插孔，如图 3-11 所示，相当于现实中将元件插入面包板。此时，与该插孔相连的所有孔高亮显示(默认设置是浅绿色)。可以打开菜单栏"编辑\参数设置"，在弹出的"参数设置"面板更改相关内容，如图 3-12 所示。

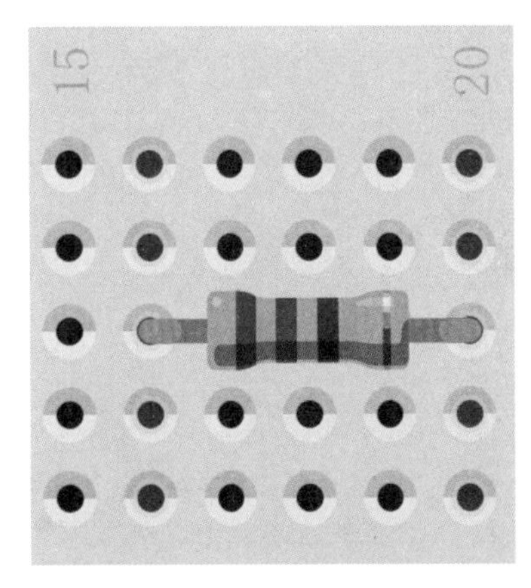

图 3-11 元件自动捕捉

(8) 用导线连接元件时，光标停留在某个插孔或引脚上。按下鼠标左键拖动光标，有一条蓝色(默认)的线跟随光标延伸，到目标插孔或引脚上时释放左键，即完成布线，如图 3-13(a)所示。

(9) 光标在某个插孔或引脚上时，按下鼠标，所有与该插孔或引脚直接电气连接的插孔都会高亮显示黄色(默认设置)。这个功能非常有用，在电路复杂的时候能帮助我们检查电路连接，如图 3-13(b)所示。

(10) 光标停在某导线上时，按住左键拖动鼠标，可根据需要将直线变成折线。弯折的地方称为"拐点"，如图 3-13(c)所示。如果在"参数设置/面包板视图"面板选中 Curvy wires and legs，拖动导线时，导线变成曲线，如

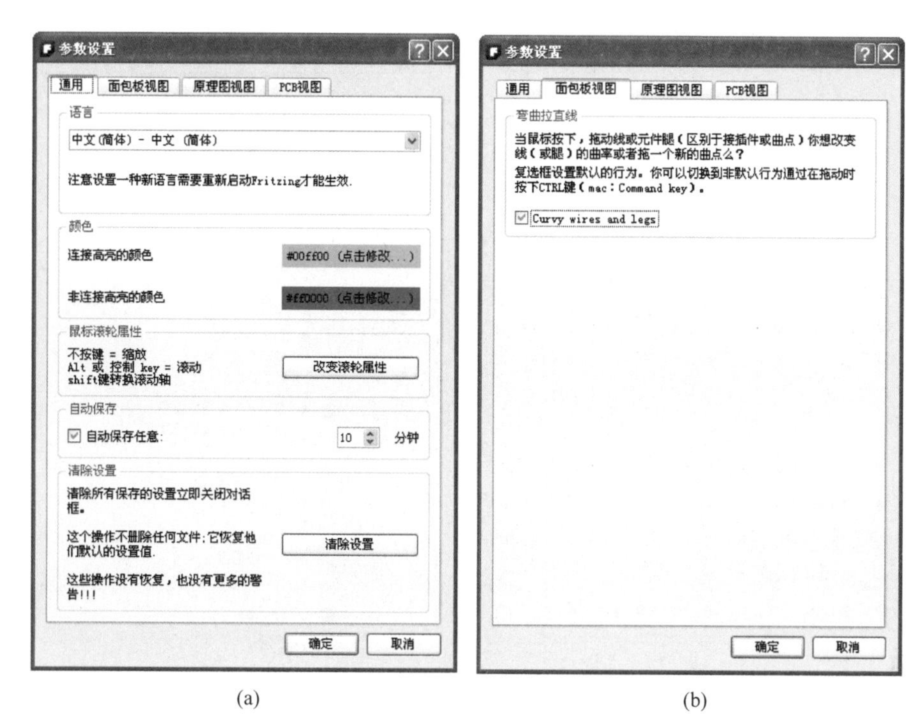

(a)　　　　　　(b)

图 3-12　“参数设置”面板

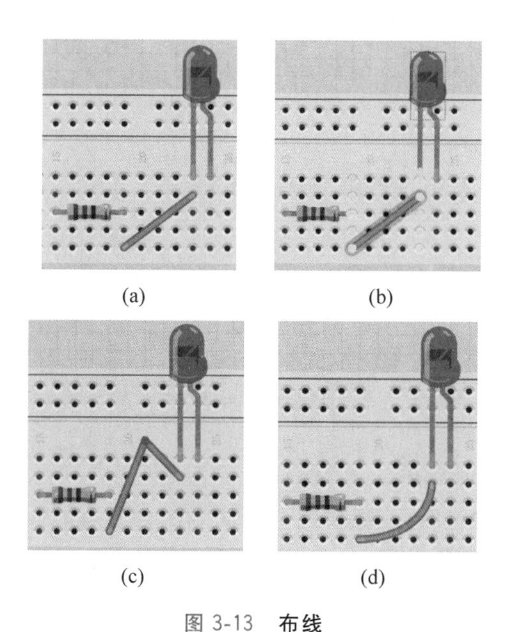

(a)　　　　　　(b)

(c)　　　　　　(d)

图 3-13　布线

图 3-13(d)所示。

(11) 右击导线，在弹出的对话框中可以设置导线的颜色。这在导线多的时候很有用，如图 3-14 所示。

(12) 如图 3-15 所示，根据需要选择菜单“视图”中的“对齐至网格”、“显示网格”、“设

置网格尺寸”、“设置背景颜色”等设置。

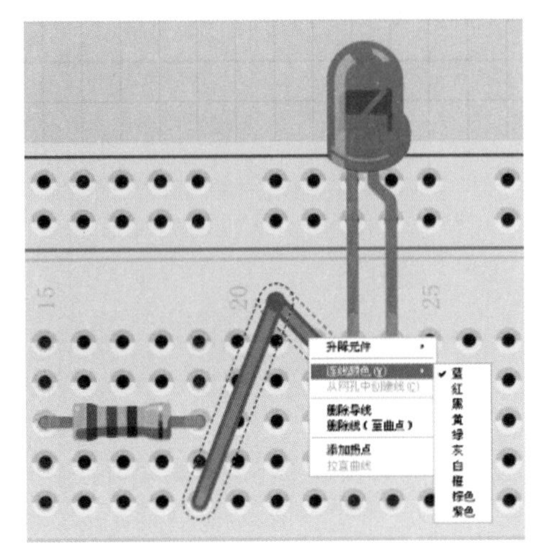

图 3-14　**设置导线颜色**

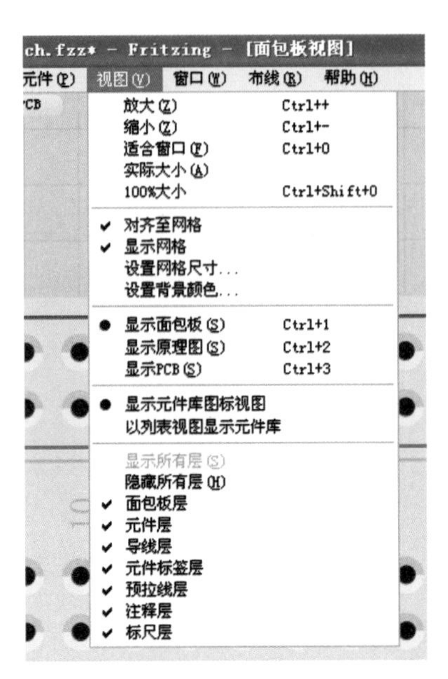

图 3-15　**视图菜单**

3.3　原理视图操作

所谓原理图，就是用电路符号来表示电路连接关系的图。以图 2-9 所示的“按钮控制 LED”为例，当完成了面包板视图的工作后，切换到原理图视图，显示如图 3-16 所示。图中，电路符号之间的细线表示这些元件有电气连接关系，这是由面包板视图的搭建确定的。

此时有两个问题，一是图太乱，不易识读；二是细线仅是提示有电气连接关系，并没有真的连接。单击菜单“布线\自动布线”功能，可对原理图进行布局，结果如图 3-17 所示。线变粗了，说明有了真正的电气连接，但是太乱了。当然，自动布线功能太为难 Fritzing 了，即使是专业的电路仿真软件，如 Protel 等，自动布线功能的结果都不尽如人意，还是手动布线吧。

(1) 把光标停留在某条细线上，当光标变成实心(全黑)时，按下鼠标左键，拖动线到合适的位置。释放左键时，细线变成粗线。按此方法对所有的线进行布局。

(2) 菜单“视图”中的“对齐至网格”、“显示网格”、“设置网格尺寸”等功能对布线尤其有帮助。

(3) 拖动导线时，同时按住 Shift 键，可以使导线横平竖直。

(4) 布线过程中，必要时要旋转电路符号。

(5) 尽可能减少导线交叉。当然，有时是避免不了的。注意观察原理图，在导线交叉的位置有黑色实点的，表示此处导线有电气连接(相通)；在导线交叉的位置没有黑色实点的，表示此处导线没有电气连接(交叉但不相通)。

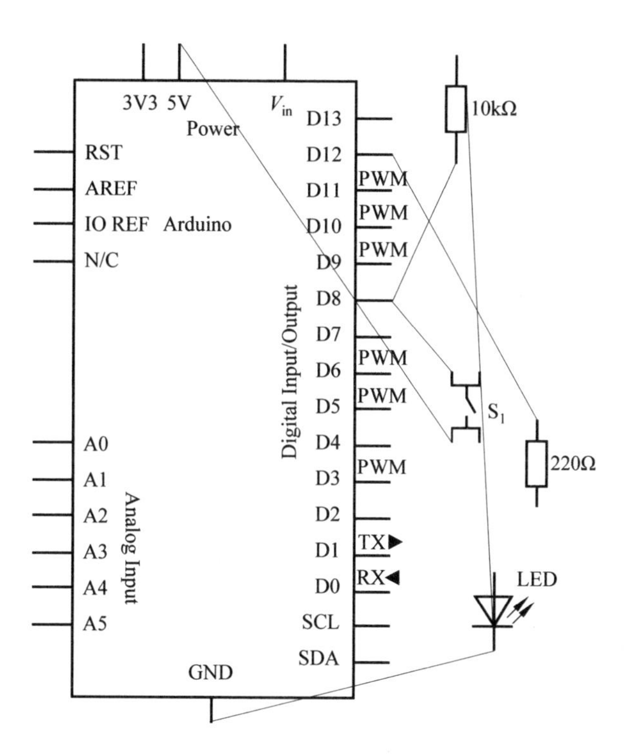

图 3-16　切换到原理图

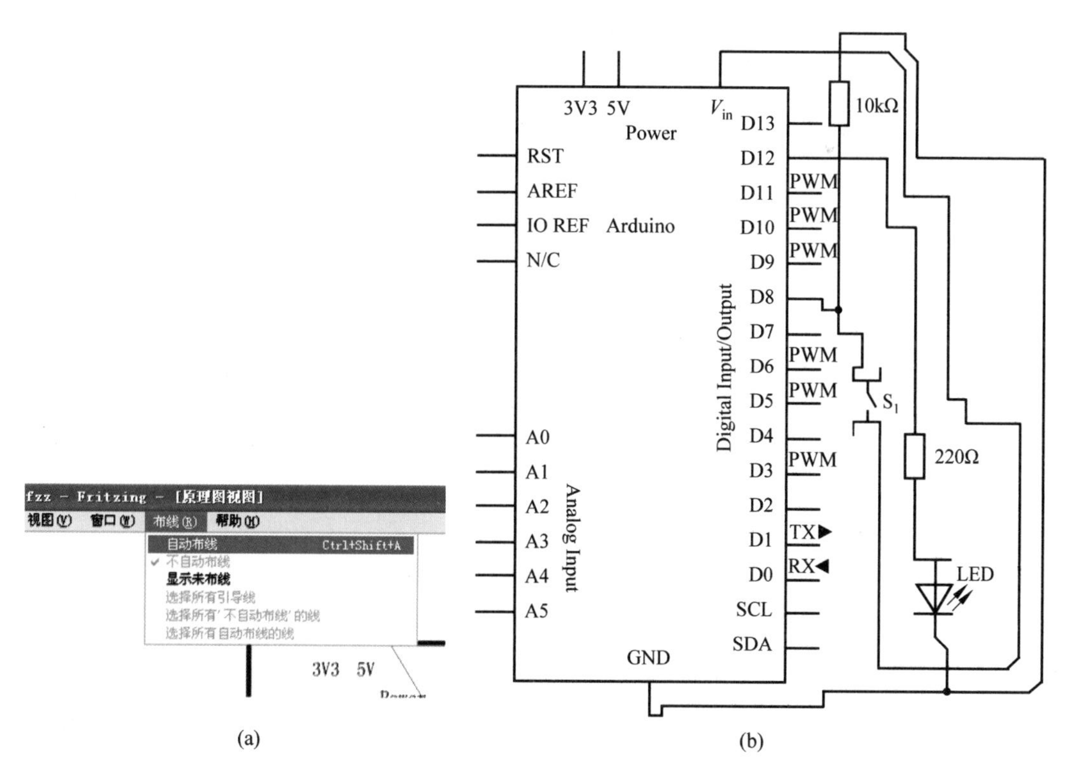

(a)　　　　(b)

图 3-17　自动布线

细心的读者可能会观察到如下一些问题。

(1) 在电路图中，电阻的电路符号可能如图 3-18(b)所示，而不是如图 3-18(a)所示。图 3-18(a)所示是我国表示电阻器的电路符号，图 3-18(b)所示是国外表示电阻器的电路符号。Fritzing 软件是国外开发，自然按国外标准做。当然，显示的符号是可以修改的。图 2-9 中的电阻器符号就是修改过的。本书中没有严格区分国内和国外的差别，一是修改起来工作量太大，二是软件本身就是国外的，这些符号是回避不了的；三是基本上不会引起歧义。

(2) 在有的书中，开关的电路符号如图 3-19(b)所示，而不是如图 3-19(a)所示。同类元件其符号也会有差别，比如本例中使用的按钮开关是 4 条引脚(两个为一组，内部相接)，因此其电路符号中显示了 4 条引脚，如图 3-19(a)所示。

图 3-18 **电阻电路符号**　　图 3-19 **开关电路符号**

Fritzing 简单易用，但也有一些不足。其中之一就是 Fritzing 自带的元件库不是很丰富，有时候没有我们所需要的元件。本书中有些原理图不是用 Fritzing 画的，主要就是因为没有相应的元件可用。怎么办？Fritzing 允许自己制作元件并加入元件库中，在 http://code.google.com/p/fritzing/issues/detail?id=875 中就有很多爱好者自己设计、制作并分享的元件。

Fritzing 中的一个元件库由面包板视图中的图像、原理视图中的图像、PCB 视图中的图像和图标四部分组成，其中图标是在元件库中显示用的。以 CORE 库中的元件为例，这四部分图像分别存储在文件夹 fritzing.2013.01.02.pc\parts\svg\core 下的四个文件夹中，如图 3-20 所示。

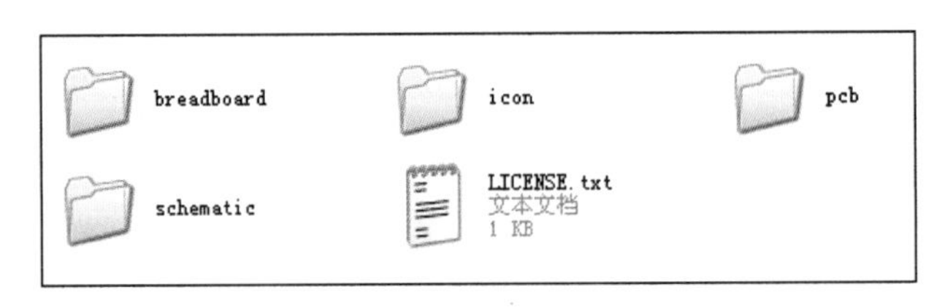

图 3-20 **元件库文件夹**

建议用户在制作自己的元件时，最好以相近的元件为基础进行修改。所谓相近，是指元件的引脚数相同。下面介绍如何更改电阻器在原理图视图中的图像。

Fritzing 中使用的图像是 SVG 格式的，即可缩放矢量图形(Scalable Vector Graphics)，这种图在放大的过程中不会变得模糊。按 Fritzing 的推荐，使用一个叫 inkscape(又是一个开源的软件)的软件修改图像，可以在 http://inkscape.org/下载。

(1) 在 fritzing.2013.01.02.pc\parts\svg\core\schematic 中找到 resistor_220.svg 文件，在 inkscape 中打开后看到的就是图 3-18(b)，在软件中修改成如图 3-18(a)所示的样子。详细的方法不再介绍。

将修改后的文件另存为一个名字或位置。

(2) 回到 Fritzing，在面包板视图中放一个电阻器。右击鼠标，在弹出的菜单中选择"编辑(新元件编辑器)"，编辑器界面如图 3-21 所示。注意，旧版本中的视图有所不同。

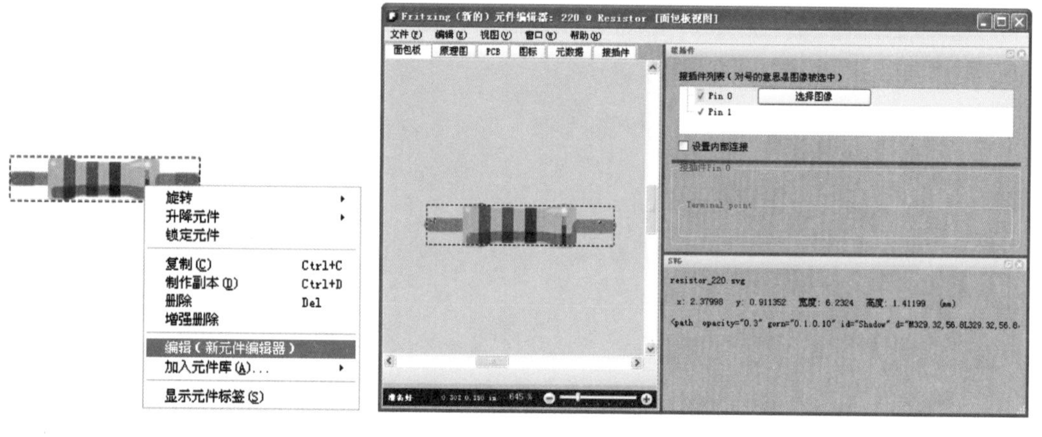

图 3-21　**新元件编辑器**

(3) 切换到编辑器"原理图"，然后单击菜单"元件\在视图中载入图像"，如图 3-22 所示，载入修改好的图像。

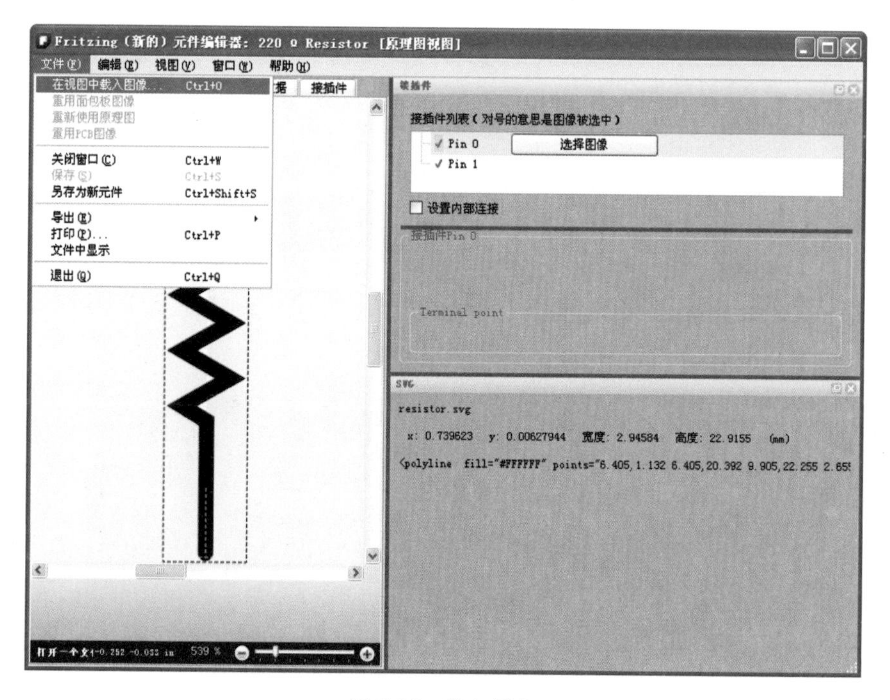

图 3-22　**载入图像**

单击菜单"元件\另存为新元件"，新元件自动被保存在库 Mine 中。

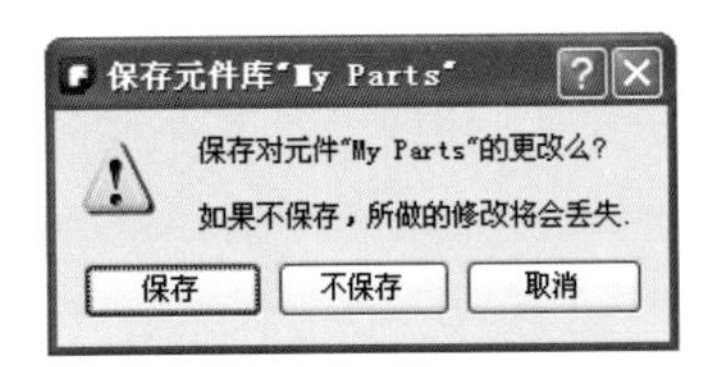

图 3-23　**保存库的修改**

(4) 添加新元件后，关闭 sketch 时会弹出如图 3-23 所示的对话框。请选择“保存”，否则下次打开 Fritzing 时，库中就没有修改好的元件了。

软件中显示出的图像只是让我们对元件有一个直观的认识。对元件来说，最重要的是引脚的关系，Fritzing 不是本书的重点，详细的方法请登录 Fritzing 网站来学习。

请结合 4.4.1 小节和 4.4.4 小节学习 3.3 节的内容。

3.4　PCB 视图操作

3.4.1　设计 PCB 板

PCB 是什么？观察 Arduino 电路板，其电子元件焊接在一块蓝色的板子(官方是蓝色)上，板子上还有一些线条状的东西连接各个元件。这些线条其实就是导线，这块板子就是 PCB(印制电路板，Printed Circuit Board)。我们拆开手机或者是计算机机箱时，也能看到它。想把面包板上的试验电路变成实用的产品吗？来学习制作 PCB。我们以 4.4.1 小节图 4-31 和图 4-32 所示的电路为例讲解。

用 Fritzing 在面包板视图和原理图视图搭建电路如图 4-31 和图 4-32 所示。切换到 PCB 视图，如图 3-24 所示。

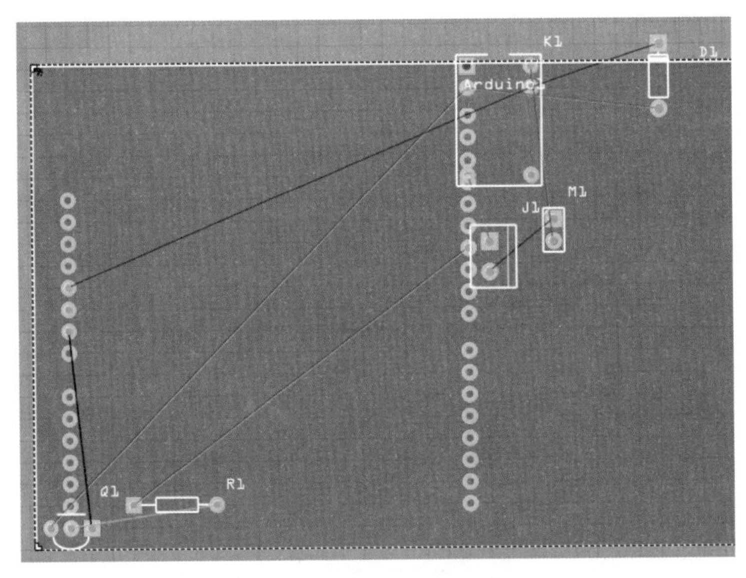

图 3-24　**切换到 PCB 视图**

如图 3-24 所示，PCB 视图中最重要的信息是元件引脚的间距、元件引脚的布局和电气连接关系。元件引脚之间有细线连接，表示元件之间只有电气连接关系，还没有真正连接(导线连接)。

图 3-24 中有两竖列(或行)非常整齐的焊盘,与 Arduino 的引脚对应,可以非常方便地将 PCB 做成能与 Arduino 堆叠连接的扩展板。单击两列焊盘中间的绿色区域,可以在指示栏中看到相关信息。

1. 将 PCB 变成 Arduino 电路板形状

单击两列焊盘以外的绿色区域,指示栏信息如图 3-25 所示。

(1) 将“层”设置为“单层”,即导线只分布于 PCB 板的一面;如果设置为“双层”,则导线分布于 PCB 板两面。在布线的时候,单层板导线交叉的机会较大,布线难度大;双层板布线较容易,但是加工成本较高。

(2) 指示栏“形状” 选择 Arduino Shield,PCB 的形状变成与 Arduino 电路板相同,如图 3-26 所示。

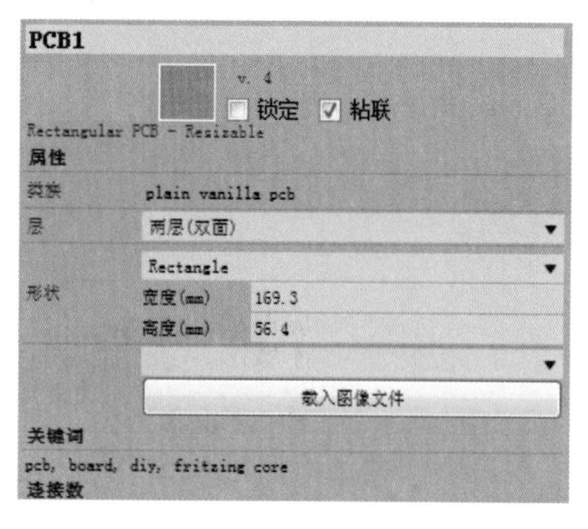

图 3-25　PCB 指示栏信息

(3) 旋转和移动两列焊盘,放在与 Arduino 引脚一致的位置上。注意,图 3-27 中的深绿色的线框有提示作用。

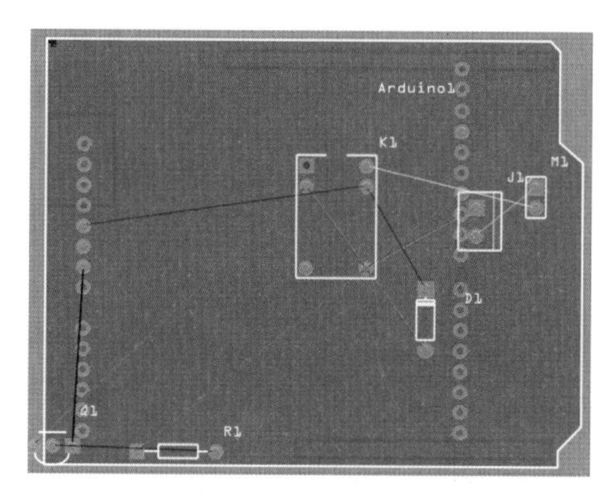

图 3-26　改变 PCB 的形状

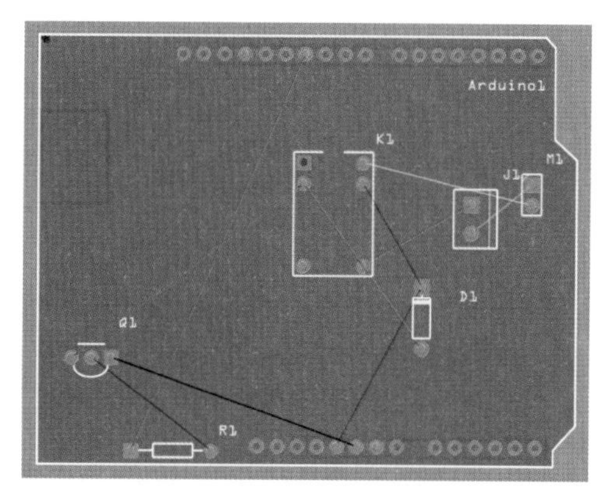

图 3-27　对齐 Arduino 引脚位置

2. 布局和布线

与原理图视图操作相似。

(1) 移动和旋转元件到合适的位置,双击某条细线,细线变粗,表示这根导线布线完成。

(2) 用鼠标拖动某导线到合适的位置。布线的基本原则是在同一面上绝不能有交叉(这一点与原理图视图的要求不同),否则做出的 PCB 会出现错误的电气连接。

(3) 可以使用自动布线功能,如图 3-28 所示,但一般还需要手动调整。

图 3-28　旋转、自动布线等工具

(4) 单击某个元件，当元件处于选中状态时，可以移动元件的标签到合适位置。右击，在弹出的快捷菜单中有更多对标签的操作选项。

(5) 布线完成后，单击菜单“布线\设计规则检查”，软件会检查布线，如有连接错误、导线离得太近等情况，有报错提示。按照提示修改，直到弹出如图 3-29 所示的对话框。布好的线路如图 3-30 所示。

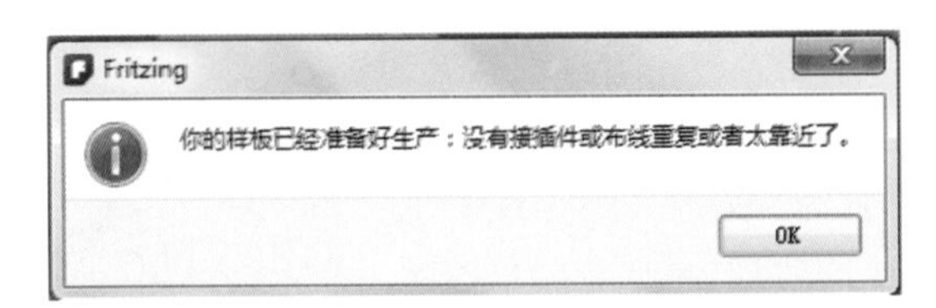

图 3-29 **通过设计规则检查**

(6) 单击菜单“布线\接地填充\覆铜”，效果如图 3-31 所示。覆铜就是把电路板上没有布线的区域铺满铜膜，以提高电路的抗干扰能力。

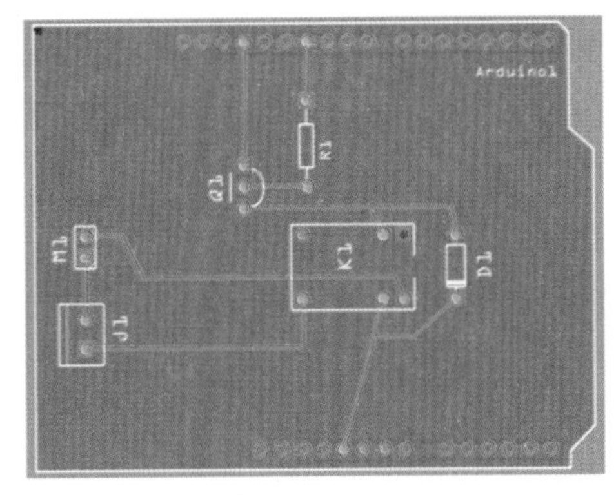

图 3-30 **布线完成**

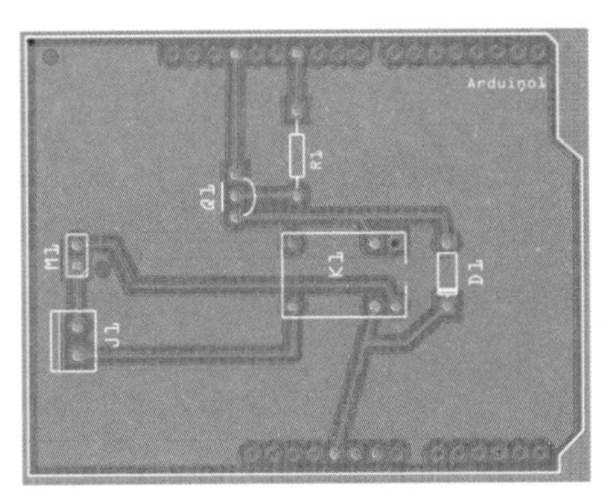

图 3-31 **接地覆铜**

(7) 如图 3-32 所示，添加元件库“Core\PCB 视图”中的 TEXT 图标，在 TEXT 的提示栏“标示”中输入文本信息，如板子的型号等信息。提示栏 layer 有三个选择：copper()、copper(1)和 Silkscreen 。对单面板来说，copper(1)不可用；如果选择 copper()，文本信息将印在 PCB 的焊接面；如果选择 Silkscreen，文字信息将印制在 PCB 的元件面，如图 3-33 中标记①的文本 LYT。

图 3-32 **PCB 视图直接添加元素**

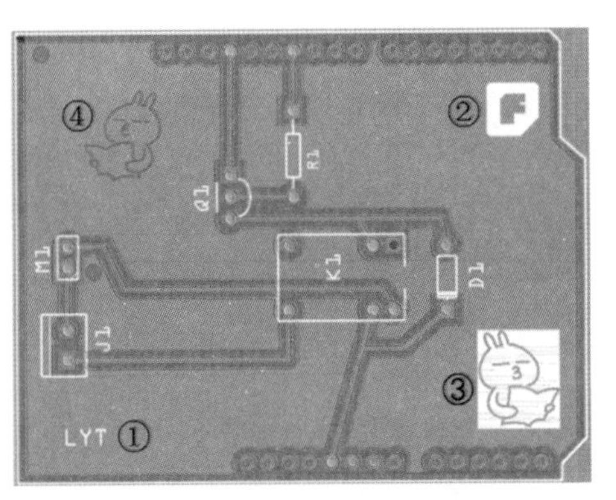

图 3-33 **在 PCB 上添加文字和图案**

(8) 添加元件库"Core\PCB 视图"中的 F 图标，在 PCB 上加入图像。在选中图标的情况下，在指示栏单击"载入图像文件"，把自己喜欢的图像加在 PCB 上，如图 3-33 中标记为②和③的图像，添加在 Silkscreen 层；标记为④的图像添加在 copper()层。这个功能对于制作个性化 PCB 很有帮助。

PCB 上的文本和图像效果如图 3-34 所示。

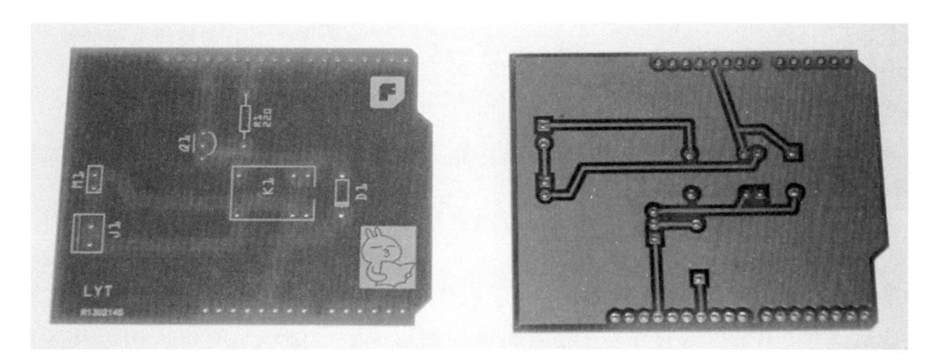

图 3-34 PCB 加工出的效果

3. 导出为 PCB

PCB 设计完成后，要生成相应的文件进行生产加工。单击屏幕左下角的"导出为 PCB"或菜单"文件\导出\为了生产"。共有以下三个选项。

(1) Etchable(PDF)，PDF 格式。

(2) Etchable(SVG)，SVG 格式。

(3) Extended Gerber(RS-274)，Gerber 格式。

如果采用热转印和腐蚀法自己制作 PCB，前两种格式比较合适；如果交给工厂加工，要采用第三种格式。Gerber 格式是以一个文件夹的形式保存，里面自动生成了生产时需要的多个文件，请将整个文件夹交给代工工厂。PCB 加工出的效果如图 3-34 所示。非常遗憾的是，工厂在加工作者的该电路板时没有将图 3-33 中标记为④的图像加工出来（可能是为了省事）。这也提醒读者在和加工工厂沟通时，要明确加工要求。

3.4.2 焊接电路板

要完成一个实用的电路，还要将元件焊接在 PCB 板上。可按下面的步骤进行焊接操作。

1. 准备

按照 PCB 板上的焊盘间距，将元件引线成型，如图 3-35 所示。焊接时，应按照先小后大、先矮后高的顺序焊接元件。本例中应先焊接 R_1 和 D1，再焊接 Q1 和排针，最后焊接继电器 K1。

2. 加热焊盘和引脚

将烙铁头同时接触 PCB 板上的焊盘和元件引脚，同时加热它们，如图 3-36 所示。如果焊盘和引脚不够热，会造成虚焊；如果过热，可能损坏元件或引起焊盘脱落。

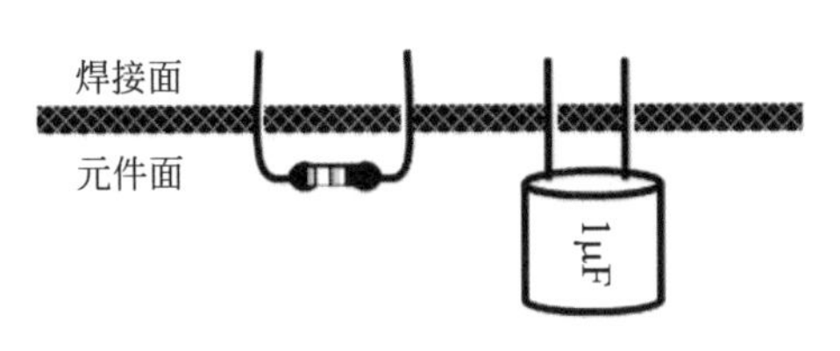

图 3-35 **准备元件**

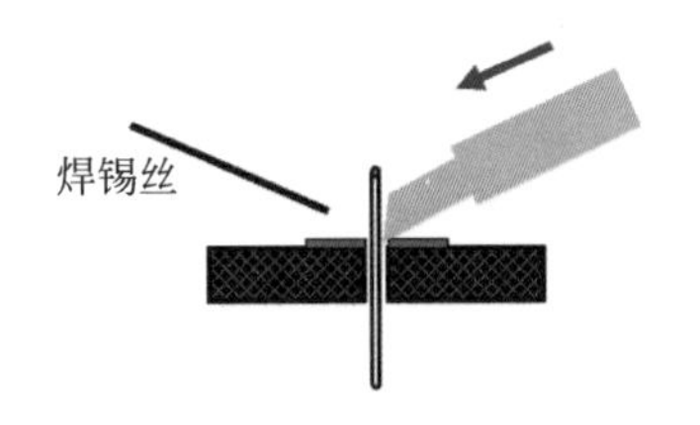

图 3-36 **加热焊盘和引脚**

3. 送入焊锡丝

如图 3-37 所示，送入焊锡到焊接部位。如果焊锡丝送入焊盘位置时，焊锡丝迅速熔化，说明焊盘和引脚温度合适。

4. 移开焊锡丝

焊锡的量要适当。如果焊锡不足(一般表现为焊锡没有完全包裹焊盘和引脚接触部位)，会造成虚焊；如果焊锡过量(一般表现为焊点形成一个圆包)，有可能引起相距较近的焊点桥连。当熔化的焊锡包裹了焊盘和引脚的接触部位时，迅速撤走焊锡，如图 3-38 所示。

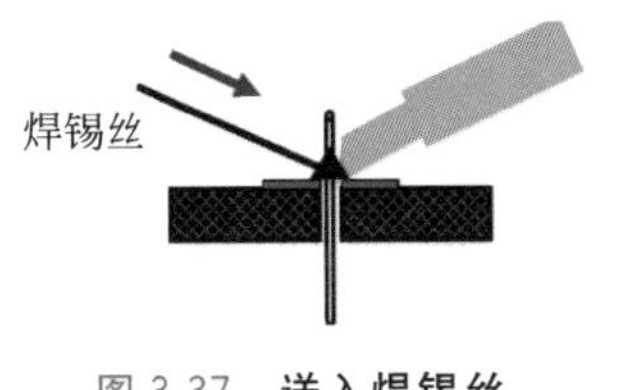

图 3-37 **送入焊锡丝**

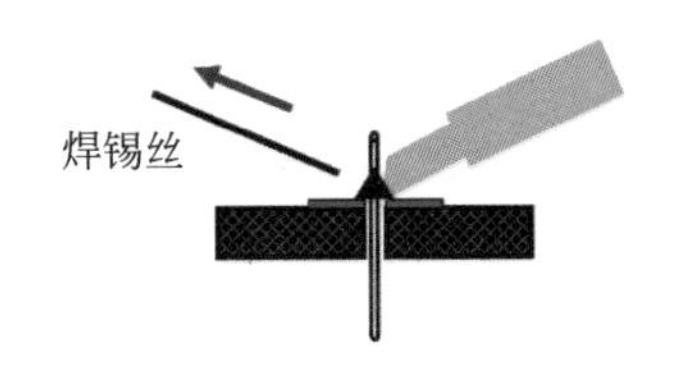

图 3-38 **移开焊锡丝**

5. 移开烙铁

焊锡移开后，要稍停顿一下再移开烙铁。焊锡充分地包裹了焊盘和引脚的接触部位，形成一个锥形焊点(如图 3-39 所示)时，要迅速移开烙铁，如图 3-40 所示。

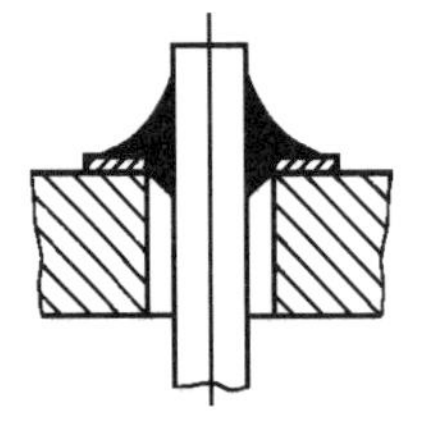

图 3-39 **锥形焊点**

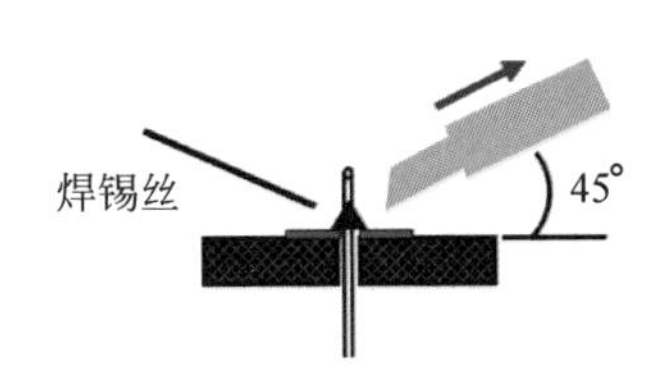

图 3-40 **移开烙铁**

电路板焊接好后，效果如图 3-41 所示。将电路板与 Arduino 堆叠连接，如图 3-42 所示。连接外接电源到接线端子 J1(本例中用排针代替接线端子)、连接风扇到接线端子 M1，就可以用 Arduino 控制风扇的转动了。

观察我们购买的扩展板，与 Arduino 堆叠连接的板子都是双面板，排针的焊盘与图 3-43 所示是相反的。本电路设计为单面板是为了节约成本。

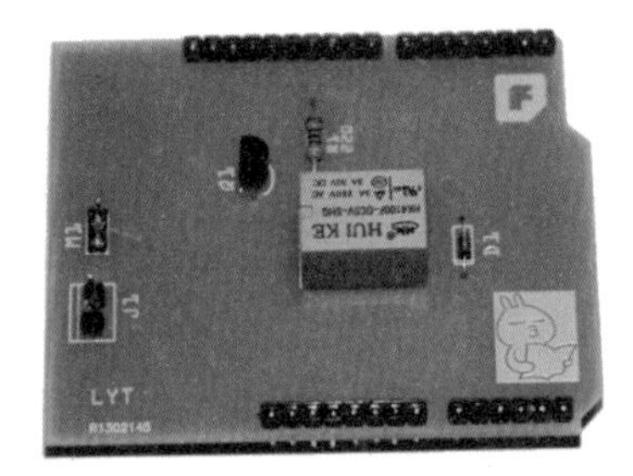

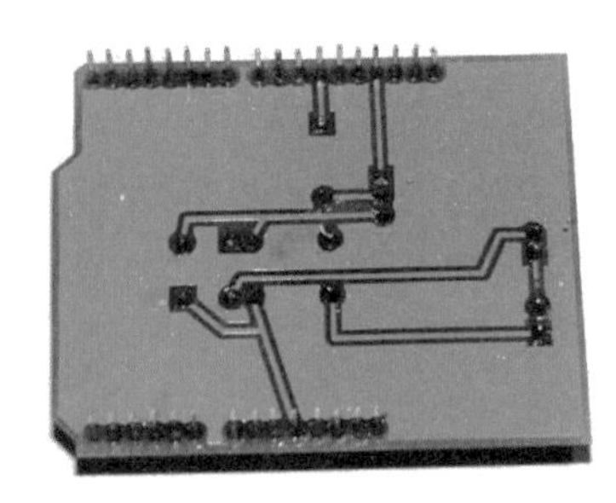

图 3-41　PCB 焊接元件后的效果

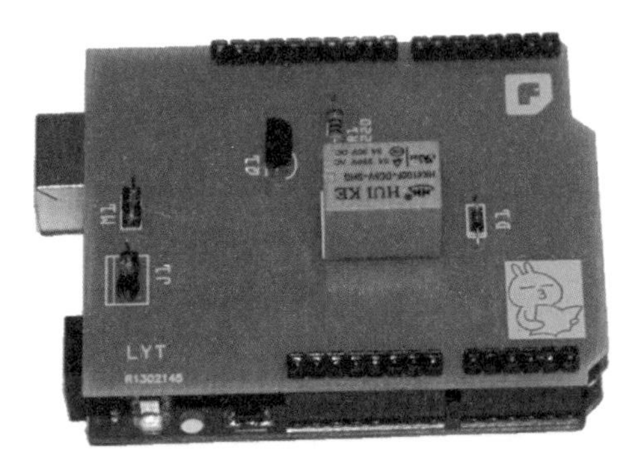

图 3-42　与 Arduino 堆叠连接后的效果

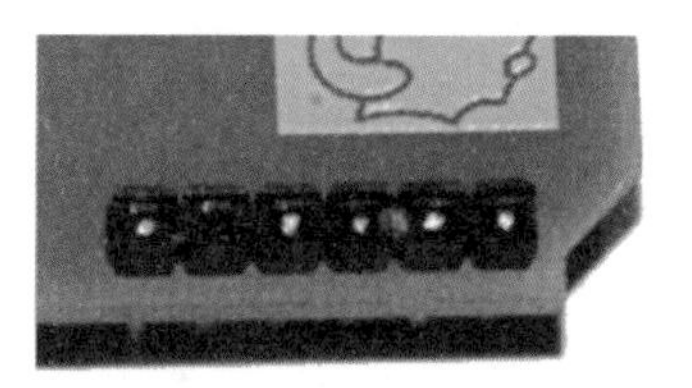

图 3-43　排针的焊接

第4章 温控风扇项目

空调是生活中很常见的电器。夏天的时候，我们给空调设定27℃(或其他温度)，如果室温高于这个温度，空调自动启动制冷；等室温降到该温度时，空调自动停止制冷。它是如何工作的？本项目就来揭开其中的秘密。为了简化制作，用风扇代替制冷设备。本项目在温控风扇的基础上引申出更多的功能，如数码管显示、PWM调速、舵机控制等，以此来进一步了解Arduino更多的使用方法。

4.1 测量温度

4.1.1 测量温度并在串口监视器上显示

温度传感器能感受温度并将其转化为电信号输出。温度传感器种类很多，本项目中使用一种广泛应用的集成电路温度传感器LM35，如图4-1所示。

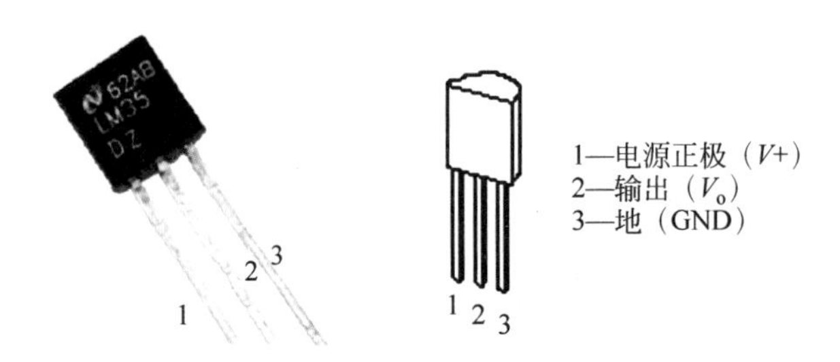

图4-1 LM35温度传感器

LM35与Arduino的连接如图4-2所示，LM35的引脚1(电源正极)、2(输出)和3(GND)分别接Arduino的5V引脚、A0和GND引脚。特别要注意，不要将1和3接反，否则LM35会严重发热，甚至损坏。

LM35引脚2输出的是模拟电压。模拟量是相对于数字量说的，它不像数字量只有分立的数值(如D0～D13口，其输出电压只有0V和5V两种值)，而是在一定范围连续变化的量，也就是在一定范围内可以取任意值。要将模拟量输入Arduino中(或者说Arduino从外界读取模拟量)，必须将模拟量转化为电压，使用函数analogRead()从A0～A5口读取。

Arduino模拟口A0～A5读取电压时，在模拟口加0～5V的电压，Arduino从模拟口读取到的是0～1023的数值。

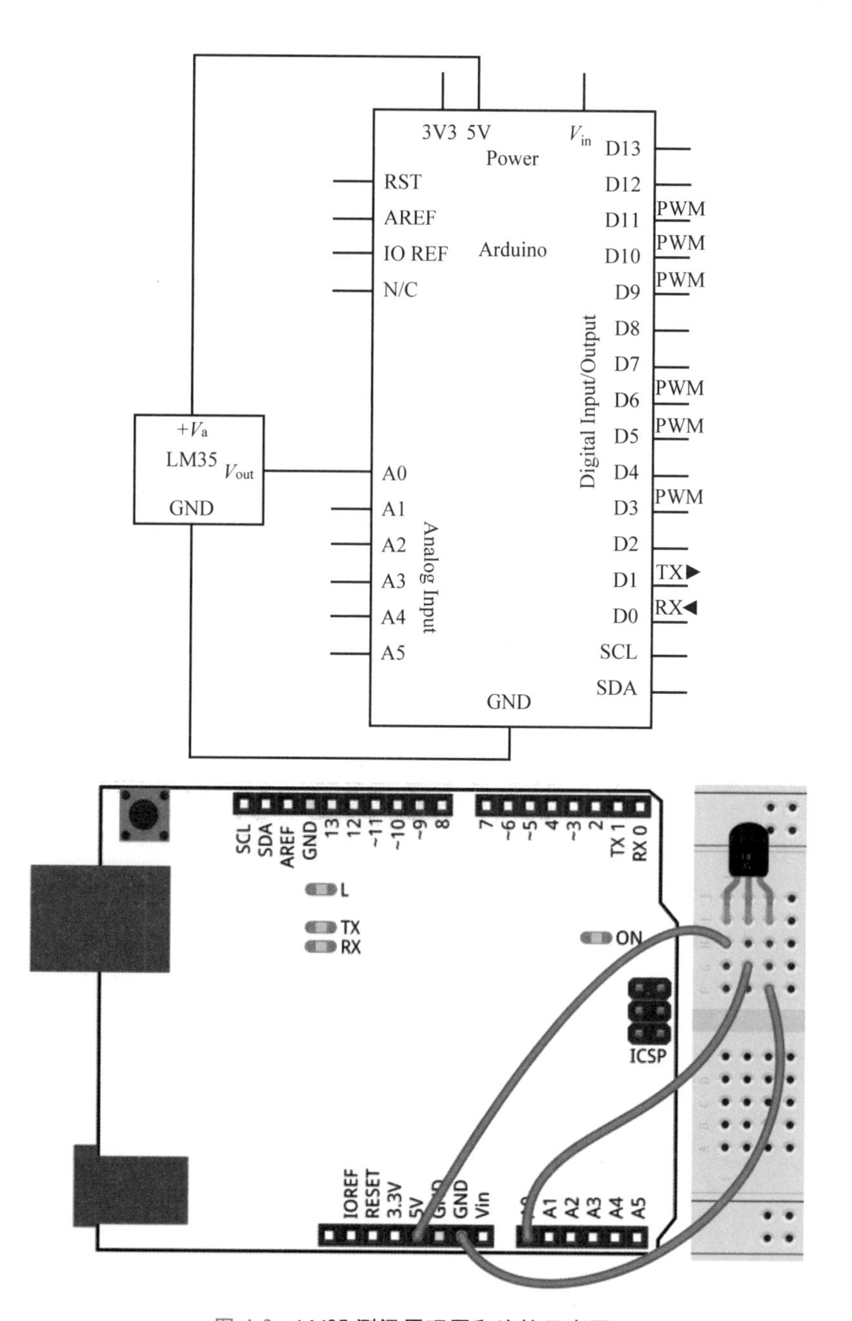

图 4-2　LM35 测温原理图和连接示意图

温度为 0℃时，LM35 输出电压为 0V；温度每升高 1℃，输出电压增加 10mV(0.01V)；温度为 100℃时，输出的电压为 1V。

由 LM35 的输出和 Arduino 模拟输入口的特点可知，当环境温度为 20℃时，LM35 输出电压为 0+20×0.01=0.2(V)，Arduino 的 A0 口读取的数值为(0.2÷5)×1024=41。

打开 Arduino IDE，新建一个名为 measuringTemperature 的 sketch，代码编写如下：

```
1    int inPin=0;
2    void setup()
3      {
4        Serial.begin(9600);
5      }
6    void loop()
7      {
8        int val=analogRead(inPin);
9        float millivolt= (val/1024.0) * 5000;
10       float temp=millivolt/10;
11       Serial.print("The value we get is ");
12       Serial.println(val);
13       Serial.print("The voltage is ");
14       Serial.print( millivolt);
15       Serial.println("mV");
16       Serial.print("and the temperature is");
17       Serial.println(temp);
18       delay(1000);
19     }
```

本程序测量温度并显示在 Serial Monitor 中。

串口是 Arduino 电路板与计算机和其他设备进行串行通信的端口，使用 Arduino 电路板上的数字 0 口(RX，接收用)和 1 口(TX，发送用)。计算机与 Arduino 的 USB 连接，也是通过 ATmega16U2 将 USB 转为串口通信。使用串口通信功能时，不能使用数字 0 和 1 口作为数字输入/输出口用。

单击 Arduino IDE 工具栏上的图标打开"串口监视器"(Serial Monitor)，如图 4-3 所示。串口监视器可以接收来自 Arduino 的信息，也可发送信息到 Arduino。如图 4-4 所示，打开串口监视器右下角的下拉菜单，然后选择 9600 baud(波特率，一般选择 9600)。

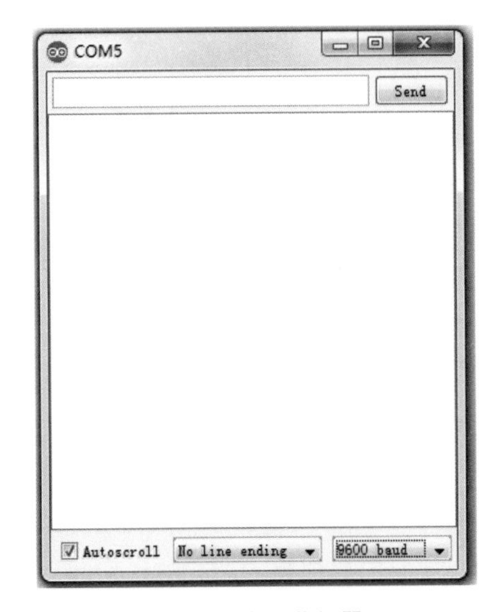

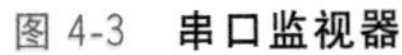
图 4-3　**串口监视器**

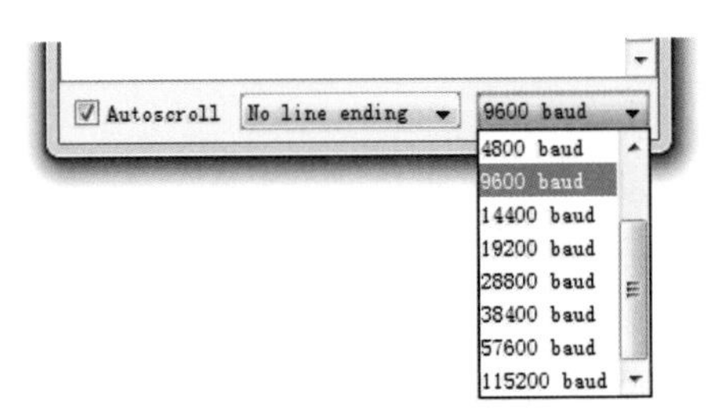

图 4-4　**选择波特率**

代码解读

（1）第 1 行代码：

```
int inPin=0;
```

定义变量 inPin，并赋值 0。LM35 的 2 号引脚（输出）接在 A0 口，用于将模拟量输入 Arduino。

（2）第 4 行代码：

```
Serial.begin(9600);
```

函数 Serial. begin(baud)放在函数 setup()中，用于初始化 Arduino 与计算机串口通信的波特率，数值由参数 baud 指定。该数值一定要与串口监视器右下角设置的数值一致，如图 4-4 所示，一般选择 9600。

（3）第 8 行代码：

```
int val=analogRead(inPin);
```

函数 analogRead(pin)的功能是读取某一模拟引脚（由参数 pin 指定，从 0～5）的值。本行代码中，定义整型变量 val，并将从引脚 inPin（即 A0）读取到的数值赋给 val。本行代码实际上是 int val；和 val＝analogRead(inPin)；的简略写法。

（4）第 9 行代码：

```
float millivolt=(val/1024.0)*5000;
```

定义了浮点型变量 millivolt，用于存储模拟引脚上输入的电压（单位是毫伏 mV）。

（5）第 10 行代码：

```
float temp=millivolt/10;
```

定义了浮点型变量 temp，用于存储温度值，millivolt/10 是将引脚上的电压值转化为温度（温度为 0℃时，电压为 0V；每升高 1℃，增加 10mV）。

（6）第 11～17 行代码：函数 Serial. print()用于在串口监视器上显示从 Arduino 发送到计算机的数据。()中的内容有两种形式，一种是变量名，如第 14 行代码 Serial. print(millivolt)，在监视器上显示的是变量 millivolt 的值；一种是用引号（" "）标记的内容，如第 11 行代码 Serial. print("The value we get is")，双引号中的内容原样显示在监视器上。

程序运行时，串口监视器上显示的内容如图 4-5 所示。

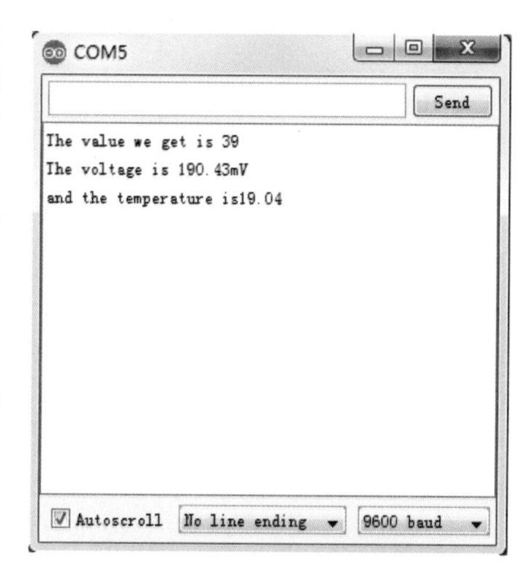

图 4-5　串口监视器显示内容

(7) 第 18 行代码：

```
delay(1000);
```

延迟 1s。注意观察，程序运行时，每秒钟监视器显示一组新的数据。每次发送数据时，电路板上标记为 TX 的 LED 会闪烁一次。

4.1.2 LED 警示温度

在某些场合，我们需要对温度有一些提示或警示。用绿、黄、红三种颜色的 LED 提示温度处在不同的范围内。本项目需要的电子元件如下：

(1) LM35 温度传感器一个；

(2) 红、绿、黄光 LED 各一个；

(3) 220Ω 电阻两个、130Ω 电阻一个，功率均为 1/8W(或 1/4W)；

(4) 面包板和面包线。

温度警示电路原理和连接如图 4-6 和图 4-7 所示。绿、黄、红三种颜色的 LED 正常的工作电压和电流分别为 3.0V 和 15mA、2.0V 和 15mA、2.0V 和 15mA，电阻计算参考表 4-1。

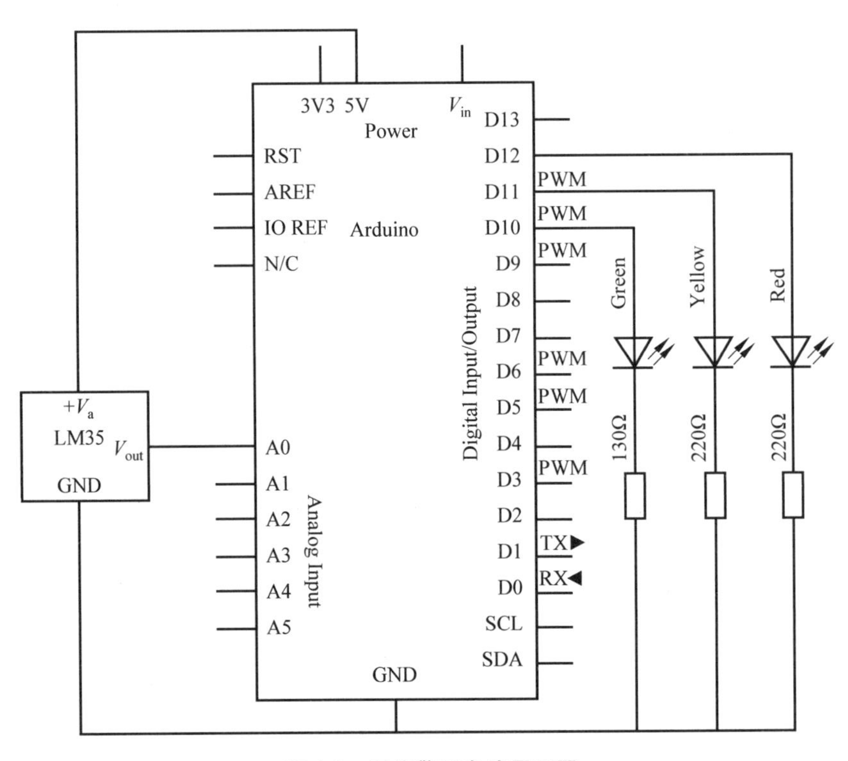

图 4-6 **温度警示电路原理图**

为了便于生产，同时考虑能够满足实际使用的需要，国家规定了一系列数值作为电阻产品的标准阻值，称为标称系列值。应根据需要选择最接近的标称值电阻。

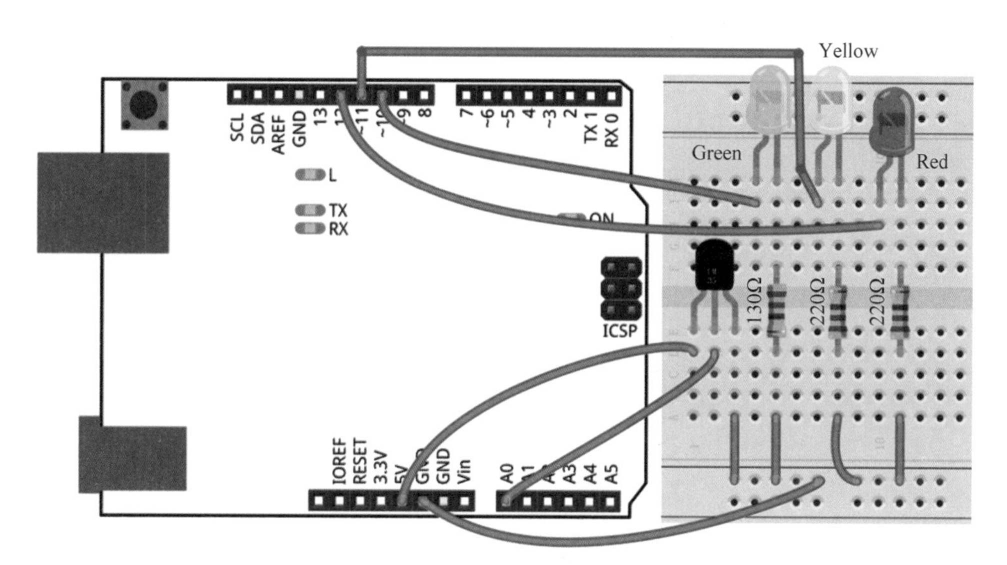

图 4-7　温度警示电路连接示意图

表 4-1　计算 LED 的限流电阻

LED 种类	额定电压	额定电流	电 阻 计 算	可用标称值
绿光	3.0V	15mA	$R_g=\frac{5V-3.0V}{0.015mA}=133\Omega$	130Ω
黄光	2.0V	15mA	$R_g=\frac{5V-2.0V}{0.015mA}=200\Omega$	200Ω 或 220Ω
红光	2.0V	15mA	$R_g=\frac{5V-2.0V}{0.015mA}=200\Omega$	200Ω 或 220Ω

打开 Arduino IDE,新建一个名为 temperatureAlert 的 sketch,代码编写如下:

```
1     int greenPin=10;
2     int yellowPin=11;
3     int redPin=12;
4     int inPin=0;
5     int val;
6     float temp;

7     void setup()
8     {
9       pinMode(greenPin,OUTPUT);
10      pinMode(yellowPin,OUTPUT);
11      pinMode(redPin,OUTPUT);
12      Serial.begin(9600);
13    }

14    void loop()
15    {
16      val=analogRead(inPin);
```

```
17      temp=(val/1024.0)*5000/10;
18      if (temp<=30)
19        {
20          digitalWrite(greenPin,HIGH);
21          digitalWrite(yellowPin,LOW);
22          digitalWrite(redPin,LOW);
23        }
24      else if (temp>30&&temp<=60)
25               {
26                 digitalWrite(greenPin,LOW);
27                 digitalWrite(yellowPin,HIGH);
28                 digitalWrite(redPin,LOW);
29               }
30            else
31               {
32                 digitalWrite(greenPin,LOW);
33                 digitalWrite(yellowPin,LOW);
34                 digitalWrite(redPin,HIGH);
35               }
36      Serial.println(temp);
37      delay(1000);
38      }
```

代码解读

(1) 第 1～6 行代码：定义整型变量 greenPin、yellowPin、redPin 分别代表连接绿色、黄色和红色 LED 的数字引脚 10、11、12，定义整型变量 inPin 代表与 LM35 输出相连的模拟引脚 0；定义整型变量 val 存储从 A0 读取的数值，浮点型变量 temp 存储温度值。

(2) 第 7～13 行代码：初始化设置，引脚 greenPin、yellowPin、redPin 为输出模式，Arduino 与计算机串口通信的波特率为 9600。

(3) 第 16、17 行代码：从 inPin(模拟引脚 A0)读取数值，换算为温度值，并将其赋给变量 temp。

(4) 第 18～35 行代码：用 if/else 语句对温度进行判断。如果温度小于等于 30℃，点亮绿色 LED，其他 LED 熄灭；如果温度在 30～60℃之间，点亮黄色 LED，其他 LED 熄灭；如果温度高于 60℃，点亮红色 LED，其他 LED 熄灭。

第 24 行代码中的符号“&&”是逻辑“与”运算符，含义如表 4-2 所示。

表 4-2　**逻辑运算符及其含义**

符号	说　明
&&	逻辑“与(and)”：当符号两边的值同为 true 时，表达式为 true
||	逻辑“或(or)”：只要符号有一边的值为 true，表达式为 true
!	逻辑“非(not)”：原表达式的值为 true，逻辑非运算后表达式为 false；反之亦然

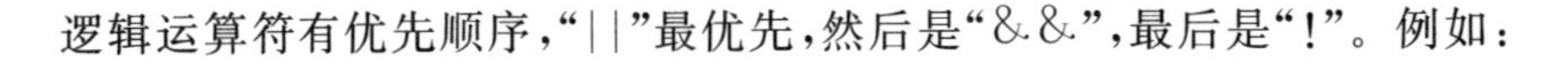
逻辑运算符有优先顺序，“||”最优先，然后是“&&”，最后是“!”。例如：

```
boolean x=true;
boolean y=false;
```

则表达式“!x&&y”的值为 false。

(5) 第 36 行代码：

```
Serial println (temp);
```

在串口监视器上显示温度数值。

(6) 第 37 行代码：

```
delay (1000);
```

延迟 1s。如果采集数据过于频繁，会过多占用 Arduino 的资源。

4.1.3　程序简化

程序 temperatureAlert 虽然实现了温度警示功能，但代码稍嫌烦琐。本节将试着对程序进行优化。

打开 Arduino 软件，新建一个名为 temperatureAlert_2 的 sketch，代码编写如下：

```
1     int ledPins[]={10,11,12};
2     int inPin=0;
3     int val;
4     float temp;
5     void setup()
6       {
7         for(int index=0;index<3;index++)
8           {
9               pinMode(ledPins[index],OUTPUT);
10          }
11        Serial.begin(9600);
12    }
13    void loop()
14      {
15         val=analogRead(inPin);
16         temp=(val/1024.0)*5000/10;
17         for(int index=0;index<3;index++)
18             {
19                 digitalWrite(ledPins[index],LOW);
20             }
21         if (temp<=30)
22             {
23                 digitalWrite(ledPins[0],HIGH);
24             }
25         else if (temp>30&&temp<=60)
26                 {
27                   digitalWrite(ledPins[1],HIGH);
28                 }
29             else
```

```
30              {
31                digitalWrite(ledPins[2],HIGH);
32              }
33      Serial.println(temp);
34      delay(1000);
35    }
```

代码解读

(1) 第 1 行代码：

```
int ledPins[]={10,11,12}
```

创建数组(array)，其名称为 ledPins，然后用“[]”标记这个数组。数组即变量的集合(相当于好多个抽屉)，数组中的每个变量称为一个“元素”，同一个数组中所有元素的变量类型必须相同，本例中都为整型(int)。数组元素的个数称为数组的大小，本例的数组有 3 个元素。

“=”是赋值的含义，ledPins[]={10,11,12}即给数组第一个元素赋值 10，第二个元素赋值 11，第三个元素赋值 12。

在某些场合，如果只知道数组的大小(元素数量)，也可以这样创建数组：int ledPins[3]，方括号[]中的数字即为元素的数量。

(2) 第 7～10 行代码：如果想重复某些语句，并知道确定的重复次数，可以使用 for 循环，其格式为

```
for(参数初始化表达式; 条件表达式; 更新循环变量表达式)
```

圆括号()中的三部分要用分号隔开。循环运行时，首先执行“参数初始化表达式”，而且只执行一次。每次循环开始，都会对“条件表达式”进行判断。如果满足条件，则执行{}中的动作，并执行一次“更新循环变量表达式”。当“条件表达式”不满足时，循环结束。

本例中，参数初始化表达式是 int index=0，实际是“int index(定义整型变量 index)”和“index=0(为 index 初始化赋值 0)”两句代码的简略形式。

index++等同于 index=index+1。index=index+1 先执行 index+1，再将该值赋给 index，实现 index 每次增加 1。“++”是复合运算符，更多详情请参看 http://arduino.cc/en/Reference/HomePage。

根据代码，index 的值为 0、1、2 时循环执行，共执行了 3 轮循环。

第 9 行代码是我们已经熟悉的 pinMode(pin, mode)。如果 index 的值为 0，则 ledPins[index]即 ledPins[0]，它的含义是调用数组 ledPins[]第 1 个元素的值。要注意，元素的序号是从 0 开始计数的，第 23、27、30 行代码中的 ledPins[0]、ledPins[1]和 ledPins[2]分别调用的是数组第 1、2 和 3 个元素的值。

for 循环经常和数组一起使用，可以方便地对数组的每个元素进行操作(遍历数组)。

(3) 第 17～20 行代码：每次执行 loop 的一个循环时，使用 for 循环将数字引脚 10、11、12 的输出设置为 LOW。

（4）第 21～32 行代码：使用 if/else 条件判断，根据温度所处的范围点亮相应的 LED。因为第 17～20 行代码已经将所有的 LED 熄灭，避免了 temperatureAlert 中每次都将所有的 LED 设置一次。

其中，第 25 行代码中的 temp＞30&&temp＜＝60，表示 temp 大于 30 并且小于等于 60。

4.1.4　用闪烁频率警示温度

在程序 temperatureAlert 和 temperatureAlert_2 中，用三种颜色的 LED 警示温度处于某一范围内。能不能让警示更加明确一些呢？让 LED 闪烁起来，温度越高，闪烁得越快，如何？

打开 Arduino 软件，新建一个名为 temperatureAlert_3 的 sketch，代码编写如下：

```
1   int ledPins[]={10,11,12};
2   int inPin=0;
3   int val;
4   float temp;
5   int blinkRate;
6   void setup()
7     {
8       for(int index=0;index<3;index++)
9         {
10          pinMode(ledPins[index],OUTPUT);
11        }
12      Serial.begin(9600);
13    }
14  void loop()
15    {
16      val=analogRead(inPin);
17      temp=(val/1024.0)*5000/10;
18      blinkRate=(100-temp)*2;
19      int time;
20      for(int index=0;index<3;index++)
21        {
22          digitalWrite(ledPins[index],LOW);
23        }
24      if (temp<=30)
25        {
26          time=blink(ledPins[0]);
27          digitalWrite(ledPins[0],HIGH);
28        }
29     else if (temp>30&&temp<=60)
30          {
31            time=blink(ledPins[1]);
32            digitalWrite(ledPins[1],HIGH);
33          }
34        else
```

```
35              {
36                time=blink(ledPins[2]);
37                digitalWrite(ledPins[2],HIGH);
38              }
39        delay(1000);
40        Serial.println(time);
41      }
42    int blink(int ledPin)
43      {
44         for(int counter=0;counter<3;counter++)
45           {
46             digitalWrite(ledPin,HIGH);
47             delay(blinkRate);
48             digitalWrite(ledPin,LOW);
49             delay(blinkRate);
50           }
51         return blinkRate*2*3+1000;
52      }
```

本程序与之前所有的程序有一个明显的区别，就是多了 42～52 这段代码，其结构为：

```
int blink( )
  {
  }
```

这段代码实际上是一个子函数(子程序)，在 loop()函数中多次被调用。创建一个函数的时候，要声明“函数返回类型”、“函数名”和“参数”。“函数返回类型”即该函数提供(返回)的数值类型(本例中返回类型为 int)。“函数名”由用户自己取(本例中为 blink)。“参数”是函数被调用时需要提供给它的数值，放在函数名后的括号中(本例中为整型的 ledPin)。

这段代码的功能是：参数 pin 指定一个数字引脚，该数字引脚输出 HIGH，延迟时间为 blinkRate；然后输出 LOW，延迟时间为 blinkRate。for 循环设置以上动作重复 3 次；当 for 循环结束后，返回 blinkRate*2*3+1000 的值。第 51 行中的 return 即返回的意思，有了这句代码，函数 blink()向外返回一个数值，由 blinkRate*2*3+1000 决定。

代码解读

(1) 第 5 行和第 18 行代码：定义一个整型变量 blinkRate，用于存储 LED 闪烁间隔时间。LM35 能测量的温度范围是 0～100℃，温度越高，100－temp 的值越小，LED 闪烁越快。但闪烁间隔时间为(100－temp)，闪烁过快，由温度引起的变化不明显，因此将(100－temp)加倍后赋值给 blinkRate。可以根据自己的感觉调整倍数，直到获得满意的效果。

(2) 第 26 行代码：定义整数型变量 time，用于存储读取 A0 口数据的间隔时间。

代码 time＝blink(ledPins[0])中，ledPins[0]处于子程序 blink 的参数位置，指定闪烁的数字引脚；ledPins[0]是引用数组 ledPins[]的第 1 个元素的值(10，参考第 1 行代

码)；子程序 blink 执行完后，会返回一个数值，通过"＝"将值赋给变量 time。

每个 bink 程序有 6(2×3)个 blinkRate 时间延迟，每个 loop 中还有 1000ms 的延迟，因此读取 A0 口数据的间隔时间约为 blinkRate * 2 * 3＋1000。这个数值在本程序中没有太大的意义，只是为了说明如何使用函数的 return 返回功能。

(3) 第 47、49 行代码：调用子程序 blink()时，延迟时间是通过 blinkRate 这个变量给函数的。blinkRate 也是子程序的一个参数，由此说明，创建子程序时，声明参数不是必须的。

4.2　数码管显示温度

我们的家里一定有某个电器，上面能显示一些红色数字，而这种数字像是用火柴棍拼成的；我们一定看过某个电影，坏蛋做了一个跳动着红色数字的定时炸弹，英雄会在最后一秒将其成功拆除。用什么、怎么来显示这些红色的数字？

4.2.1　七段 LED 数码管

本节学习一种最常用的数显器件——七段 LED 数码管，如图 4-8 所示。七段 LED 数码管由 a～g 七个笔段和 DP(小数点)组成，其内部其实就是 8 个 LED，如图 4-9 所示。按照公共端不同，数码管分为共阳极(如图 4-9(b)所示)和共阴极(如图 4-9(c)所示)两种。使用七段 LED 数码管时，可以把它当作 8 个 LED 用 8 个数字引脚控制。如图 4-9(a)所示，数码管共有 10 个引脚，其中有两个 com 引脚，是数码管的公共端。本书中使用的是共阳极数码管。

图 4-8　七段 LED 数码管

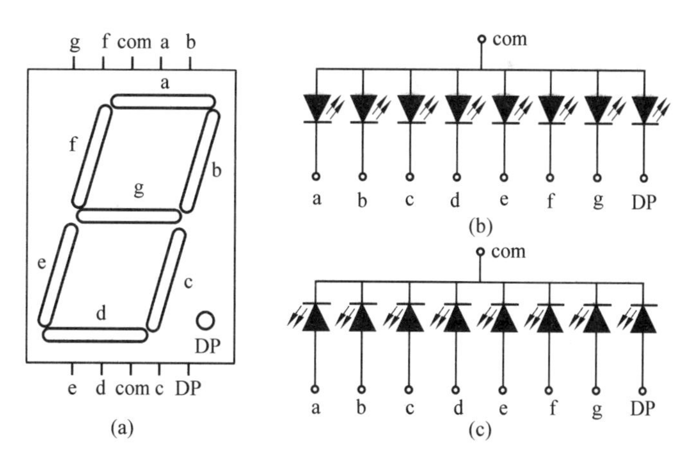

图 4-9　七段 LED 数码管示意图

使用七段 LED 数码管显示数字时，是把数字当作"拼图"来处理的。如图 4-10 所示，要显示数字 3，把 a、b、c、d、g 段的 LED 点亮，而其他 LED 熄灭。下面用 Arduino 做一个显示数字 3 的小练习，电路原理和连接示意如图 4-11 和图 4-12 所示。图中数码管的每个字段都接有一个 220Ω 的电阻。

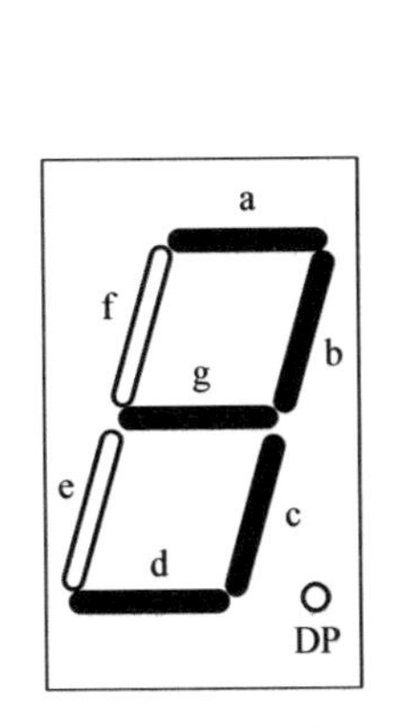

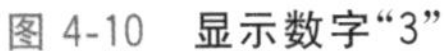

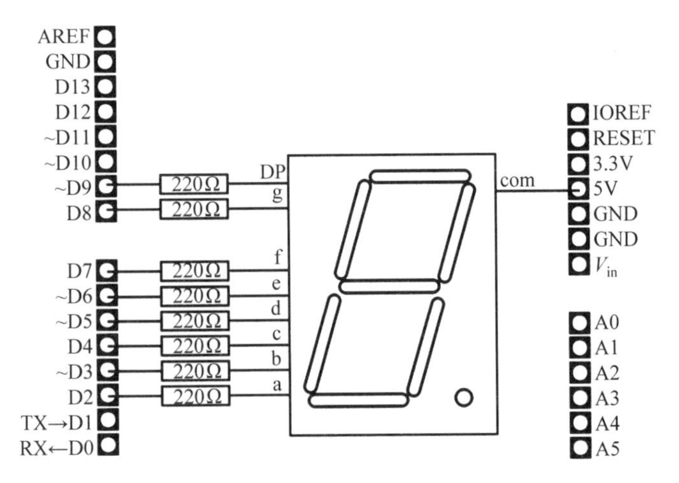

图 4-10　显示数字“3”　　　　图 4-11　数码管连接 Arduino 原理图

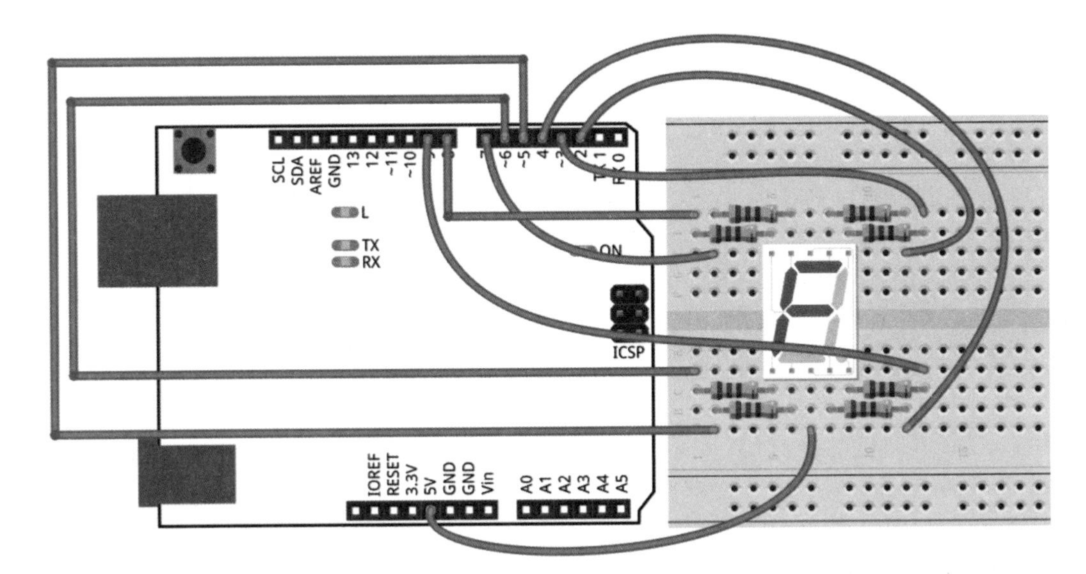

图 4-12　数码管连接 Arduino 示意图

打开 Arduino IDE，新建一个名为 sevenSegmentShow3 的 sketch，代码编写如下：

```
1     int segmentPins[]={9,8,7,6,5,4,3,2};
2     void setup()
3     {
4         for(int i=0;i<8;i++)
5           {
6             pinMode(segmentPins[i],OUTPUT);
7           }
8     }
9     void loop()
10      {
11        for(int i=0;i<8;i++)
```

```
12          {
13            digitalWrite(segmentPins[i],HIGH);
14          }
15        digitalWrite(segmentPins[1],LOW);
16        digitalWrite(segmentPins[4],LOW);
17        digitalWrite(segmentPins[5],LOW);
18        digitalWrite(segmentPins[6],LOW);
19        digitalWrite(segmentPins[7],LOW);
20        delay(1000);
21    }
```

代码解读

（1）第 1 行代码：将 Arduino 数字引脚 2～9（共 8 个）作为数组 segmentPins[]的元素。表 4-3 显示了 Arduino 数字引脚、数码管字段、数组 segmentPins[]元素的对应关系。按此对应关系，表中显示了每个十进制数字应点亮（用 1 表示）和熄灭（用 0 表示）的字段。

表 4-3　硬件连接和程序变量的对应关系

数字 I/O 口	2	3	4	5	6	7	8	9
数码管字段	a	b	c	d	e	f	g	DP
segmentPins[]各元素序号	7	6	5	4	3	2	1	0
显示数字 0	1	1	1	1	1	1	0	0
显示数字 1	0	1	1	0	0	0	0	0
显示数字 2	1	1	0	1	1	0	1	0
显示数字 3	1	1	1	1	0	0	1	0
显示数字 4	0	1	1	0	0	1	1	0
显示数字 5	1	0	1	1	0	1	1	0
显示数字 6	0	0	1	1	1	1	1	0
显示数字 7	1	1	1	0	0	0	0	0
显示数字 8	1	1	1	1	1	1	1	0
显示数字 9	1	1	1	0	0	1	1	0

（2）第 4～7 行代码：使用 for 循环逐个将数字引脚 2～9 设置为输出模式。

（3）第 11～14 行代码：本次使用的是共阳极数码管，当与某个字段相连的数字引脚输出为 LOW 时，字段点亮。而 Arduino 数字引脚默认的输出为 LOW，所有的字段都会被点亮。因此用这几行代码先把所有的字段都熄灭，后面再点亮需要的字段。

（4）第 15～19 行代码：数字引脚 0、1、2、3、6 输出 LOW，与之相连的 a、b、c、d、g 字段点亮，拼出数字“3”的字型。

用这种方法虽然能显示数字，但代码有些烦琐。下面用一种新的方法来显示数字。电路连接仍然参考图 4-11、图 4-12 和表 4-3。

打开 Arduino IDE，新建一个名为 sevenSegmentShow 的 sketch，代码编写如下：

```
1    int segmentPins[]={9,8,7,6,5,4,3,2};
```

```
2    byte numbers[]=
3      {
4        B11111100,
5        B01100000,
6        B11011010,
7        B11110010,
8        B01100110,
9        B10110110,
10       B00111110,
11       B11100000,
12       B11111110,
13       B11100110,
14     };

15   void setup()
16     {
17       for(int i=0;i<8;i++)
18         {
19            pinMode(segmentPins[i],OUTPUT);
20         }
21     }

22   void loop()
23     {
24       for(int i=0;i<10;i++)
25         {
26           numberShow(i);
27           delay(1000) ;
28         }
29     }

30   void numberShow(int number)
31     {
32        boolean  bitValue;
33        for(int n=0;n<8;n++)
34           {
35              bitValue=bitRead(numbers[number],n);
36              bitValue=!bitValue;
37              digitalWrite(segmentPins[n],bitValue);
38           }
39     }
```

运行程序时,数码管每隔 1s 依次显示数字 0～9。

代码解读

(1) 第 1 行代码:将 Arduino 数字引脚 2～9(共 8 个)作为数组 segmentPins[]的元素。

(2) 第 2～14 行代码:定义一个 byte 型数组。要想拼出某个数字的字形,七段数码

管的 8 个 LED 不是点亮，就是熄灭。表中用 1 表示该字段点亮，用 0 表示该字段熄灭。这 8 个 0 或 1 的排列刚好像一个 8 位(bit)的二进制数(binary)，如果能读取每一位是 1 或 0 并据此点亮或熄灭对应的字段，就可以实现数字显示。要注意，这个二进制数表示的值与要显示的数字没有任何联系，我们也并不关心它的值。B 标记这是一个二进制数(binary)。

(3) 第 15～21 行代码：使用 for 循环逐个将数字引脚 2～9 设置为输出模式。

(4) 第 22～29 行代码：使用 for 循环，每隔 1s 调用显示数字的子程序 numberShow()，显示的数字由参数 i 指定。

(5) 第 30 行代码：创建一个无返回型函数 numberShow(int number)。该函数有一个整型的参数 number，number 就是要显示的数字。

(6) 第 32 行代码：定义一个布尔型(boolean)变量 bitValue，用于储存某一位(bit)的值。

(7) 第 35 行代码：函数 bitRead(x,n)的功能是读取二进制数(参数 x)的某一位(参数 n)的值。注意，参数 n 是从 0 开始的，最低位即二进制数最右端的那一位，函数返回的数值为 0 或 1。

如果函数 numberShow(int number)的参数 number 的值为 3，则第 35 行代码中的 numbers[number]即数组的第 4 个数 B11110010。for 循环使 n 从 0 增加到 7，"bitRead(numbers[number],n)"依次读取 B11110010 的第 0 到 7 位数，读取到的数依次是 0、1、0、0、1、1、1、1。

(8) 第 36 行代码：表 4-3 中，0 代表字段熄灭，而我们使用的是共阳极数码管，熄灭某个字段时，要将对应的引脚设置为 1(HIGH)。为此，"!bitValue"将变量 bitValue 的值进行逻辑"非"操作，也就是将 0(低、假)变成 1(高、真)，将 1 变成 0。

更多关于位操作的函数 lowByte()、highByte()、bitRead()、bitWrite()、bitSet()、bitClear()的资料，请登录 Arduino 的主页。

(9) 第 37 行代码：这是我们熟悉的 digitalWrite(pin,value)。segmentPins[n]指定要操作的数字引脚；bitValue 的值 1 等同于 HIGH，0 等同于 LOW。

4.2.2　4 位数码管显示

要想显示多位数字，可以在 Arduino 上多接几个 1 位数码管。当然，使用多位一体的数码管会节省 Arduino 的引脚，电路连接更简便。如图 4-13 所示的 4 位一体数码管，其实就是将 4 个数码管集成在一起。图中，标记为 1、2、3、4 的引脚分别为 4 个数码管的公共端(本例中使用的是共阳极)，4 个数码管的 8 个 LED 分别并联在一起。如果要想点亮第 4 个数码管的小数点，则引脚 4 接电源正极，引脚 DP 接负极。

电路原理和连接示意图如图 4-14 和图 4-15 所示，a～DP 接数字 2～9 引脚，各位数码管的公共端 1～4 接数字 10～13 引脚，LM35 输出接 A0。

打开 Arduino IDE，新建一个名为 sevenSegmentShowTemp 的 sketch，代码编写如下：

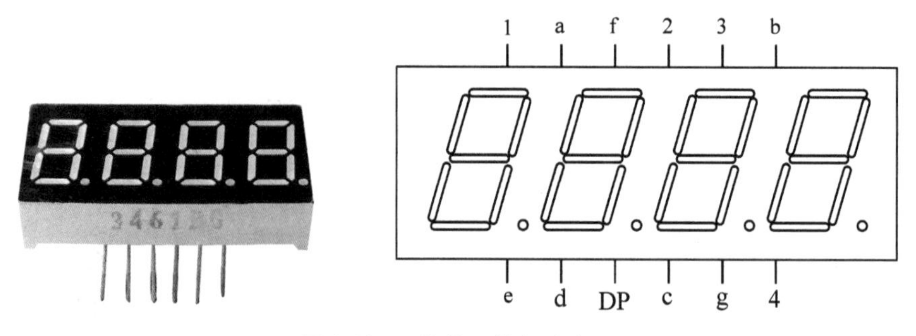

图 4-13　4 位数码管和引脚图

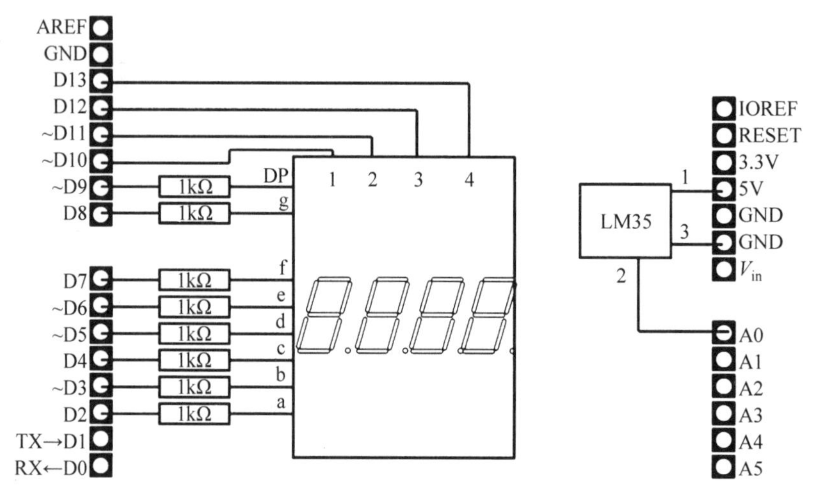

图 4-14　Arduino 连接 4 位数码管原理图

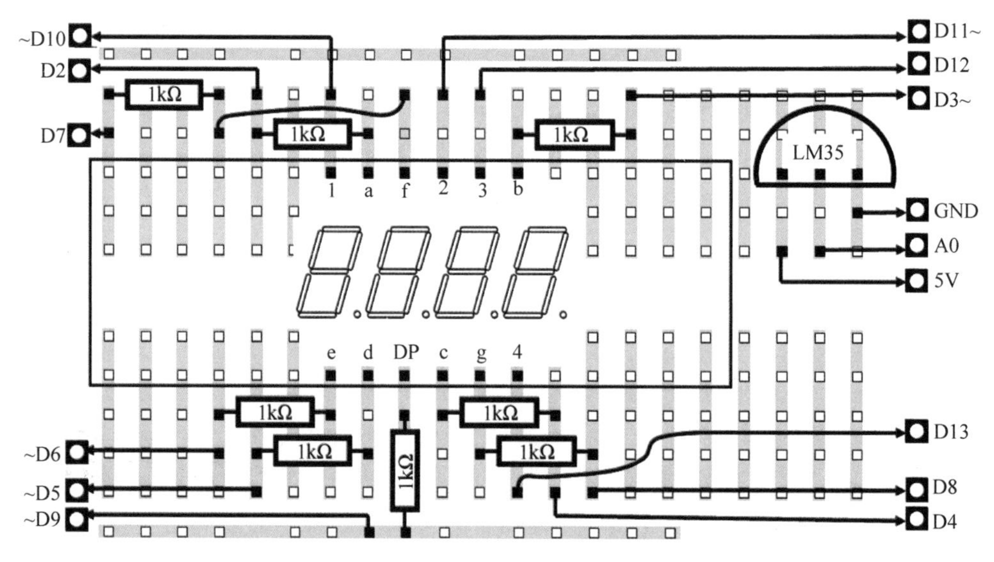

图 4-15　Arduino 连接 4 位数码管示意图

```
1    int inPin=0;
2    int segmentPins[]={9,8,7,6,5,4,3,2};
3    int selectPins[]={10,11,12,13};
4    int tempBit[4];
5    byte numbers[]=
6     {
7        B11111100,
8        B01100000,
9        B11011010,
10       B11110010,
11       B01100110,
12       B10110110,
13       B00111110,
14       B11100000,
15       B11111110,
16       B11100110,
17       B00000001,
18    };

19    void setup()
20       {
21         for(int i=0;i<8;i++)
22           {
23             pinMode(segmentPins[i],OUTPUT);
24           }
25         for(int j=0;j<4;j++)
26           {
27             pinMode(selectPins[j],OUTPUT);
28           }
29       }

30     void loop()
31       {
32         int val=analogRead(inPin);
33         float temp= (val/1024.0) * 5000/10;
34         int   temp100=temp * 100;
35         for (int m=3;m>=0;m--)
36             {
37               tempBit[m]=temp100%10;
38               temp100=temp100/10;
39             }
40         for(int i=0;i<50;i++)
41           {
42             digitalWrite(selectPins[0],HIGH);
43             numberShow(tempBit[0]);
44             delay(5);
45             digitalWrite(selectPins[0],LOW);

46             bitWrite(numbers[tempBit[1]],0,1);
```

```
47              digitalWrite(selectPins[1],HIGH);
48              numberShow(tempBit[1]);
49              delay(5);
50              digitalWrite(selectPins[1],LOW);
51              bitWrite(numbers[tempBit[1]],0,0);

52              digitalWrite(selectPins[2],HIGH);
53              numberShow(tempBit[2]);
54              delay(5);
55              digitalWrite(selectPins[2],LOW);

56              digitalWrite(selectPins[3],HIGH);
57              numberShow(tempBit[3]);
58              delay(5);
59              digitalWrite(selectPins[3],LOW);
60            }
61      }

62      void numberShow(int number)
63        {
64          boolean  bitValue;
65          for(int n=0;n<8;n++)
66            {
67              bitValue=bitRead(numbers[number],n);
68              bitValue=!bitValue;
69              digitalWrite(segmentPins[n],bitValue);
70            }
71        }
```

代码解读

程序中变量与硬件对应关系如表 4-4 所示。

表 4-4　**硬件连接和程序变量的对应关系**

数字 I/O 口	10	11	12	13
数码管位数	第 1 位(最左)	第 2 位	第 3 位	第 4 位(最右)
数组 selectPins[]	selectPins[0]	selectPins[1]	selectPins[2]	selectPins[3]
数组 tempBit[]	tempBit[0]	tempBit[1]	tempBit[2]	tempBit[3]

(1) 第 3 行代码：创建整型数组 selectPins[]，用于管理选通 4 位数码管的数字引脚 10、11、12、13。

(2) 第 4 行代码：创建整型数组 tempBit[]，用于存储温度值各位上的数字，以便分别在不同的数码管上显示。因为 LM35 测量值精确度的原因，我们测到的温度值有两位小数(定义的 float 型。如果定义为 int 型，就不会有小数部分，数值精度降低)，并且 LM35 测量温度的范围为 0～100℃，因此温度值最多有 5 位数字。但我们使用的是 4 位数码管，因此在试验的过程中，控制温度要小于 100℃，4 位数码管中两位显示小数部分、

两位显示整数部分。数组 tempBit[4]声明数组有 4 个元素。

(3) 第 19～29 行代码：初始化程序，使用 for 循环逐个将 2～13 数字引脚设置为"OUTPUT(输出)"。

(4) 第 30～61 行代码：为 loop 程序。

(5) 第 32～34 代码：读取与 LM35 输出引脚(2)相接的 A0 口的数值，并赋给变量 val；第 33 行代码将 val 值转化为温度，由浮点型变量 temp 存储，数值有两位小数；第 34 行代码将 temp 值乘以 100 后赋给变量 temp100(整型)存储，此时 temp100 没有小数部分。

(6) 第 35～39 行代码：逐个取出 temp100 4 位数上的数字，并存储在数组 tempBit[]中。"%"是取余数，"/"是取商。例如：

x=7%5，则 x 为 2；x=7/5，则 x 为 1；

x=9%5，则 x 为 4；x=9/5，则 x 为 1；

x=5%5，则 x 为 0；x=5/5，则 x 为 1；

x=4%5，则 x 为 4；x=4/5，则 x 为 0。

以 temp=65.18 和 temp100=6518 为例，第 35～39 行代码的运行结果如表 4-5 所示。

表 4-5　**逐个取出 4 位数各位数字示例**

m 值	代码执行前 temp100 的值	代码执行后 temp100 的值	tempBit[m]的值	tempBit[]各个元素的值
m=3	6518	651	8	tempBit[]={0,0,0,8}
m=2	651	65	1	tempBit[]={0,0,1,8}
m=1	65	6	5	tempBit[]={0,5,1,8}
m=0	6	0	6	tempBit[]={6,5,1,8}

(7) 第 42～45、46～51、52～55 和 56～59 行代码：这几行代码的功能基本相同，我们以 42～45 行代码为例说明。selectPins[0]的数值为 10，数字引脚 10 控制着第 1 位数码管(最左边)，如表 4-4 所示。第 42 行代码将数字引脚 10 的输出设置为 HIGH，此时第 1 位数码管被选通(共阳极)。第 43 行代码调用数字显示子程序 numberShow()，要显示的数字是 tempBit[0]，例如表 4-5 中为 6。显示持续 5ms，然后由第 45 行代码将第 1 位数码管关掉。

之后，依次对第 2、3、4 位数码管进行相似的操作。之所以要依次且单独选通某位数码管，是因为各位数码管的 8 个字段是分别并联在一起的(目的是节省引脚)，如果同时选通，会造成显示混乱。因为依次选通的时间间隔非常短(5ms)，看上去就像 4 个数码管同时点亮了一样。

但是现在还有一个问题——小数点没有显示。本例中的温度数值很特殊，我们非常确定它有两位小数，因此第 2 个数码管的 DP 字段肯定是小数点，只需把它点亮即可。

第 46 行中有一个新的函数 bitWrite(x,n,b)，它的功能是对某一变量的某一位(bit)进行"写"操作。它有三个参数：参数 x 是要进行"写"操作的变量；参数 n 是具体操作的那一位(bit)，从 0 位开始(最右侧的那一位)；参数 b 是要"写"入的数值(0 或 1)。第 46 行

tempBit[1]存储的是温度的个位上的数字，如表 4-5 中的 5，numbers[5]存储的二进制数为 B10110110。这行代码的功能就是把 B10110110 最右侧(0 位，对应着数码管的 DP 字段)的那一位写入数值 1，该二进制数变为 B10110111。

此时，第 48 行代码调用数字显示子程序 numberShow()时，第二个数码管不仅显示数字(例如 5)，同时点亮小数点。当然，在使用完这个数字之后，还要将它恢复成小数点不亮的状态。第 51 行代码再次使用 bitWrite(x,n,b)函数，把 0 位重新置"0"。

(8) 第 40、41 和 60 行代码：这三行代码是一个 for 循环结构，4 位数码管显示数字的代码处在其中。如果没有 40、41 和 60 这三行代码，依次点亮 4 个数码管所需的时间只有 20ms(5×4＝20)，这是一轮 loop 的主要时间，意味着约每 20ms 就要采集一次温度值，4 个数码管的数字同时刷新一次，我们看到的效果就是数码管数字亮度很低，有些字段就像接触不良一样一直闪烁，造成显示的数字模糊、混乱。第 40、41 和 60 行代码强制显示数字的代码重复 50 次，此时数码管数字亮度较高，执行一轮 loop 的时间约 1000ms(20×50＝1000)，温度数值更新慢了下来，数码管上的数字显示比较稳定。

(9) 第 62～71 行代码：显示数字的子程序，与 sevenSegmentShow 中的相同。

以上就是程序 sevenSegmentShowTemp 的编写思路。当然，其中第 42～59 行代码可以简化，用下面这段代码代替：

```
1     for(int p=0;p<4;p++)
2         {
3           int dotValue;
4           if(p==1)
5             {
6               dotValue=1;
7             }
8           else
9             {
10              dotValue=0;
11              }
12          bitWrite(numbers[tempBit[p]],0,dotValue);
13          digitalWrite(selectPins[p],HIGH);
14          numberShow(tempBit[p]);
15          delay(5);
16          digitalWrite(selectPins[p],LOW);
17          bitWrite(numbers[tempBit[p]],0,0);
18        }
```

这几行代码的主要思路是用 for 循环对 4 位数码管进行相同的操作，但因为只有第二位数码管要点亮小数点的 DP 字段，因此先用 if/else 进行判断。只有到第 2 位数码管的时候，变量 dotValue 的值才被置为 1，第 12 行代码才真正起作用。

注意： 我们使用 LM35 的测量精度和变量 temp 的 float 类型，决定了 temp 的数值一定是两位小数，即小数点一定在第二个数码管的 DP 位置，我们的程序才能一直点亮第二个数码管的 DP 字段。如果在其他场合，小数点的位置不确定，要先想办法确定小数点的位置，再点亮相应的数码管。

还要提醒一点，第 4 行代码中“==”与“=”不同，软件的编译功能只能查出格式上的错误，如果不小心将“==”写成了“=”，会引起程序错误，而且编译功能查不出来。

好了，测量并显示温度的装置做好了，开始玩吧！作者还把它夹在腋窝里当体温计试了试，体温正常。

4.2.3　4 位数码管显示温度电路改进

仔细观察图 4-11 和图 4-14，接在数码管每个字段上的电阻有所不同，图 4-11 中是 220Ω，而图 4-14 中是 1kΩ。为什么要有这种差别呢？这跟 Arduino 引脚提供电流大小的能力有关。数码管一个字段接 220Ω 电阻点亮时，电流约 15mA(注：不同数码管的电流不一样。一般来说，字号越大，电流越大)，1 位数码管最大电流约 120mA(8 个字段同时点亮时，15mA×8=120mA)。在图 4-11 中，给 1 位数码管供电的是 5V 引脚，Arduino 说明书上没有明确其能提供的最大电流，但上限约为 300mA，能够满足 1 位数码管的需要。而 Arduino 单个数字引脚能提供的最大电流只有约 40mA，图 4-14 中使用 1kΩ 的电阻，是为了保护 Arduino 电路板，当然这么做的结果是数码管的亮度较低，不易识别。

为了解决这个问题，我们来认识一种重要的电子元件——晶体三极管，如图 4-16 所示。晶体三极管通常简称为晶体管或三极管，是具有 3 个引脚的半导体器件。其 3 个引脚分别叫做基极(b)、集电极(c)和发射极(e)。其基本特性是对电信号进行放大和开关，它在电子电路中的应用十分广泛，是电子设备中的核心器件之一。

以 NPN 型三极管为例，如图 4-17(a)所示，一般情况下，c 极和 e 极是截止的，但是当 b 极和 e 极间导通时，只要 b 极流过一个非常小的电流 I_b，就可以使 c 极和 e 极间导通，且 c 极流过的电流 I_c 是 I_b 的几十到上百倍，好像把电流“放大”了，这就是常说的“三极管有放大作用”。“放大”的本质是“小电流控制大电流”。

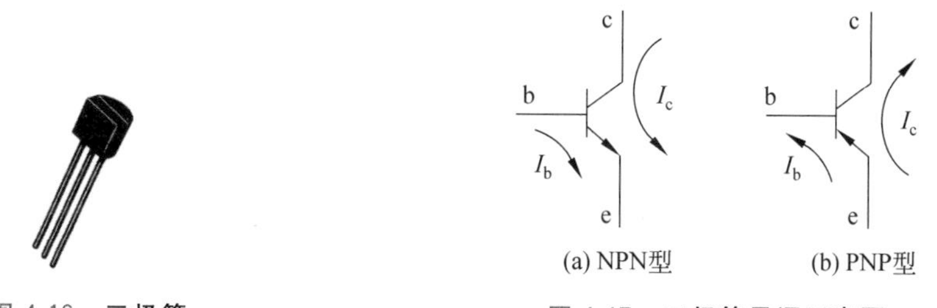

图 4-16　三极管

图 4-17　三极管导通示意图

要使三极管起到放大作用，必须使 b 极和 e 极间导通。对于 NPN 型三极管，基区是 P 型材料，发射区是 N 型材料，需要将发射结加正向偏置电压，即基极电位高，发射极电位低。如图 4-18(a)所示，此时三极管电路其实有两个回路，分别是 E_1 作为电源的输入回路和 E_2 作为电源的输出回路，输入回路的电流控制着输出回路的电流。当然，电路中没有必要接两个电源，可以简化为图 4-18(b)所示的电路。在元器件比较多的电路中，电源有一种习惯的画法，如图 4-19 所示。此时图 4-18(b)所示的电路可以简化为如图 4-20(a)所示。

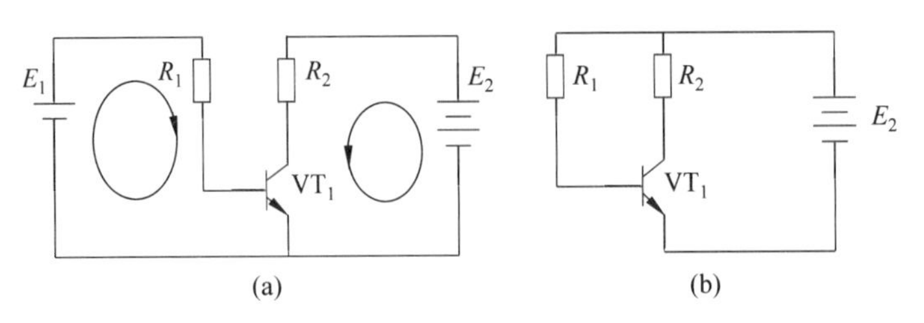

图 4-18　**三极管静态偏置**

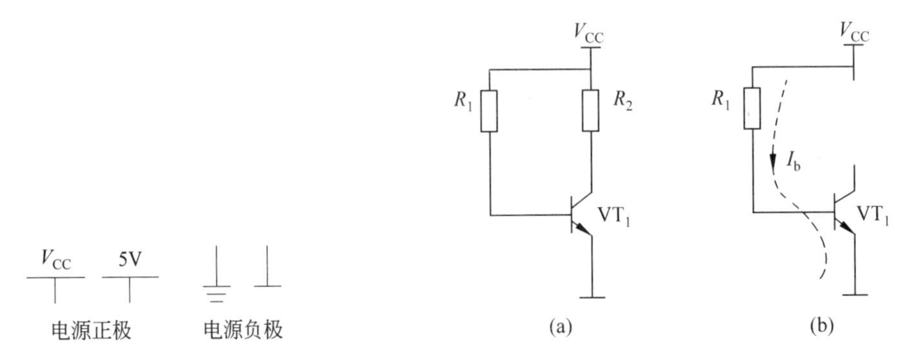

图 4-19　**电路中电源的习惯画法**

图 4-20　**三极管电路的粗略分析**

要让三极管进入放大状态，不仅要 b、e 导通，还要控制 I_b 在合适的范围内。为了让读者看得更清楚，图 4-20(b)中电路的一部分未画出，只画出了分析 I_b 所需的部分。电流 I_b（虚线所示）从 V_{CC} 出发，流经 R_1、b 极和 e 极，到达负极。三极管 b、e 间导通时，b 和 e 之间的压降是确定的（即与 I_b 大小无关），硅管的压降约是 0.7V，锗管的压降约是 0.2V。假设 $V_{CC}=5V$，$R_1=1k\Omega$，三极管为硅管，则 $I_b=\frac{(5-0.7)V}{1k\Omega}=4.3mA$。

现在将图 4-14 所示的电路改为如图 4-21 所示的电路。

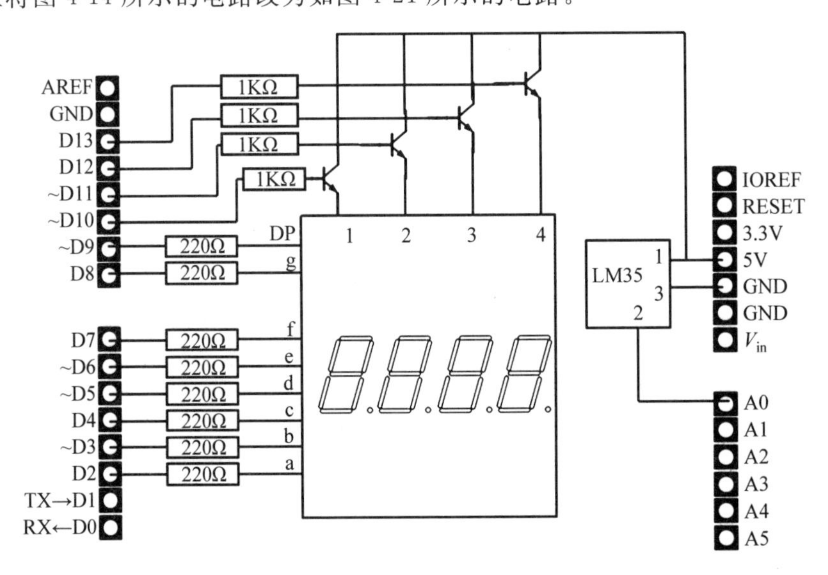

图 4-21　**4 位数码管改进电路**

在图 4-21 中，三极管使用 9013，它是硅管，其放大倍数从 64 到 202，I_c 最大约为 500mA。由前面的计算可知，I_b 只有几毫安，Arduino 的数字口足以提供这么大的电流，经过几十倍放大后，I_c 足以满足 1 位数码管的需要，且 I_c 全部由 Arduino 的 5V 引脚提供。

使用三极管时要区分 e、b、c 三个引脚。以 9013 为例，让三极管平面冲着用户自己，引脚朝下，此时从左到右的三条引脚分别为 e、b、c。这只是一般情况，对于不同型号、不同厂家生产的三极管，引脚分布不尽相同，一定要查看元件手册。

4.3　添加报警温度设定功能

目前，我们的温度显示和报警装置还不实用，因为它只能用程序来设定报警温度。你一定不希望每次修改报警温度都要重写并下载一遍程序吧。下面给它加个旋钮，使得能根据需要调高或降低报警温度。

4.3.1　电位器

如图 4-22 所示，电位器是一种可调电阻，有三个引出端，1、3 为固定端，2 为滑动端。滑动端在两个固定端之间的电阻体上滑动，使其与固定端之间的电阻值发生变化。一般来说，中间的那个引脚就是滑动端。它的电路图符号如图 4-23 所示，其中图 4-23(a)所示是我国使用的符号，图 4-23(b)所示是国外使用的符号。

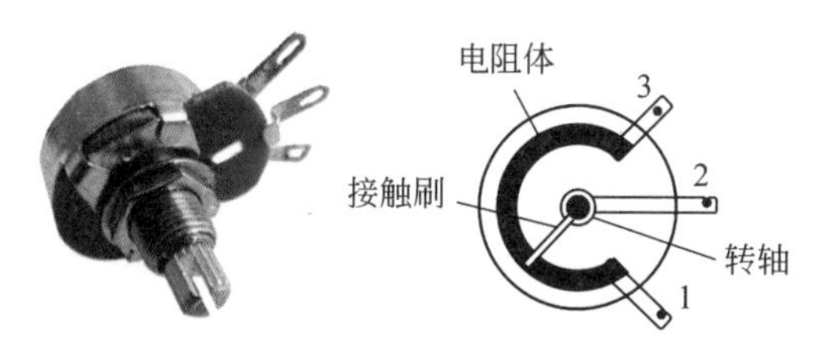

图 4-22　**电位器及原理图**

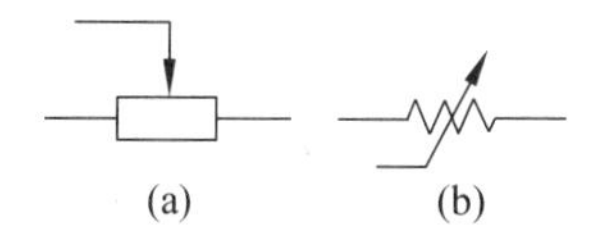

图 4-23　**电位器电路符号**

将电位器的两个固定端分别接在 Arduino 的 5V 和 GND 两个引脚上，滑动端接在模拟输入引脚 A0 上。旋转旋钮时，加在模拟引脚上的电压在 0～5V 间变化。电路连接如图 4-24 所示。

打开 Arduino IDE，新建一个名为 potAdjust 的 sketch，代码编写如下：

```
1     int potPin=1;
2     void setup()
3       {
4         Serial.begin(9600);
5       }
6     void loop()
7       {
8         int val=analogRead(potPin);
9         Serial.print(val);
10        Serial.print ("----");
11        val=map(val,0,1023,0,100);
```

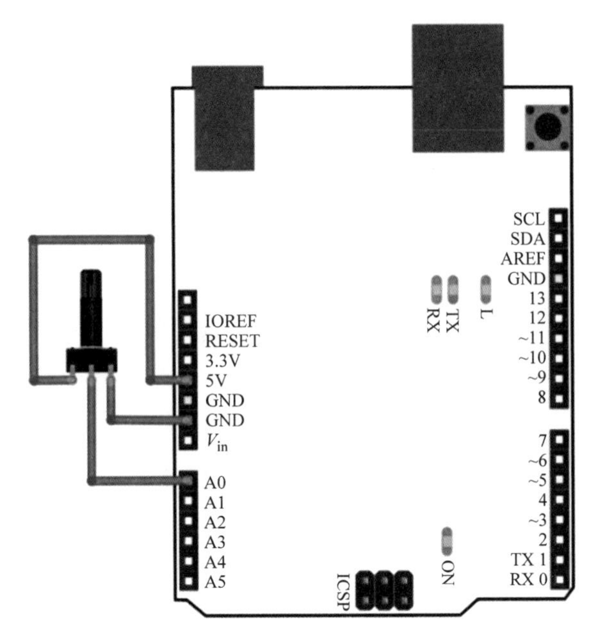

图 4-24　**电位器连接原理图**

```
12        Serial.println(val);
13        delay(5000);
14    }
```

代码解读

(1) 第 1 行代码：电位器的滑动端接模拟引脚 A0。

(2) 第 2～5 行代码：初始化 Arduino 与计算机串口通信的波特率为 9600。

(3) 第 8 行代码：使用函数 analogRead()读取模拟引脚 A0 上的数值，并用整型变量 val 存储。

(4) 第 11 行代码：在这行代码中，我们用到一个全新的函数 map(value, fromLow, fromHigh, toLow, toHigh)，其功能是将数值(参数 value)从某范围 A(从 fromLow 到 fromHigh)转化到另一范围 B(从 toLow 到 toHigh)。范围 A 和范围 B 谁大、谁小都可以，甚至可以处理负数。下列形式都是允许的。

```
map(x, 1, 50,2,200);
map(x, 1, 50,50,1);
map(x, 1, 50,50,-100);
```

将程序下载至 Arduino 并运行，然后打开串口监视器，并慢慢旋转电位器的旋钮，观察到的数值如图 4-25 所示。

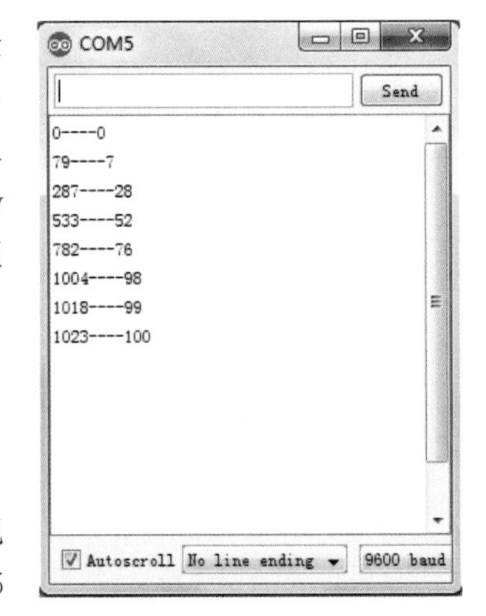

图 4-25　**串口监视器显示结果**

使用map()函数可以很方便地将数值转化到需要的范围。仍然以图4-24所示电路为例,如果使用代码int percent=map(val,0,1023,0,100),则变量percent可以表示电位器转动的百分比。如果电位器转动的范围是0～150°(不同的电位器,转动范围不尽相同),使用代码int degree=map(val,0,1023,0,150),则变量degree可以表示转动的角度。转动角度在机器人设计和制作中有非常大的用途。

请回头看4.1.2小节temperatureAlert这个程序,有下面三行代码:

```
6    float temp;
16   val=analogRead(inPin);
17   temp=(val/1024.0)*5000/10;
```

之所以要进行第17行代码的转化,是因为加在模拟引脚上的电压从0～5V时,读取到的数值是0～1023,而温度每升高1℃,LM35的输出引脚电压升高10mV。即模拟口读取到0时,电压为0V,温度为0℃;读取到1023时,电压为5V,温度为500℃。如果使用map()函数,这三行代码就可以是:

```
6    int temp;
16   val=analogRead(inPin);
17   temp=map(val,0,1023,0,500);
```

注意:新代码中变量temp定义为整型,这是因为map()函数进行数学运算时使用的是整型数值,因此结果不会有分数。如果运算过程中确实产生了分数,直接去掉,而不是舍或入。

4.3.2 电位器调整报警温度

本项目用LM35采集温度并用数码管显示,用电位器调节报警温度并用数码管显示。如果实际温度高于设定的报警温度,点亮一只LED以警示。

实施这个项目我们遇到了一个问题——Arduino的数字口不够用了,一个4位数码管已经占用了数字2～13口,新增的显示报警温度的数码管和LED没有接口位置。如图4-26所示,数字引脚2～9接4位数码管a～DP,引脚10、11接第1、2位数码管,引脚12接LED,13号引脚接第4位数码管。其中,第1、2位数码管交替显示当前温度和设定的报警温度;第4位数码管显示序号,以标记显示的是当前温度,还是报警温度。为了不使图过于零乱,图中未画出电位器的连接,请参考图4-24。电位器固定端分别接5V和GND引脚,滑动端接模拟A1口。

打开Arduino软件,新建一个名为potSetAlertTemp的sketch,代码编写如下:

```
1    int inPin=0;
2    int setPin=1;
3    int ledPin=12;
4    boolean state=0;
5    int statePin=13;
6    int segmentPins[]={9,8,7,6,5,4,3,2};
7    int selectPins[]={10,11};
8    int tempBit[4];
```

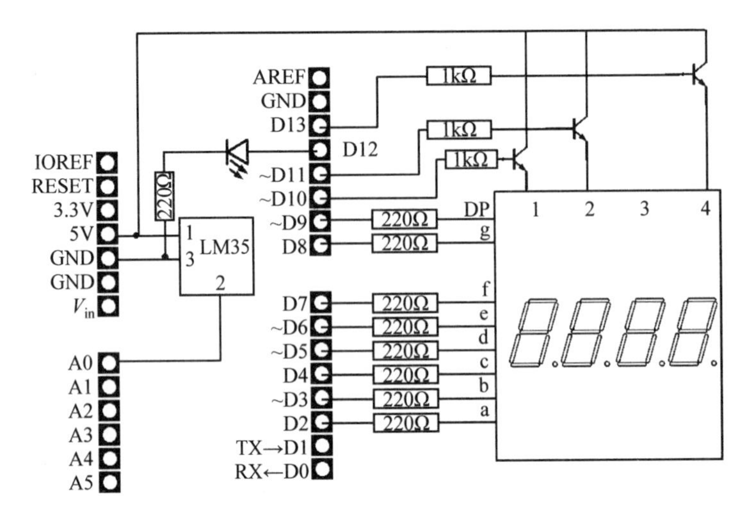

图 4-26 交替显示实际温度和报警温度电路原理

```
9    byte numbers[]=
10      {
11          B11111100,
12          B01100000,
13          B11011010,
14          B11110010,
15          B01100110,
16          B10110110,
17          B00111110,
18          B11100000,
19          B11111110,
20          B11100110,
21          B00000001,
22      };

23   void setup()
24      {
25          pinMode(ledPin,OUTPUT);
26          pinMode(statePin,OUTPUT);
27          for(int i=0;i<8;i++)
28             {
29               pinMode(segmentPins[i],OUTPUT);
30             }
31          for(int j=0;j<2;j++)
32             {
33               pinMode(selectPins[j],OUTPUT);
34             }
35      }

36   void loop()
37      {
```

```
38          int val=analogRead(inPin);
39          int temp=(val/1024.0) * 5000/10;
40          int alertTemp=map(analogRead(setPin),0,1023,0,100) ;
41          if (temp>alertTemp)
42             {
43               digitalWrite(ledPin,HIGH);
44             }
45          else
46             {
47                digitalWrite(ledPin,LOW);
48             }
49          for (int m=3;m>=2;m--)
50             {
51                tempBit[m]=temp%10;
52                temp=temp/10;
53             }
54          for (int q=1;q>=0;q--)
55             {
56                tempBit[q]=alertTemp%10;
57                alertTemp=alertTemp/10;
58             }
59         if(state==0)
60           {
61            for(int i=0;i<200;i++)
62                {
63                    digitalWrite(statePin,HIGH);
64                    numberShow(0);
65                    delay(5);
66                    digitalWrite(statePin,LOW);
67                    digitalWrite(selectPins[0],HIGH);
68                    numberShow(tempBit[2]);
69                    delay(5);
70                    digitalWrite(selectPins[0],LOW);
71                    digitalWrite(selectPins[1],HIGH);
72                    numberShow(tempBit[3]);
73                    delay(5);
74                    digitalWrite(selectPins[1],LOW);
75                }
76             state=1;
77            }
78          else
79           {
80               for(int i=0;i<200;i++)
81                  {
82                     digitalWrite(statePin,HIGH);
83                     numberShow(1);
84                     delay(5);
85                     digitalWrite(statePin,LOW);
86                     digitalWrite(selectPins[0],HIGH);
```

```
87                         numberShow(tempBit[0]);
88                         delay(5);
89                         digitalWrite(selectPins[0],LOW);
90                         digitalWrite(selectPins[1],HIGH);
91                         numberShow(tempBit[1]);
92                        delay(5);
93                        digitalWrite(selectPins[1],LOW);
94                      }
95                 state=0;
96             }
97         }

98    void numberShow(int number)
99        {
100          boolean  bitValue;
101          for(int n=0;n<8;n++)
102            {
103               bitValue=bitRead(numbers[number],n);
104               bitValue=!bitValue;
105               digitalWrite(segmentPins[n],bitValue);
106            }
107       }
```

代码解读

(1) 第 1～8 行代码：变量 inPin 赋值 0，LM35 的输出引脚接 A0；变量 setPin 赋值 1，电位器的滑动端接 A1；变量 ledPin 赋值 12，警示用 LED 接数字引脚 12；布尔型变量 state 赋值 0，用于标记显示的是当前温度，还是报警温度；变量 statePin 赋值 13，第 4 位数码管的 COM 引脚接数字引脚 13；数组 segmentPins[]用于记录数码管 a～DP 这 8 个字段分别接在数字引脚 2～9；数组 selectPins[]用于记录第 1、2 位数码管的 COM 引脚接数字引脚 10、11；数组 tempBit[]有 4 个元素。

(2) 第 23～37 行代码：对各数字引脚初始化，设置为 OUTPUT。

(3) 第 40 行代码：使用 map()函数将从 A1 口读取到的数值转化为要设定的报警温度。注意，我们在做这个试验时，不要将电位器拧到头，即设定的温度要低于 100℃。

(4) 第 41～48 行代码：使用 if/else 句式进行判断。如果当前温度高于设定的报警温度，点亮 LED，否则熄灭 LED。

(5) 第 49～53 行代码：使用 for 循环，数组 tempBit[]的第 4、3 个元素分别存储当前温度(注意，要控制低于 100℃)的个位、十位数字。

(6) 第 54～58 行代码：使用 for 循环，数组 tempBit[]的第 2、1 个元素分别存储报警温度(注意，要控制低于 100℃)的个位、十位数字。

(7) 第 63～74 行代码：选通第 4 位数码管，显示数字 0，标记此时显示的是当前温度。第 1、2 位数码显示当前温度。这些代码放在第 61、62、75 行构成的 for 循环中，重复执行 200 次。

(8) 第 82～93 行代码：选通第 4 位数码管，显示数字 1，标记此时显示的是报警温

度。第 1、2 位数码显示报警温度。这些代码放在第 80、81、94 行构成的 for 循环中，重复执行 200 次。

(9) 第 59～97 行代码：if/else 结构，当 state==0 时，显示当前温度，否则显示报警温度。第 76 行代码 state=1 和第 95 行代码 state=0 实现变量 state 的值在 0 和 1 之间切换，程序交替显示当前温度和报警温度。

好了，下载并运行程序。转动电位器设置不同的报警温度，观察是不是当前温度一旦高于报警温度，LED 就亮起来。

4.4　风扇转起来

图 4-27 所示是一种用计算机 USB(5V)供电的小风扇，相信不少人都有这种用 USB 供电的风扇，实测工作电流大约 0.35A。本节就对它进行改造和控制。

4.4.1　Arduino 控制风扇

控制一个风扇跟控制一个 LED 在程序上没有任何区别，利用 digitalWrite(pin, HIGH)就可以打开风扇，利用 digitalWrite(pin, LOW)关闭风扇。但是在电路连接上有很大的差别，因为一只 LED 所需的电流很小，Arduino 的数字引脚可以直接驱动它，而风扇所需的电流远超过数字引脚能提供的最大电流，我们要想办法为风扇提供大电流。在驱动 4 位数码管的案例中，我们接触到一种方法——三极管放大电路，常用的三极管如 9013、9014、8050 等能提供的电流都在零点几安。本节再学习一种新的器件——继电器(relay)，如图 4-28 所示。

图 4-27　USB 小风扇

图 4-28　继电器

说明：本书中的一些电路图符号取自 Fritzing，与我国的标准画法有一定差异，这些符号要么是国外的标准，要么是 Fritzing 为了更形象而自己设计的。形象的符号有利于初学者学习，因此书中使用了这些符号。

如图 4-29 所示，继电器有两个电路，线圈的两端接控制信号电路，其他引脚接工作电路(电压高、电流大)，这两个电路是电气隔离的。动触片与公共端相连，线圈中没有电流时，常闭端(NC)与公共端接通；线圈中有电流时，线圈产生磁性(就像磁铁一样)，吸合动触片，常开端(NO)与公共端接通。继电器的封装上会标记一些信息，以图 4-30 所示为例，表明线圈工作电压为 5V(线圈能产生吸合动作的电压)，触点负载能力为 120V(AC)×1A

或 24V(DC)×1A。

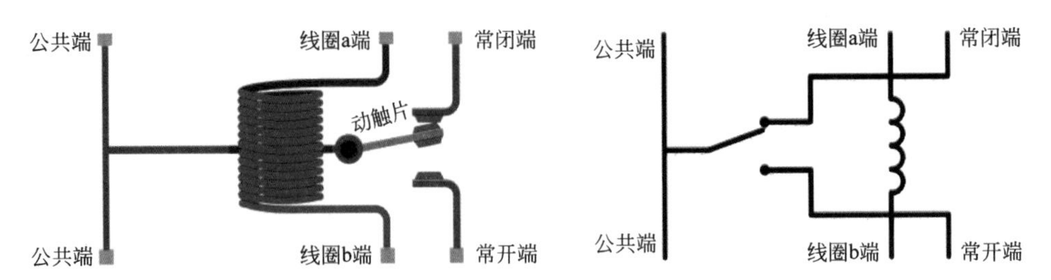

图 4-29 **继电器结构和电路图符号**

HRS1H-S-DC5V

1A 120VAC
1A 24VDC

图 4-30 **继电器上的标示**

有的继电器会有多组公共端、常闭端和常开端，其工作原理与一组的继电器是一样的(参考 5.3.1 小节)。

下面做一个 Arduino 控制风扇的例子，其电路原理和连接示意如图 4-31 和图 4-32 所示。项目中用到的电子元器件有以下几种。

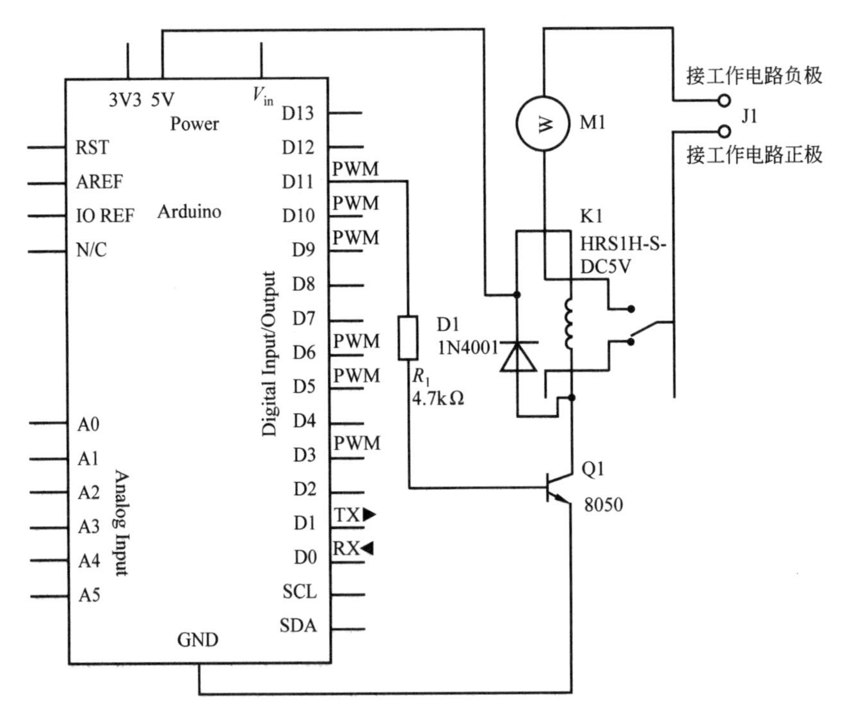

图 4-31 **Arduino 控制风扇原理**

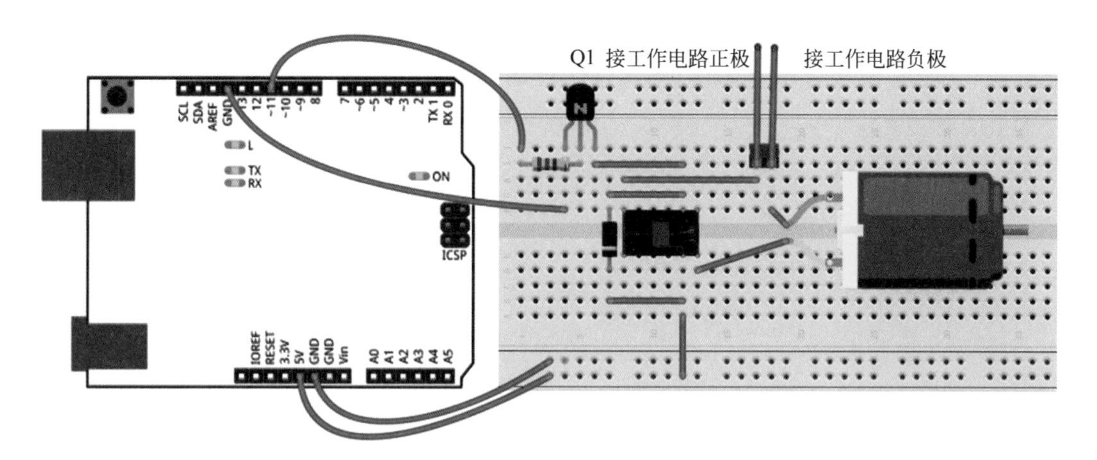

图 4-32　**Arduino 控制风扇连接示意图**

(1) USB 风扇 M(将风扇的 USB 电源线剪断,USB 插在计算机上作为工作电源)。

(2) 继电器 K1,型号为 HRS1H-S-DC5V。

(3) 2P 接线端子 J1,也可以用排针或排母代替。

(4) 二极管 D1,型号为 1N4148(或 1N4007、1N4001),如图 4-33 所示。

(5) 三极管 Q1(在电路图中,三极管有时标记为 Q,有时标记为 VT),型号为 8050(或 9013)。

(6) 电阻器 R_1,4.7kΩ,1/8W(或 1/4W)。

注意:直接使用 Arduino 驱动继电器是有条件的:①Arduino 数字口输出高电平为 5V,继电器的工作电压应为 5V;②Arduino 数字口输出电流最大为 40mA,继电器的吸合电流不能超过此电流。如果所使用的继电器不满足这两个条件,则需三极管驱动,如图 4-34 所示。要注意将 Arduino 的 GND 和继电器线圈工作电压电源的地接在一起。

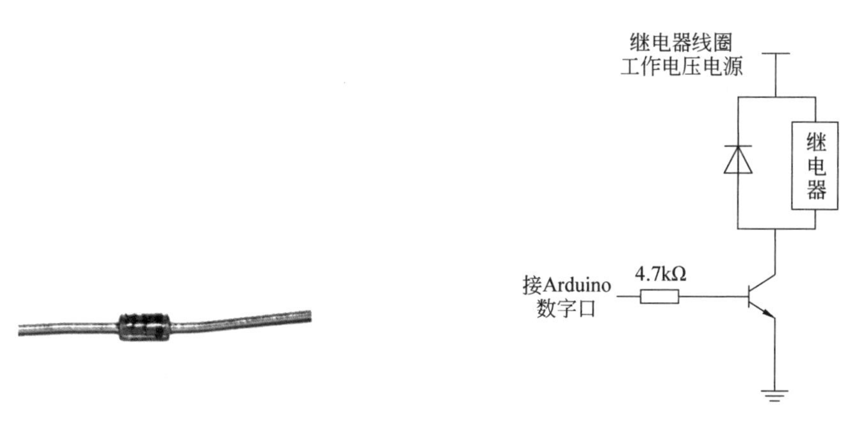

图 4-33　**开关二极管 1N4148**

图 4-34　**三极管驱动继电器**

在图 4-32 中,二极管 D1 对电路有保护作用。图 4-35(a)只画出了继电器的线圈。通电时,电流流过线圈;在断电的瞬间,线圈产生一个很高的感应电压,对电路产生冲击。感应电压的大小跟线圈的电感有关,电感越大,产生的感应电压越高,对电路冲击

越大。为了消除其影响，可在继电器线圈两端反接一个二极管，如图 4-35(b)所示。线圈正常通电时，二极管不起作用，电流只流过线圈。在线圈断电的瞬间，二极管和线圈形成一个通路，如图 4-35(c)所示，把产生的感应电压释放掉，从而保护电路的其他部分不受冲击。

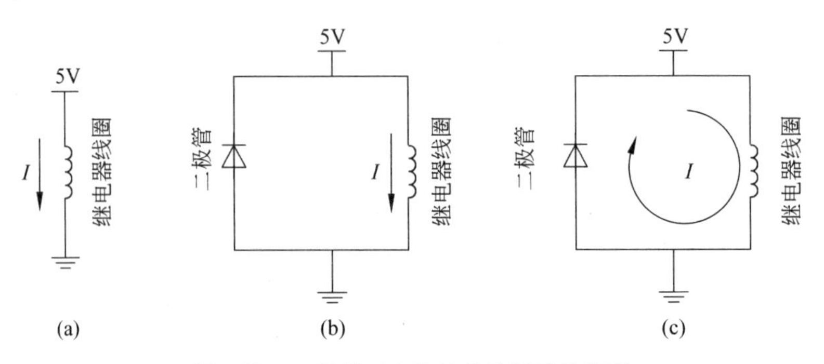

图 4-35 **二极管对电路的保护原理示意图**

打开 Arduino IDE，新建一个名为 relayControl 的 sketch，代码编写如下：

```
1    int outPin=11;
2    void setup()
3      {
4        pinMode(outPin,OUTPUT);
5      }
6    void loop()
7      {
8        digitalWrite(outPin,HIGH);
9        delay(5000);
10       digitalWrite(outPin,LOW);
11       delay(5000);
12   }
```

运行程序，有没有听到继电器工作时清脆的“啪、啪”声？风扇有没有转 5s 停 5s？其实，只要继电器触点负载能力足够，你能控制很多东西，比如家里的空调、冰箱……

现在把 LM35 加入电路，如图 4-36 所示。打开 Arduino IDE，新建一个名为 tempControlFan 的 sketch，代码编写如下：

```
1    int fanPin=11;
2    int tempPin=0;
3    int val;
4    float temp;
5    void setup()
6      {
7        pinMode(fanPin,OUTPUT);
8      }
9    void loop()
10   {
11       val=analogRead(tempPin);
```

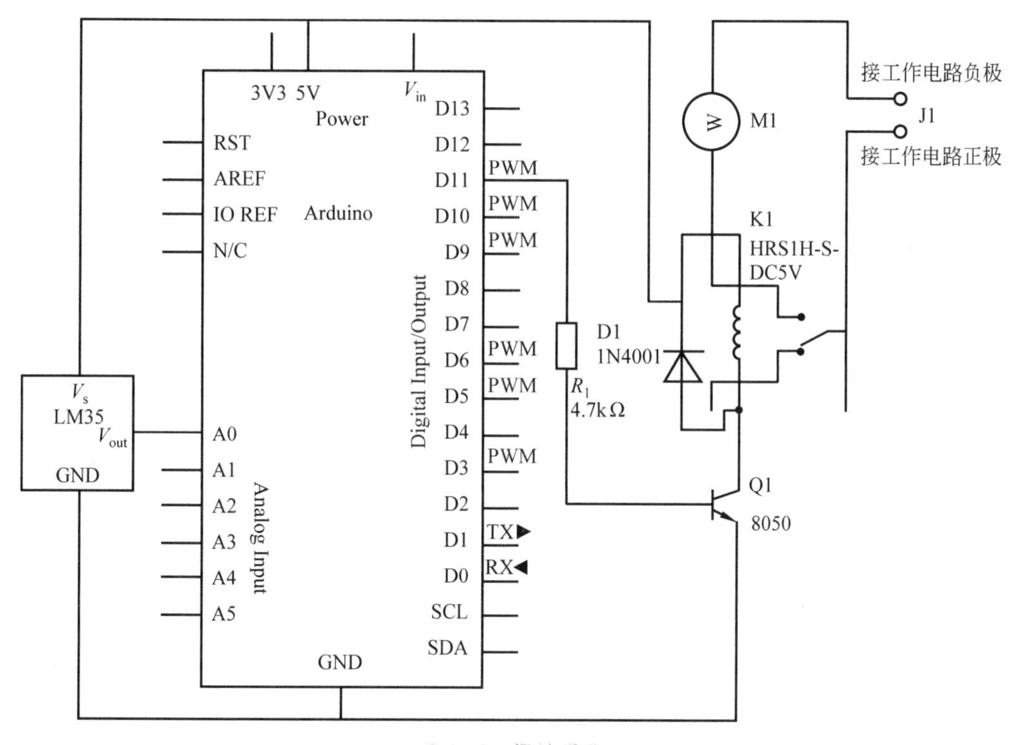

图 4-36　温控风扇

```
12        temp=(val/1024.0)*5000/10;
13        if (temp>=26)
14           {
15             digitalWrite(fanPin,HIGH);
16           }
17        else
18           {
19             digitalWrite(fanPin,LOW);
20           }
21    }
```

运行程序，当温度高于 26℃时，风扇打开。现在，你可以把之前的数码管显示、电位器设置报警温度等统统加上，做出一个很酷的温控风扇了。

在 3.4 节中，我们以图 4-31 和图 4-32 所示电路为例，设计和制作了一个扩展板，请参看相关内容。

4.4.2　可以调速的风扇

若风扇只能转和停，功能显然还够实用，本小节给风扇加上调速功能。电机调速有很多方法，其中之一就是通过电压来控制。电压高，则转速高；电压低，则转速低。这就要用到 Arduino 的 PWM 输出功能。

在 2.2.1 小节的 Blink 程序中看到过这样一段代码：

```
1    int led=13;
2    void setup()
3      {
4        pinMode(led, OUTPUT);
5      }
6    void loop()
7      {
8        digitalWrite(led, HIGH);
9        delay(1000);
10       digitalWrite(led, LOW);
11       delay(1000);
12     }
```

当把第 9、11 行代码中的延迟时间改小到感觉不出闪烁后，我们发现，灯的亮度有改变。其原理可以用图 4-37 来解释。数字引脚输出周期性数字信号，即 5V(通)和 0V(断)，通过调整一个周期中输出 5V 的时间比例(占空比)等效不同的电压输出，这种方式称为 PWM(脉冲宽度调制，Pulse Width Modulation)。比如，占空比为 75%时，等效的电压为 3.75V。

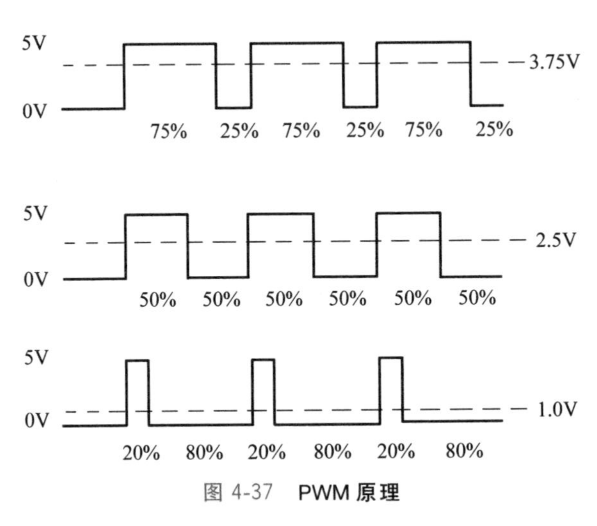

图 4-37 PWM 原理

当然，图 4-37 只是 PWM 的原理示意，要实际应用 PWM 调压，需要使用 Arduino 的数字 3、5、6、9、10、11 引脚。这 6 个引脚除数字 I/O 功能外，还有 PWM 输出功能。

打开 Arduino IDE，新建一个名为 PWMBreathLed 的 sketch，代码编写如下：

```
1    int outPin=11;
2    void setup()
3    {
4      pinMode(outPin,OUTPUT);
5    }
6    void loop()
7    {
8      for(int i=0;i<=255;i++)
9        {
```

```
10          analogWrite(outPin,i);
11          delay(8);
12        }
13      for(int i=255;i>=0;i--)
14        {
15          analogWrite(outPin,i);
16          delay(8);
17        }
18      delay(1000);
19    }
```

函数 analogWrite(pin,value)的参数 value 的数值范围从 0～255。0 对应输出电压 0V,255 对应输出电压 5V。这段代码用 PWM 方式连续改变输出电压,从而改变 LED 的亮度,看起来就像在呼吸一样。呼吸灯电路连接示意图如图 4-38 所示。

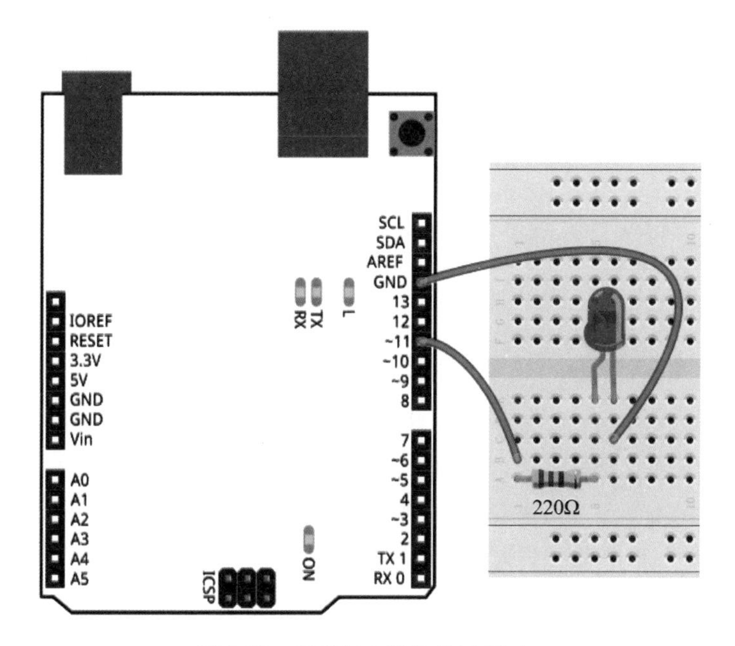

图 4-38　呼吸灯电路连接示意图

可以用同样的方法控制电机的转速。当然,Arduino 的引脚不能直接驱动电机,需要使用电机驱动模块,如图 4-39 所示。

L298N 电机驱动模块可直接驱动 2 路直流电机,驱动电流达 2A,其结构示意如图 4-40 所示。

在图 4-40 中,标记为 E1、M1 和 E2、M2 的是控制信号输入部分。E1 和 E2 是 2 个电机的使能端(可使用 PWM 调速),低电平(0)时对应电机禁止,高电平(1)时对应电机工作;M1 和 M2 是正、反转控制信号输入端,低电平时电机正转,高电平时电机反转。

图 4-39　L298N 电机驱动模块

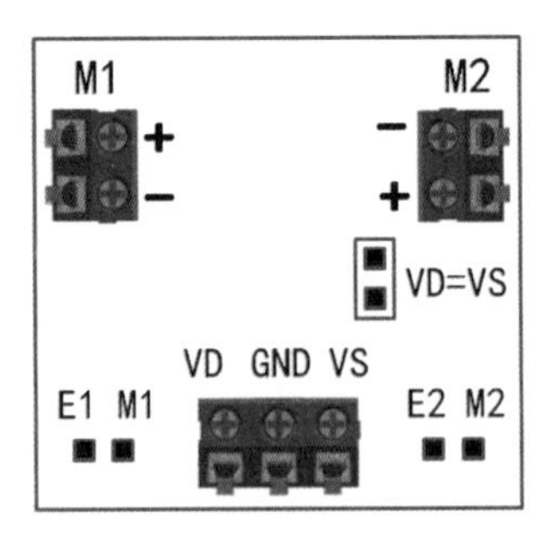

图 4-40　L298N 电机驱动模块结构示意图

E1 和 M1 对 1 号电机的控制情况如表 4-6 所示。

表 4-6　E1 和 M1 对 1 号电机的控制

<table>
<tr><th>电机使能 E1</th><th>电机方向 M1</th><th colspan="2">说　明</th></tr>
<tr><td>LOW</td><td>任意</td><td colspan="2">禁止 1 号电机(E1 和 M1 可接任意数字引脚)</td></tr>
<tr><td>HIGH</td><td>LOW</td><td colspan="2">1 号电机正转(E1 和 M1 可接任意数字引脚)</td></tr>
<tr><td>HIGH</td><td>HIGH</td><td colspan="2">1 号电机反转(E1 和 M1 可接任意数字引脚)</td></tr>
<tr><td rowspan="2">PWM</td><td>LOW</td><td>1 号电机调速正转</td><td rowspan="2">E1 接数字 3、5、6、9、10、11 引脚。在 analogWrite(pin,value)中,参数 pin 即 E1 所接引脚,参数 value 指定速度 M1 可接任意数字引脚</td></tr>
<tr><td>HIGH</td><td>1 号电机调速反转</td></tr>
</table>

E2 和 M2 对 2 号电机的控制与表 4-6 所示类似。

在图 4-40 中,M1 和 M2 是 1 号电机和 2 号电机的接线端子,请注意正、负极。当某个电机工作时,靠近其接线端子的 LED 点亮。

在图 4-40 中,VD 是逻辑电源(驱动模块内的逻辑电路)输入(正极),建议电压范围为 6.5～12V;VS 是电机驱动电源输入,建议电压范围为 4.8～35V(该电压取决于电机的额定电压);GND 是 Arduino、逻辑电源、电机驱动电源的公共地(负极)。当电机驱动电源(VS)电压低于 12V 时,可以将标记为"VD＝VS"的跳帽短接,此时 VD 和 VS 连通,可以减少一个电源,简化电路连接。逻辑电路正常供电时,标记为"PWR"的 LED 点亮。

L298N 电机驱动模块驱动电流可达 2A,是目前我们遇到的第一个大电流设备,应用时要注意以下几点。

(1) 电路连接时最多的时候有三个电源,即 Arduino 的电源、逻辑电源和电机驱动电源,很容易接错电路,要特别小心。

(2) 标记为"VD＝VS"的跳帽要处在正确的状态上。如果逻辑电路和电源驱动电路各有一个电源,跳帽一定要在接电之前取下来;否则,加在 VD 上的电压意外超过 12V 会烧毁 L298N 电机驱动模块。

(3) 经过测试,Arduino 的"5V"输出引脚也可以作为逻辑电源,但不建议这么做,用 9V 电池作为逻辑电源会很方便,如图 4-41 所示。

(4) 不论用了几个电源,电源的"地"都要一起接在 L298N 驱动模块的"GND"接口

图 4-41　9V 电源

上，尤其不要忘了 Arduino 的 GND，否则会出现电机方向控制错误。

(5) 电机驱动模块背面(焊接面)的焊脚是暴露在外面的，如果工作台上的物品比较多，极容易不小心碰到金属物品造成意外短路，因此建议在模块背面粘上一层绝缘胶带或泡沫软垫，如图 4-42 所示。建议对 Arduino 和其他模块做同样的处理。

图 4-42　对电路板焊接面做绝缘处理

下面做一个用 L298N 电机驱动模块控制电机方向和转速的试验。电路连接如图 4-43 所示，电路中使用跳帽将“VD＝VS”连接。

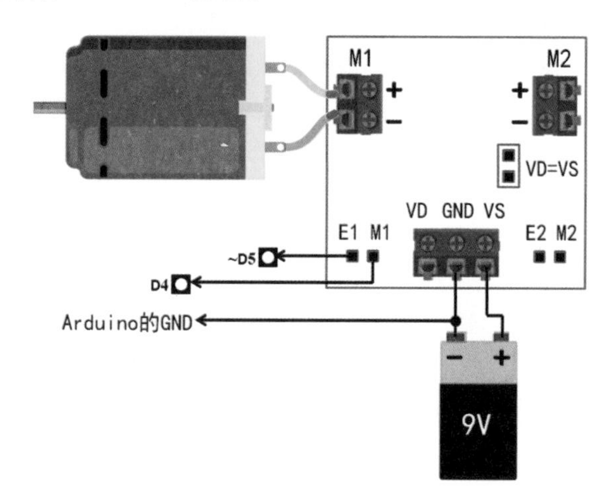

图 4-43　电机调速电路

打开 Arduino IDE，新建一个名为 motorSpeedTest 的 sketch，代码编写如下：

```
1    int motorE1=5;
2    int motorM1=4;

3    void setup()
4      {
5        pinMode(motorE1,OUTPUT);
6        pinMode(motorM1,OUTPUT);
7      }

8    void loop()
9      {
10       digitalWrite(motorE1,HIGH);
11       digitalWrite(motorM1,HIGH);
12       delay(2000);
13       digitalWrite(motorE1,LOW);
14       delay(2000);
15       digitalWrite(motorE1,HIGH);
16       digitalWrite(motorM1,LOW);
17       delay(2000);
18       digitalWrite(motorE1,LOW);
19       delay(2000);
20       for(int i=100;i<=255;i++)
21         {
22           digitalWrite(motorM1,LOW);
23           analogWrite(motorE1,i);
24           delay(100);
25         }
26       digitalWrite(motorE1,LOW);
27       delay(2000);
28       for(int i=255;i>=100;i--)
29         {
30           digitalWrite(motorM1,HIGH);
31           analogWrite(motorE1,i);
32           delay(100);
33         }
34       digitalWrite(motorE1,LOW);
35       delay(2000);
36   }
```

运行程序，观察 E1 和 M1 对电机运转和方向的控制，以及 analogWrite()对电机速度的 PWM 控制。

4.4.3 摇杆控制电机转速和方向

本节使用电机驱动模块配合摇杆来控制电机的转速和方向，这在机器人制作过程中非常有用。

如图 4-44 所示，Joystick 模块有一个摇杆，可以在 X 轴(左右)和 Y 轴(前后)方向摇

动，可以在 Z 轴（上下）按动。这个东西在各种游戏手柄中非常常见。它的工作原理其实很简单：X 轴和 Y 轴各有一个电位器，使用 Arduino 的模拟口读取数值；Z 轴有一个按钮开关（常闭），使用 Arduino 的数字口读取数值。如图 4-45 所示，Joystick 模块有三个 3P（X 和 Y 是 V_{CC}、GND、S，Z 是 V_{CC}、GND、D）的接线端子，连接 Arduino 时要使用面包线转接。转接时，VCC、GND、S、D 分别接 Arduino 的 5V 输出引脚、GND 引脚、模拟口和数字口。

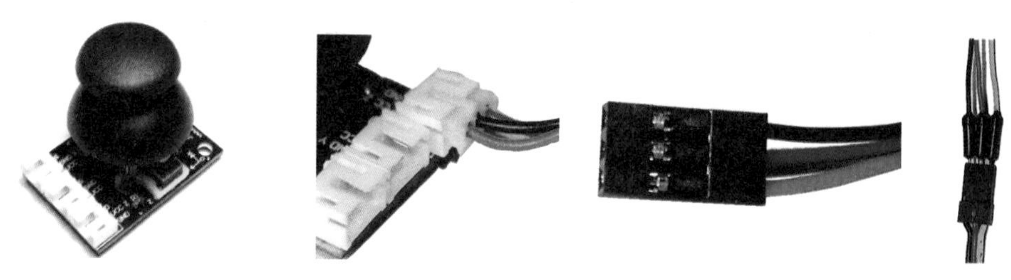

图 4-44　Joystick 模块　　　　图 4-45　Joystick 连接线

将 Joystick 的 X 口接 Arduino 的 A0 口，Z 口接数字 7 口，电机驱动部分与图 4-43 所示相同。

打开 Arduino IDE，新建一个名为 MotorSpeedControl 的 sketch，代码编写如下：

```
1    int val1;
2    int val2;
3    int motorE1=5;
4    int motorM1=4;
5    int buttonPin=7;
6    int ledPin=13;
7    void setup()
8      {
9        pinMode(motorM1,OUTPUT);
10       pinMode(buttonPin,INPUT);
11       pinMode(ledPin,INPUT);
12     }
13   void loop()
14     {
15       val1=analogRead(0);
16       val2=digitalRead(buttonPin);
17       if(val2==LOW)
18         {
19           digitalWrite(ledPin,HIGH);
20         }
21       else
22         {
23           digitalWrite(ledPin,LOW);
24         }
25       if (val1>530)
26         {
27           int speed=map(val1,530,1023,100,255);
```

```
28          digitalWrite(motorM1,HIGH);
29          analogWrite(motorE1,speed);
30        }
31      else if(val1<500)
32            {
33               int speed=map(val1,500,0,100,255);
34               digitalWrite(motorM1,LOW);
35               analogWrite(motorE1,speed);
36            }
37          else
38            {
39              digitalWrite(motorE1,LOW);
40             }
41      }
```

代码解读

(1) 第 17～24 行代码：测试 Joystick 的按键功能。在按下按键时点亮 LED。因为按键是常闭开关，因此按下时读取的是 LOW。

(2) 第 25～30 行代码：摇杆的 X 轴和 Y 轴各有一个电位器(参考 4.3.1 小节)。以 X 轴为例，摇杆向 X 轴负向推，数值变小；向 X 轴正向推，数值变大，范围是 0～1023。摇杆处于于自然状态时，电位器滑动片处中间位置，读取到的数值在 515 左右(也可能是其他值)。这是由机械误差造成的，滑片不可能处于绝对中间，而且数值会小幅波动。

如果将第 25 行、第 31 行代码写成 val1＞515 和 val1＜515，会由于误差原因，当摇杆处于自然状态时，电机频繁地切换方向而很快损坏。

(3) 第 27 行代码：使用函数 map()将从模拟口读取的数值范围转化为 PWM 的输出范围。函数没有写成 speed＝map(val1,530,1023,0,255)，是因为输出电压低的时候，电机启动不了。这种情况没有意义，而且对电机有损坏。

(4) 第 33 行代码：摇杆向 X 轴负向推得越狠，从模拟口读取的数值越小；而我们一般的习惯是摇杆推得越狠，电机转速越高，map()函数很方便地将范围进行了对应。

4.5 会摇头的风扇

在这个项目里，我们想让风扇摇头，将风吹向不同的地方。

4.5.1 舵机

风扇摇头需要一个动力装置，在这个项目里我们使用舵机(又叫伺服电机)，如图 4-46 所示。舵机一般用在需要精确控制位置(如转动一定角度)且保持的场合，多在人形机器人的关节或是航模上见到。

舵机的控制原理为：控制信号通过信号线输入到控制电路板(在舵机内部)，电机转动，信号经减速齿轮减速后由舵盘输出。舵机的输出轴转动时带动位置反馈电位计，控制电路板根据反馈信号判断是否达到目标位置，并根据需要控制电机的转动方向和速度。

图 4-46　**舵机**

舵机的控制信号一般是一个周期为 20ms 左右的时基脉冲，该脉冲高电平部分的宽度控制着舵机的角度，对应关系如表 4-7 所示。

表 4-7　**高电平宽度与舵机角度对应关系**

高电平宽度	0.5ms	1.0ms	1.5ms	2.0ms	2.5ms
舵机角度	0°	45°	90°	135°	180°

实际上，舵机的控制脉冲没有严格的标准，有的舵机在高电平宽度为 1ms 时位置在 0°，高电平宽度为 2ms 时位置在 180°。使用时，要查阅舵机的技术参数。本书中使用的 HS-485HB 舵机符合表 4-7 所示数据。

如图 4-47 所示，舵机有三根引线，分别是电源正极（Power）、地（Ground）和信号线（Signal）。电源正极一般是红色线，接 Arduino 电路板"5V"引脚；地一般是黑色或棕色，接在 Arduino 电路板"GND"引脚；信号线一般是黄色或是白色的，接 Arduino 电路板数字引脚。

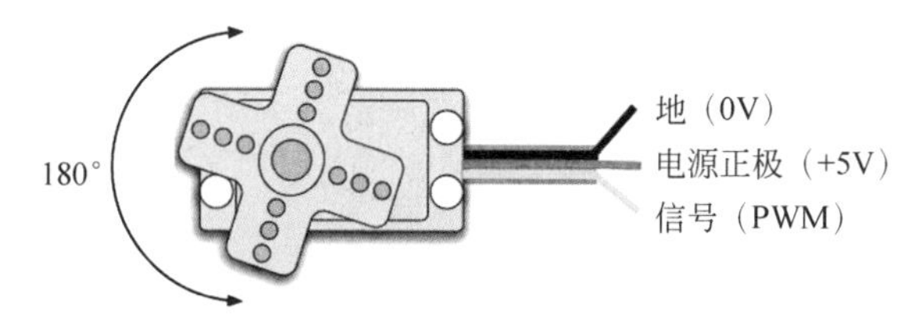

图 4-47　**舵机引线示意图**

下面做一个舵机角度控制的试验。舵机信号线接 Arduino 数字引脚 7，如图 4-48 所示。

注意：这个试验是不正确的控制方法，会对舵机有一定的损坏，可以跳过该试验。

打开 Arduino IDE，新建一个名为 ServoControlByDigitalPin 的 sketch，代码编写如下：

```
1    int servoPin=7;
2    int angle=135;
3    void setup()
4      {
```

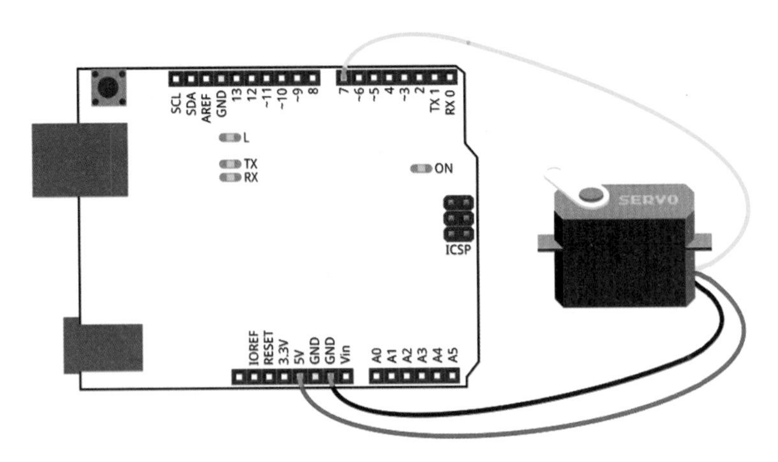

图 4-48　**错误的舵机控制方法**

```
5         pinMode(servoPin,OUTPUT);
6       }
7     void loop()
8       {
9         int microTime=map(angle,0,180,500,2500);
10        digitalWrite(servoPin,HIGH);
11        delayMicroseconds(microTime);
12        digitalWrite(servoPin,LOW);
13        delayMicroseconds(20000-microTime);
14      }
```

这段代码定义了一个变量 angle 存储舵机的角度；map()函数将角度转化为时基脉冲高电平持续时间，单位为微秒(μs)。第 10、11 行代码向舵机信号线输出高电平，第 12、13 行代码向舵机信号线输出低电平。如果想要舵机转动到其他角度，修改 angle 的值即可。

函数 delayMicroseconds(us)的功能与 delay(ms)相同，只不过参数 us 的单位是 μs。us 的最大值为 16383，即函数 delayMicroseconds(us)最多可实现 16383μs(16.383ms)的延迟。

运行程序，舵机能够转动到预想位置，但舵机角度保持过程中一直抖动，并发出很大的噪声。这个程序仅演示舵机角度控制的原理，并不正确，请勿长时间尝试，否则会损坏舵机。

4.5.2　Servo library

如何正确控制舵机？还需要哪些电子和硬件方面的知识？对初学者来说，每遇到一个新东西时，兴奋之余常常会问类似的问题。的确，过多的基础准备往往会浇灭我们创造的热情。Arduino 之所以受到很多电子爱好者的推崇，原因之一就是 Arduino 提供了许多扩展库(library)，其中包括 Servo library，这些库可以使许多应用变得很简单。同时，Arduino 的爱好者们还自己编写了许多扩展库，并放在网络上与大家共享。

打开 Arduino 软件的文件夹，会看到一个名为 libraries 的子文件夹，内容如图 4-49 所示，其中的文件夹就是我们所说的扩展库。打开 Servo 文件夹，如图 4-50 所示。

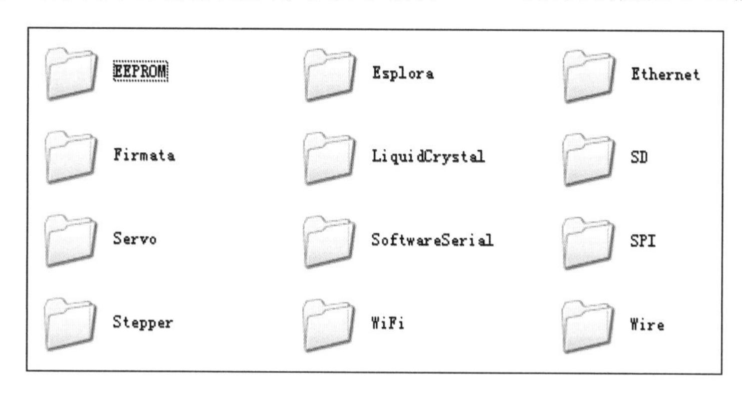

图 4-49　libraries 文件夹

图 4-50　Servo 库文件夹

文件夹 example 中是提供的程序示例，这些例子可以通过打开"File\Examples\Servo"找到，如图 4-51 所示。

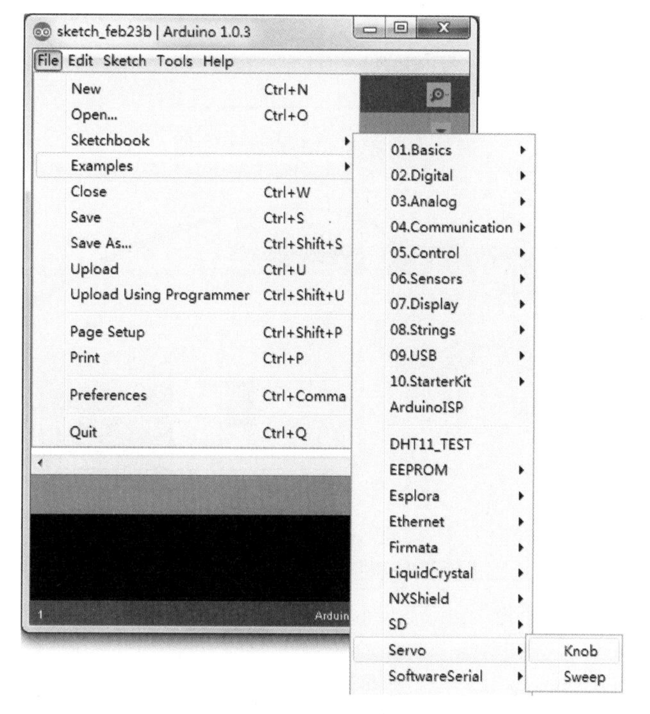

图 4-51　打开示例程序

Servo 库文件夹中名为 Servo.h 和 Servo.cpp 的文件是库的两个基本组成——头文件和源文件。头文件(header file，扩展名为.h)的核心是扩展库中所有函数的列表，这些列表及你所需要的所有变量打包在一个类(class，是函数和变量的简单集合)里面。源文件基本上就是源代码。

下面利用库来控制舵机。舵机信号线接 Arduino 数字引脚 9(任意数字引脚均可)，其原理和连接示意图如图 4-52 和图 4-53 所示。

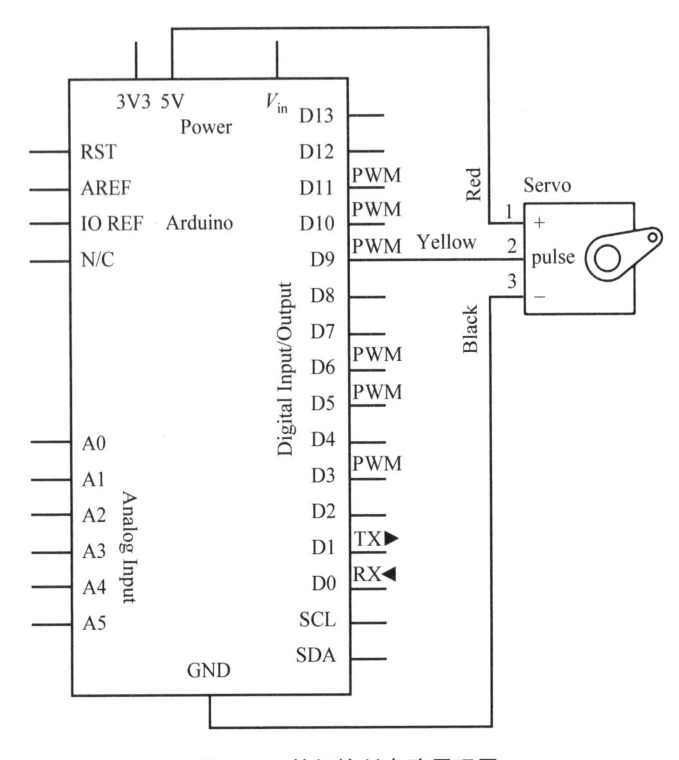

图 4-52　舵机控制电路原理图

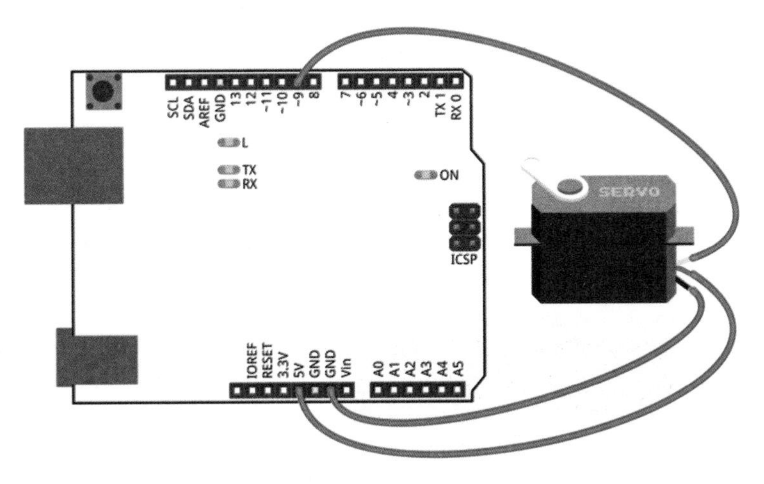

图 4-53　舵机控制电路连接示意图

在 Arduino IDE 中打开 File\Examples\Servo\sweep，代码如下：

```
1     #include<Servo.h>
2     Servo myservo;
3     int pos=0;

4     void setup()
5       {
6         myservo.attach(9);
7       }

8     void loop()
9       {
10        for(pos=0; pos<180; pos+=1)
11            {
12              myservo.write(pos);
13              delay(15);
14            }
15        for(pos=180; pos>=1; pos-=1)
16            {
17              myservo.write(pos);
18              delay(15);
19            }
20      }
```

代码解读

(1) 第 1 行代码：

```
#include <Servo.h>
```

将库 Servo. h 包含在程序中，实际上就是将库中的代码添加到程序中（当然，表面上我们没有看到）。

这行代码不需要手工录入，打开 Arduino IDE 的 Sketch\Import Library\Servo 就可以直接添加这行代码，如图 4-54 所示，列表中是 Arduino 自带的常用库。如果在网络上下载了其他扩展库，将其复制到 libraries 文件夹内，再次打开 Arduino IDE 时就可以识别和使用该库了。

(2) 第 2 行代码：创建一个舵机对象，名为 myservo，以控制一个舵机。

(3) 第 3 行代码：定义一个整型变量 pos，用于存储舵机的角度，初始值为 0。

(4) 第 6 行代码：函数 attach()是 Servo 库中的函数，其形式为 servo. attch(pin)，有 servo 和 pin 两个参数。参数 servo 指明舵机对象，参数 pin 指定舵机所接的数字引脚号。本行代码的含义就是：舵机对象 myservo 接在数字引脚 9 上。当然，pin 不仅仅是引脚 9，所有数字引脚都可以。

attach()函数还有另一个形式：servo. attach(pin，min，max)。它有四个参数：参数 servo 指明舵机对象；参数 pin 指定舵机所接的数字引脚号；参数 min 是一个脉冲宽度，单

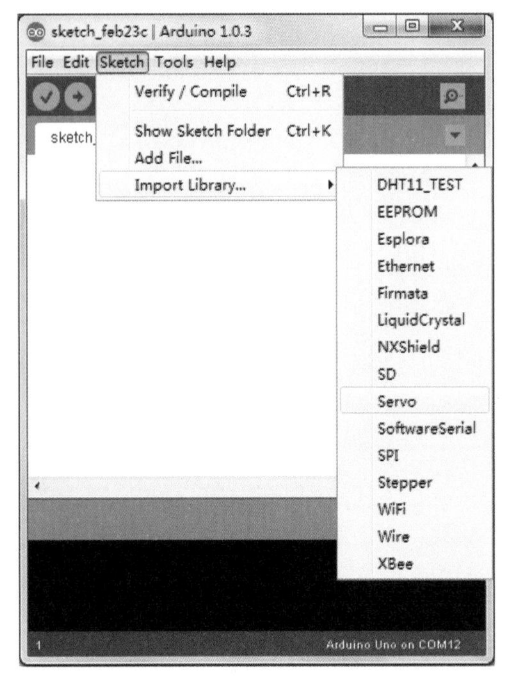

图 4-54　**导入库文件**

位是微秒(μs),对应舵机的最小角度,默认的是 544(544μs,约 0.5ms);参数 max 是一个脉冲宽度,单位是微秒(μs),对应着舵机的最大角度,默认的是 2400(2400μs,2.4ms)。

(5) 第 10～14 行代码:函数 write ()的形式为 servo. write(angle),有 servo 和 angle 两个参数。参数 servo 指明舵机对象;参数 angle 是要写入舵机对象的值,即角度值(0°～180°)。

这几行代码使用 for 循环结构,实现舵机的位置从 0°开始,每 15ms 加 1°,一直到 180°。注意延迟时间 delay()。舵机从一个位置转动到另一个位置需要一定的时间,如果延迟时间短于实际所需的时间,会造成舵机实际运动跟不上控制程序,出现控制错误。

转动速度是舵机的一个重要参数,其单位是"秒/60°",即转动 60°所需要的秒数。

在这段程序中,如果延迟时间过长,舵机转动会有"卡"、"顿"的现象,转动不平稳。具体延迟多长时间,需要多次尝试。

其中,pos +=1 相当于 pos=pos +1。"+="是复合的加运算符号。类似的运算符号还有"-="、"*="、"/=",详细信息请参考 Arduino 的主页:http://arduino.cc/en/Reference/IncrementCompound.

(6) 第 15～18 行代码:舵机位置从 180°开始,每 15μs 减 1°,直到 0°。

Servo 库中的函数还有以下几种。

(1) servo. writeMicroseconds(us):功能是设置控制舵机的脉冲宽度值(参数 us,单位是 μs),参数值应该在最小脉冲宽度值和最大脉冲宽度值之间。请回顾函数 servo. attach(pin,min,max)。要注意的是,不同的舵机,其转动范围不一定是 0°～180°,最小脉冲宽度值不一定是 544,最大脉冲宽度值也不一定是 2400,需要实际测试。

函数 servo. write(angle)和函数 servo. writeMicroseconds(us)从功能上是一样的，都是用来控制舵机的角度，只不过一个直接用角度表示，一个用脉冲宽度表示。

(2) servo. read()：用于读取舵机对象 servo 的角度。

(3) servo. attached()：用于检查舵机是否连接在某一引脚上，要注意"()"中没有参数，而且 servo. attached()不是硬件检查而是软件检查，即函数不是检查舵机是否真的通过一根导线而接在了某个数字引脚上，而是检查程序中是否有"servo. attach(pin)"这条指令。

(4) servo. detach()：用于解除舵机与某一引脚的连接(软件解除)。注意"()"中没有参数。

更多关于 Servo 库函数的详细信息请参考 Arduino 主页 http://arduino. cc/en/Reference/Servo。

更多关于 Servo 库的详细信息请参考 Arduino 主页 http://arduino. cc/en/Reference/Libraries。

图 4-55 和图 4-56 所示是程序"File\Examples\Servo\Knob"的电路，其功能是用电位器调整舵机角度。

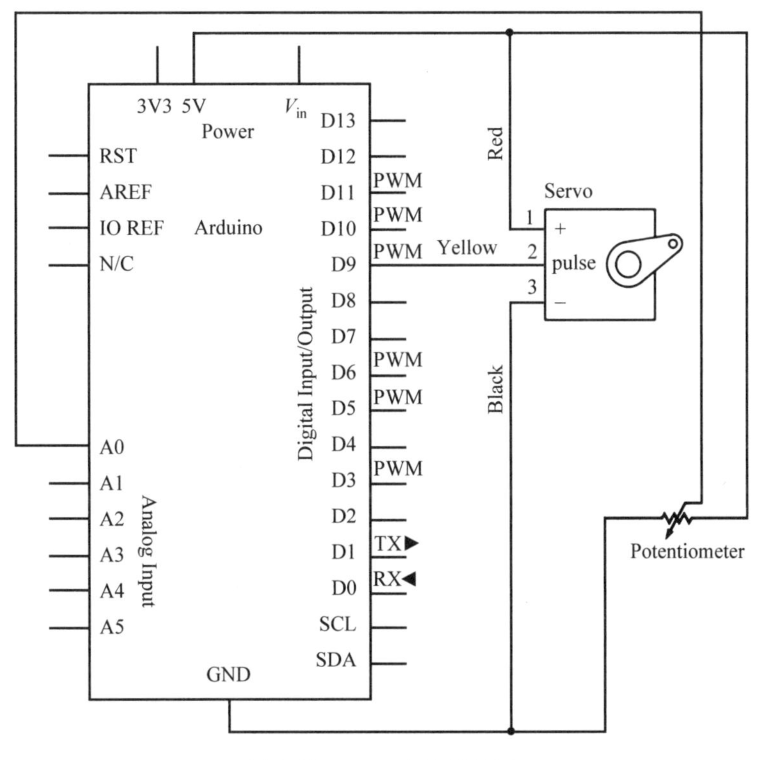

图 4-55　Knob 电路原理图

4.5.3 连接多个舵机

在 4.5.2 小节的案例中，舵机是由 Arduino 5V 引脚供电，但是当控制超过 1 个舵机

时，不能再使用 Arduino 给舵机供电，要用额外的电源为舵机供电。注意将该电源的“GND”和 Arduino 的 GND 接在一起，如图 4-57 所示。

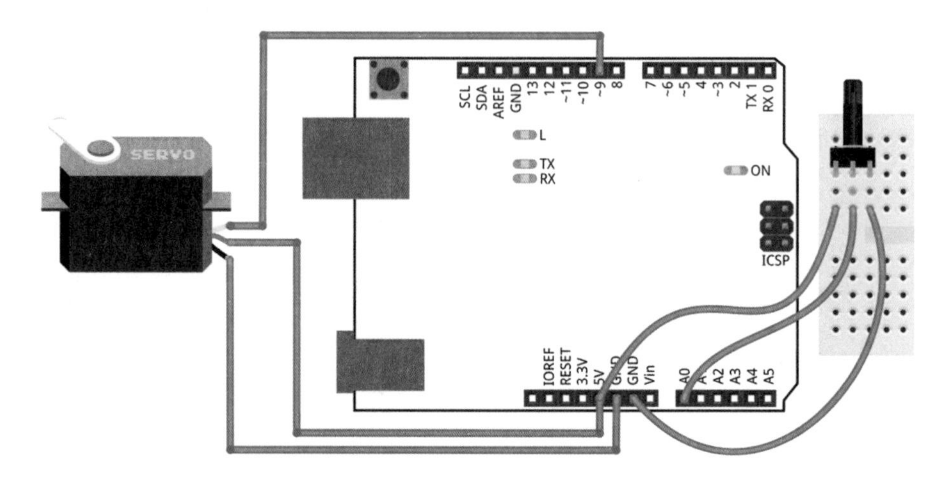

图 4-56 Knob 电路连接示意图

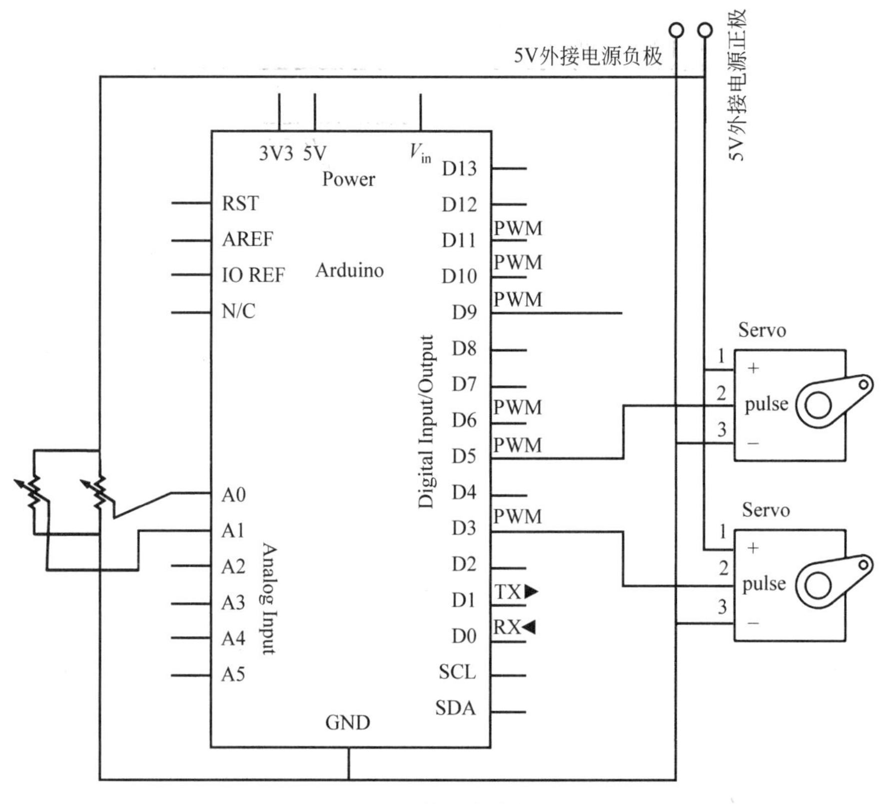

图 4-57 控制多个舵机

在不少场合，我们需要连接很多设备(如传感器、舵机、电机、LED 等)到 Arduino 上，有时还要在面包板上搭建复杂的电路，这对初学者来说有不少困难，会造成难以将精力集

中在创意上，而且这样的电路只适合试验阶段，难以应用于实际。这当然不符合 Arudino 的初衷，就像使用 library 降低编程难度一样，Arudino 有很多扩展板(Shield)用于降低电路连接的难度。图 4-58 所示就是一款传感器 I/O 扩展板，可以与 Arudino 堆叠连接。在图中，标记为①和②的地方，将每一个数字、模拟引脚扩展了一个电源正极和负极引脚，可以方便连接各种传感器或输出设备，如图 4-59 和图 4-60 所示。

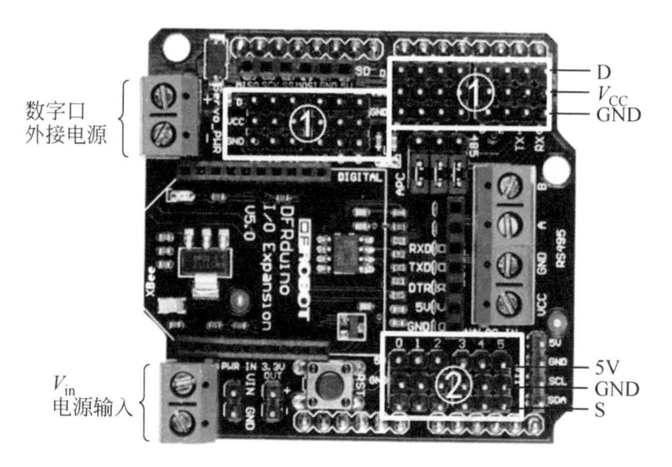

图 4-58　I/O 扩展板

图 4-59　插接 3P 杜邦插头

图 4-60　使用 I/O 扩展板连接 Knob 电路

我们不仅可以直接购买和使用已有的扩展板，也可以使用 Frizting 设计和制作自己的扩展板。在 3.3 节中，我们以 4.4.1 小节的图 4-31 和图 4-32 所示电路为例，设计和制作了一个扩展板。

好了，现在可以想办法把风扇安装到舵盘上，用自动程序让风扇循环摇头，也可以用电位器手动调整风扇吹风的方向了。

第 5 章　太阳能板自动追日装置

太阳能是一种清洁能源，我们经常在路灯、草坪灯、交通设施上看到小型太阳能板的应用，如图 5-1 所示。有没有注意过，这些太阳能板一般都是固定不动的，不能始终与阳光垂直。如果设计一种能够自动跟踪太阳的装置，使太阳能板能自动调整并保持与阳光垂直，就能提高太阳能的利用率。本章就用 Arduino 来完成这个设计。

图 5-1　**太阳能路灯**

5.1　检测光照强弱

要实现跟踪太阳，思路之一就是用对光敏感的器件来检测光照情况。本例中使用光敏电阻，如图 5-2 所示。光敏电阻器的阻值随入射光线（可见光）的强弱变化而改变。在黑暗条件下，它的阻值（暗电阻）可达 1～10MΩ；在强光条件下，它的阻值仅有几百至数千欧姆。

图 5-2　**光敏电阻**

按图 5-3 所示连接电路，10kΩ 定值电阻与光敏电阻串联。光照越强，光敏电阻阻值越小，A0 口测到的数值越小（电压越低）。

打开 Arduino IDE，新建一个名为 lightDetect 的 sketch，代码编写如下：

```
1    int inPin=0;
2    void setup()
3      {
4        Serial.begin(9600);
5      }
6    void loop()
7      {
```

```
8           Serial.println(analogRead(inPin));
9           delay(2000);
10      }
```

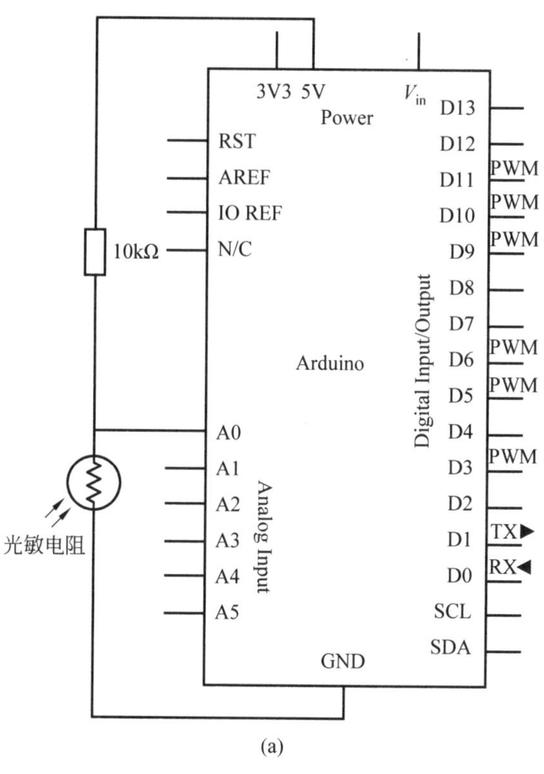

(a)

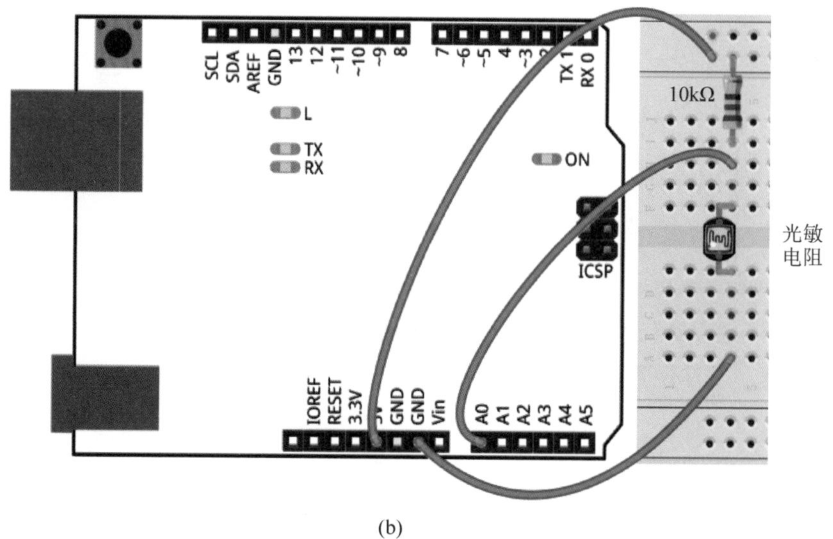

(b)

图 5-3　**光敏电路 1**

运行程序，然后改变光照强度，在串口监视器上观察读取到的数值变化。如果电路按

图 5-4 所示连接，观察到的规律相反，即光照越强，读取到的数值越大。

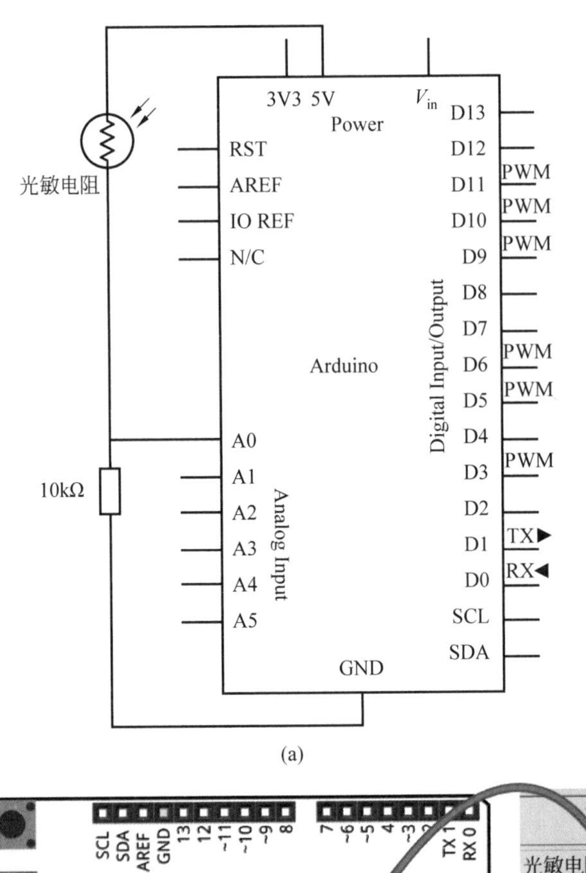

(a)

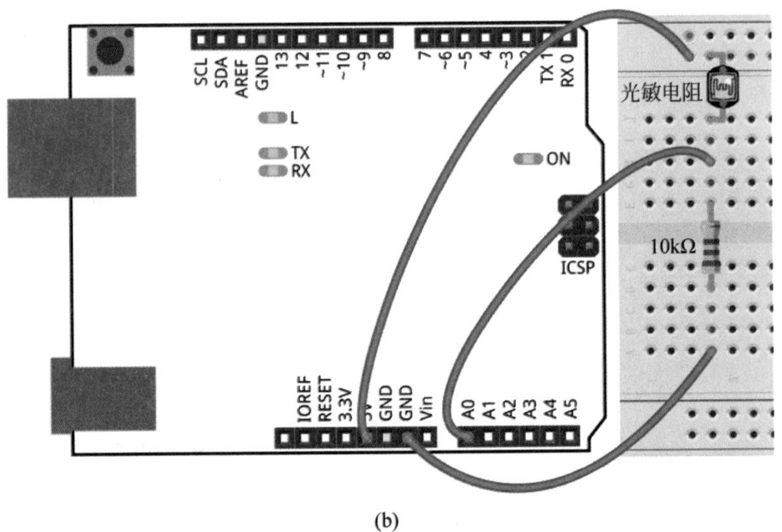

(b)

图 5-4　光敏电路 2

按图 5-5 所示连接电路，打开 Arduino IDE，新建一个名为 lightControlLed 的 sketch，代码编写如下：

```
1    int inPin=0;
2    int ledPin=11;
```

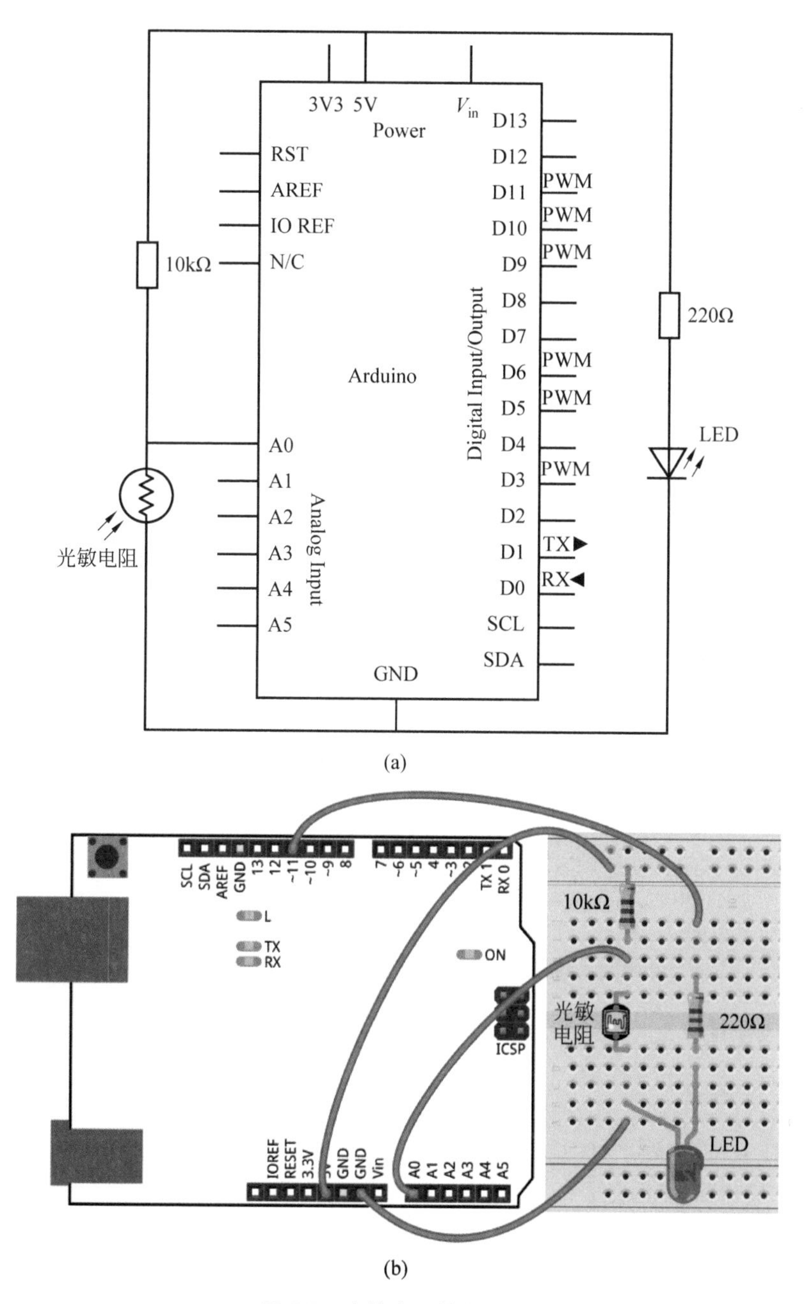

图 5-5　光敏电阻控制 LED

```
3    void setup()
4      {
5        Serial.begin(9600);
6        pinMode(ledPin,OUTPUT);
7      }
```

```
8    void loop()
9      {
10       int val=analogRead(inPin);
11       val=map(val,0,1023,0,255);
12       analogWrite(ledPin,val);
13       delay(50);
14     }
```

运行程序，结果是：LED 的亮度随光照强度增大而减小，随光照强度减小而增大。

按图 5-5 所示连接电路，打开 Arduino IDE，新建一个名为 lightControlRate 的 sketch，代码编写如下：

```
1    int inPin=0;
2    int ledPin=11;

3    void setup()
4      {
5        Serial.begin(9600);
6        pinMode(ledPin,OUTPUT);
7      }
8    void loop()
9      {
10       int rate=map(analogRead(inPin),0,1023,20,100);
11       digitalWrite(ledPin,HIGH);
12       delay(rate);
13       digitalWrite(ledPin,LOW);
14       delay(rate);
15     }
```

运行程序，结果是：光照越强，LED 闪烁得越快。

5.2 判断光线方向

太阳在东升西落的过程中，在天空中的位置以及光线的方向在不断改变。如何检测到光线的方向，进而调整太阳能电池板的朝向，使太阳光线与之垂直呢？

如图 5-6 所示，制作一个暗盒(长为 8cm，宽为 8cm，高为 5cm)，暗盒顶板开一个透光小孔，当阳光以不同的角度照在暗盒顶板上时，光斑会照在暗盒底板的不同位置。

为了捕捉到光斑的位置，暗盒底板被平均分为 A、B、C 和 D 四个区，如图 5-7 所示，每个区内布满了阵列的光敏电阻(6×6=36 个)。同一区内的光敏电阻并联，与 Arduino 连接，如图 5-8 所示。光斑照在光敏电阻上时，光敏电阻阻值减小，10kΩ 定值电阻分得的电压增大，A0 口检测到的值增大。为了图示更清楚，图 5-8 中只画出了 A 区光敏电阻与 Arduino 的连接，其他区连接与图 5-8 相似。其中，Arduino 的 A0、A1、A2 和 A3 分别检测 A、B、C 和 D 区。

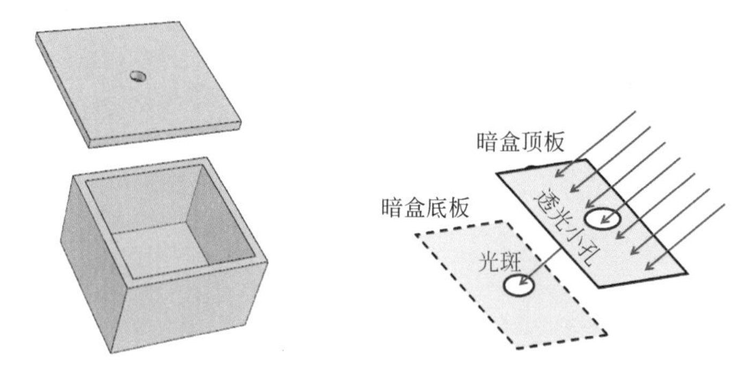

图 5-6　**暗盒及光斑示意图**

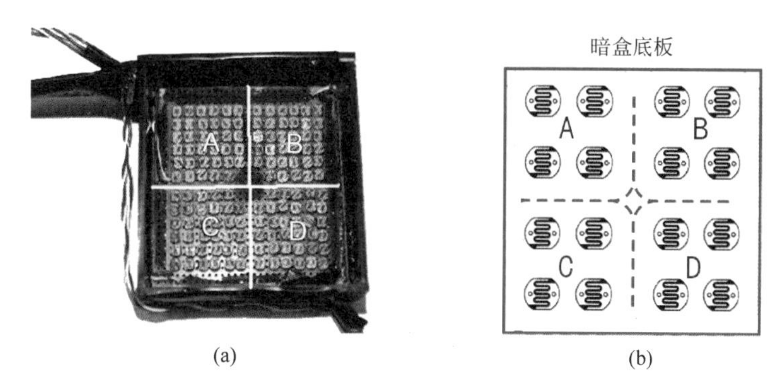

图 5-7　**阵列式光敏电阻暗盒**

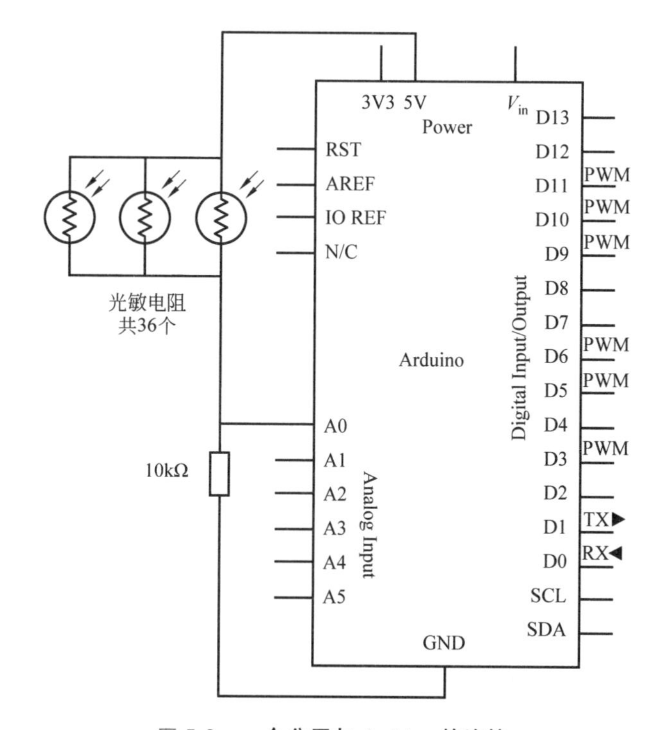

图 5-8　**一个分区与 Arduino 的连接**

按图 5-8 所示连接电路，然后打开 Arduino IDE，新建一个名为 selfChecking 的 sketch，代码编写如下：

```
1    int aPin=0;
2    int bPin=1;
3    int cPin=2;
4    int dPin=3;
5    void setup()
6    {
7        Serial.begin(9600);
8    }
9    void loop()
10   {
11      Serial.print("A:  ");
12      Serial.println(analogRead(aPin));
13      Serial.print("B:  ");
14      Serial.println(analogRead(bPin));
15      Serial.print("C:  ");
16      Serial.println(analogRead(cPin));
17      Serial.print("D:  ");
18      Serial.println(analogRead(dPin));
19      Serial.println();
20      delay(10000);
21   }
```

运行程序，在串口监视器观察从 A～D 区检测到的数值，如图 5-9 所示。图中，①是自然情况下检测到的数值，室内天花板上灯光较分散，检测到的数值没有规律；②是捂住暗盒顶板透光小孔时检测到的数值，A～D 区的数值不完全相同，这是由于光敏电阻、10kΩ 定值电阻本身的误差造成的，是正常现象；③是用光束斜照在暗盒透光孔上，光斑落在 B 区时的情况（见图 5-10）。可以看到，B 区的数值明显高于其他 3 个区的数值。

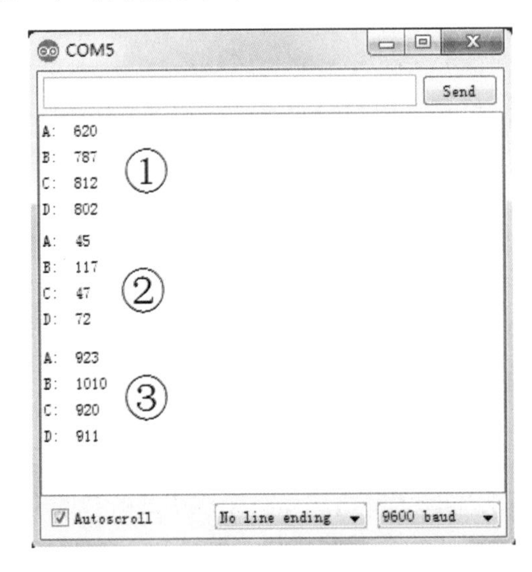

图 5-9　自检程序在串口监视器的显示

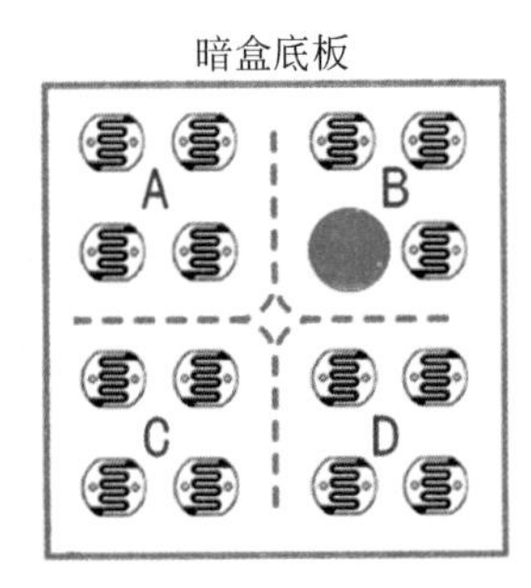

图 5-10　光斑照在 B 区示意图

5.3 太阳能板方位控制

5.3.1 方位控制原理

要控制太阳能板的方位,可以使用两个电机,一个电机正、反转控制太阳能板水平朝向,另一个电机正、反转控制太阳能板竖直朝向。本项目改造一个旧的摄像机云台,如图5-11所示。

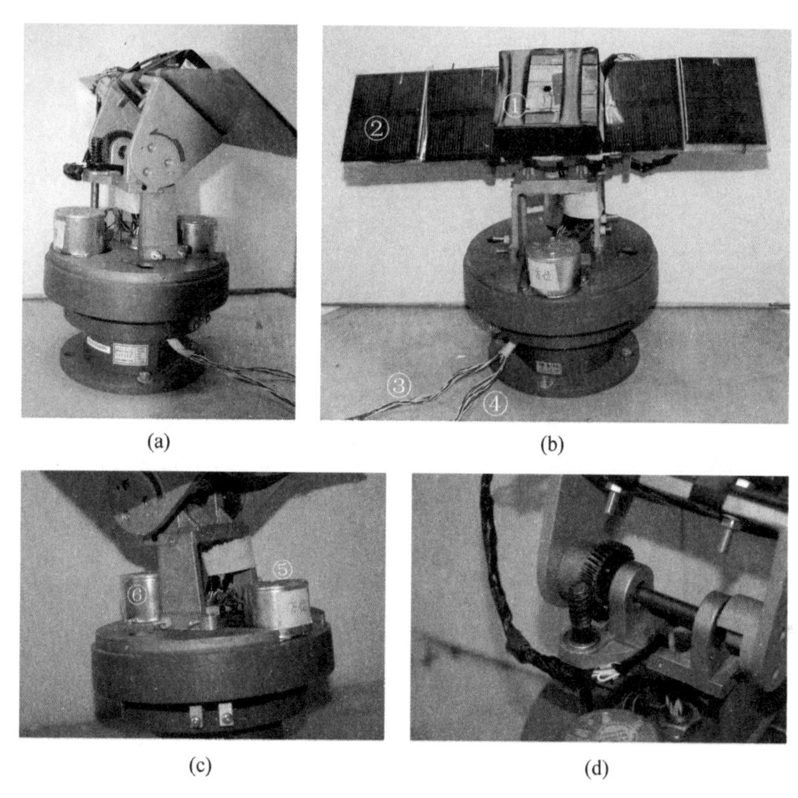

(a) (b) (c) (d)

图5-11 云台改造

在图5-11中,①为光敏电阻暗盒;②为太阳能板,因为本装置是一个功能模型,这些太阳能板作为装饰用,其提供的电力不足以驱动方位控制电机;③为方位控制电机的电源线;④为暗盒中光敏电阻的引线;⑤和⑥分别为水平和竖直方位电机。

可以使用L298N电机控制模块(参考4.4.2小节)对电机进行控制。L298N电机控制模块不仅用于控制电机正、反转,而且可以控制电机的转速。对本项目来说,不需要控制转速。在这种情况下,我们尝试使用继电器控制电机的转向。

双刀双掷继电器(两组转换继电器)如图5-12所示,继电器上的每个引脚都有一个编号,分别为1、4、5、8、9、12、13、14。其中,13、14是继电器线圈的引脚;9、12是工作电路电源引脚,它们与动触片相接;线圈中没电流时,两个动触片分别接触5和8,5和8是常闭(NC)引脚;线圈中有电流时,线圈吸合衔铁,两个动触片分别接触1和4,1和4是常开

(NO)引脚。继电器的引脚排列不尽相同,同样是双刀双掷,有时 1 和 4 引脚是常闭、5 和 8 是常开,使用时要注意参考技术手册、继电器封装上的引脚示意图,或用万用表实际测量。

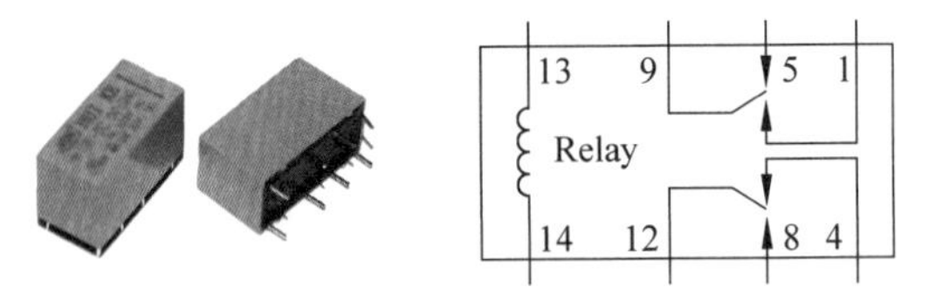

图 5-12　**双刀双掷继电器及引脚示意图**

电路连接如图 5-13(a)所示,Arduino 数字口输出 LOW 时,电机停止;数字口输出“HIGH”时,电机正转。电路连接如图 5-13(b)所示,Arduino 数字口输出 LOW 时,电机停止;数字口输出 HIGH 时,电机反转。关于 Arduino 驱动继电器要注意的事项,请参考 4.4.1 小节。

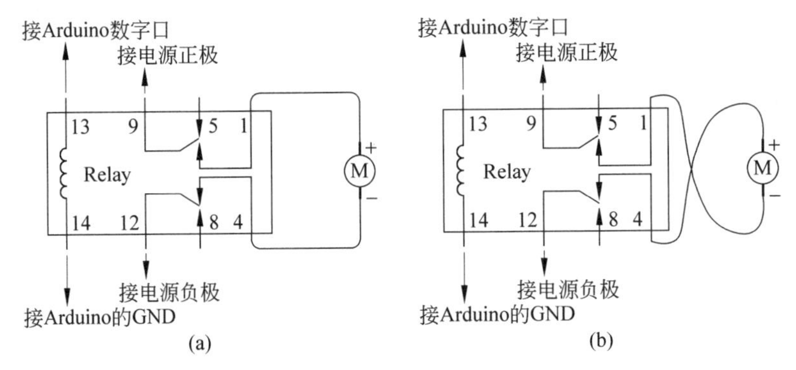

图 5-13　**常开引脚控制电机**

电路连接如图 5-14 所示,将继电器引脚 1 和 8、4 和 5 分别用跳线连接。当 Arduino 数字口输出 LOW 时,电机反转;数字口输出 HIGH 时,电机正转。该电路实现的效果是:电机不是正转就是反转,没有停止状态。

电路连接如图 5-15 所示,使用两个继电器控制电机,实现电机正转、反转和停止三种状态的控制。双继电器控制电机状态情况如表 5-1 所示。

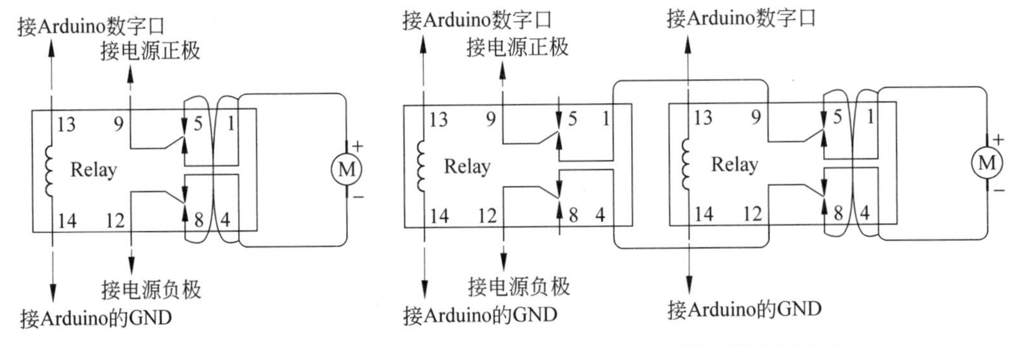

图 5-14　**继电器控制电机正、反转切换**　　图 5-15　**双继电器控制电机**

表 5-1　**双继电器控制电机状态**

左继电器所接 Arduino 数字口输出	右继电器所接 Arduino 数字口输出	电机状态
LOW	任意	停止
HIGH	LOW	反转
HIGH	HIGH	正转

5.3.2　电机控制模块制作

图 5-13～图 5-15 所示只是继电器控制电机的原理示意图，要将其应用于实际，还需要制作电路板。第 3 章介绍了用 Fritzing 软件设计、制作 PCB 的方法，这种方法制作出的电路板质量高、可靠、美观，但加工周期长且成本较高。本小节介绍一种使用万用板手工制作电路的方法，这种方法介于面包板试验电路和 PCB 印制电路间，兼顾了实用和易于制作的优点。

万用板上布满了焊盘，焊盘间距为标准 IC 间距(2.54mm)，可以根据需要插装元器件和连线，俗称“洞洞板”。常见的洞洞板主要有两种类型，一种是各焊盘独立(单孔板，图 5-16(a)所示)，一种是多个焊盘连在一起(连孔板，如图 5-16(b)所示)。使用万用板制作电路时，同样可以使用 Fritzing 设计线路布局，如图 5-17 和图 5-18 所示。

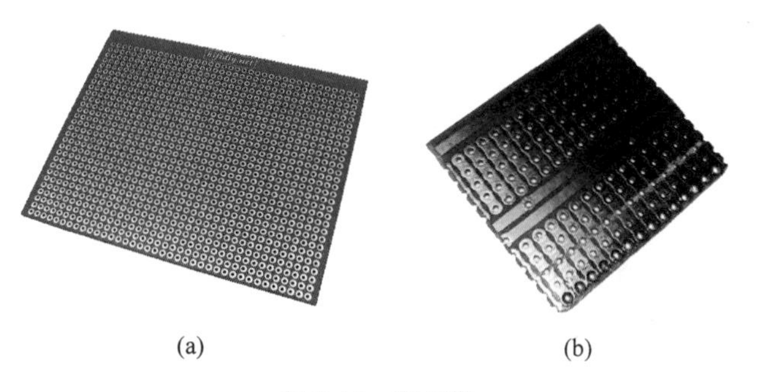

(a)　　(b)

图 5-16　**万用板**

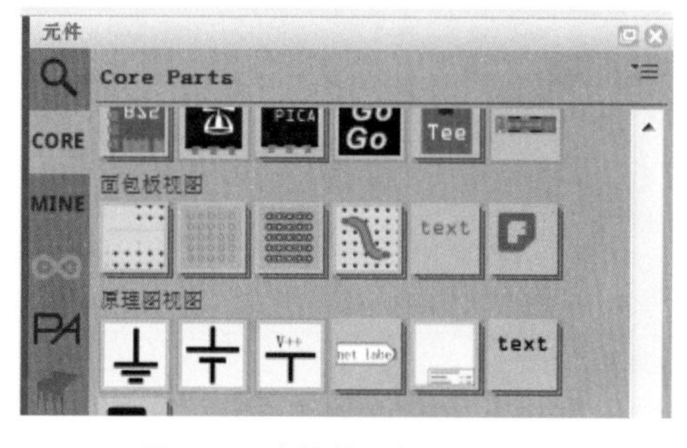

图 5-17　**在编辑区加入万用板**

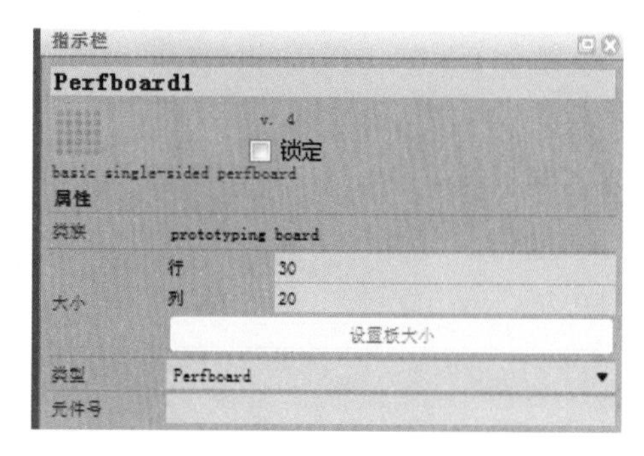

图 5-18　**设置万用板的大小和类型**

图 5-19 所示是电机控制模块的电路原理图(局部)，图 5-20 是该电路在万用板上的布局。图中没有实心圆点标记的导线交叉位置，表示导线交叉但不相接，制作时要使用带绝缘皮的导线跳线。

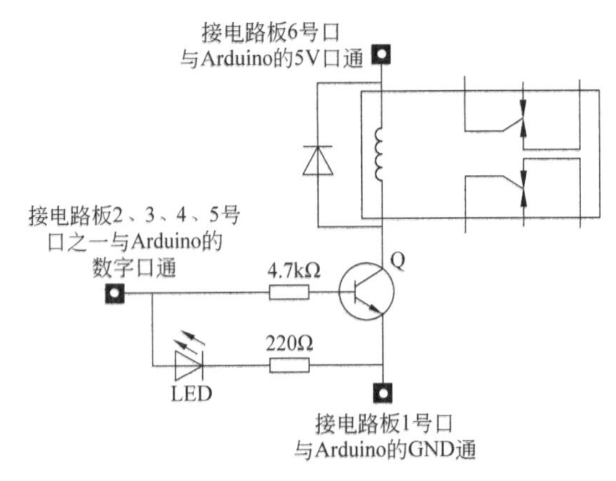

图 5-19　电机控制模块电路原理图(局部)

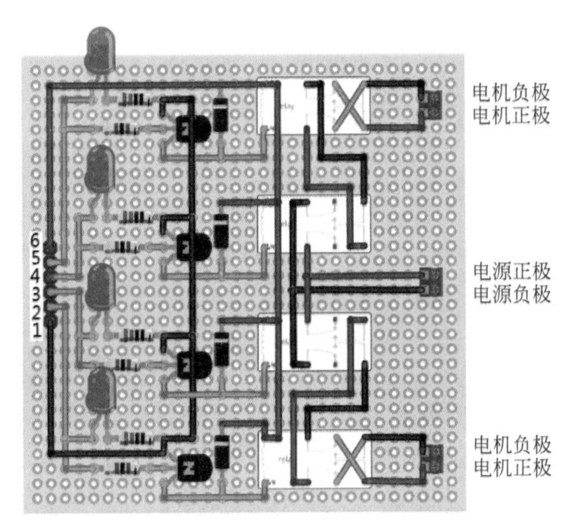

图 5-20　电机控制模块在万用板上的布局

为了显示更清楚,图 5-19 只是幅局部图,图中的 LED 用于显示该继电器是否工作,继电器连接部分未画出,请参考图 5-15。

制作该电路所需的电子元件有：三极管,型号 8050,4 个;5V 双刀双掷继电器,4 个;二极管,型号 1N4148,4 个;4.7kΩ 电阻器,4 个;220Ω 电阻器,4 个;排针或排座。标记为 1～6 的接口使用排针或排座都可以,功能如表 5-2 所示。

表 5-2　电机控制模块接口功能

接口	功能或说明
1	接 Arduino 的 GND 引脚
2	接 Arduino 的数字引脚,控制水平方向电机的转向,高电平时,电机正转
3	接 Arduino 的数字引脚,水平方向电机的使能控制,高电平时,电机工作
4	接 Arduino 的数字引脚,竖直方向电机的使能控制,高电平时,电机工作
5	接 Arduino 的数字引脚,控制竖直方向电机的转向,高电平时,电机正转
6	接 Arduino 的 5V 引脚

电机控制模块如图 5-21 所示。

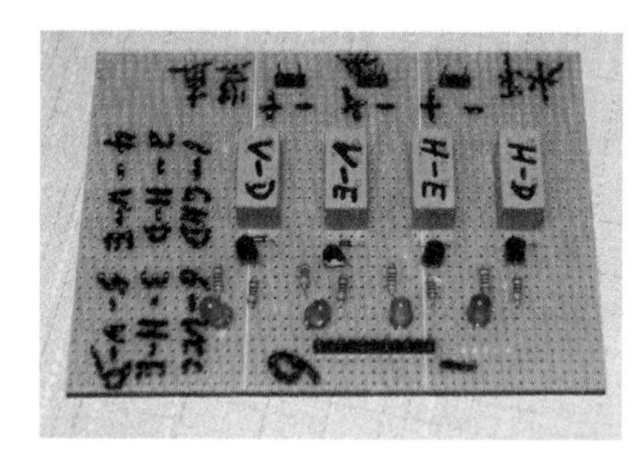
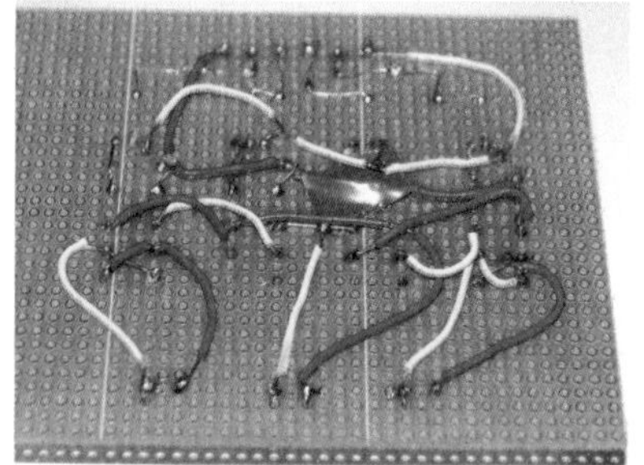

图 5-21　**电机控制模块**

按照同样的方法，制作光敏电阻暗盒与 Arduino 的接口模块，如图 5-22 所示。

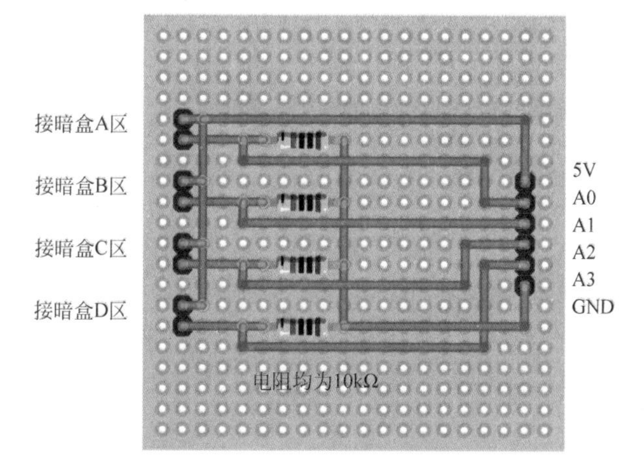

图 5-22　**暗盒接口模块布局**

5.4　追日程序

打开 Arduino IDE，新建一个名为 followSun 的 sketch，代码编写如下：

```
1     int aPin=0;
2     int bPin=1;
3     int cPin=2;
4     int dPin=3;
5     int hMotorEnable=8;
6     int hMotorDirection=9;
7     int vMotorEnable=10;
8     int vMotorDirection=11;
9     int adjustVal=150;

10    void setup()
11      {
12         pinMode(hMotorEnable,OUTPUT);
```

```
13        pinMode(hMotorDirection,OUTPUT);
14        pinMode(vMotorEnable,OUTPUT);
15        pinMode(vMotorDirection,OUTPUT);
16    }

17  void loop()
18    {
19       int a=analogRead(aPin);
20       int b=analogRead(bPin);
21       if(a-b>adjustVal)
22         {
23            hMotorForward();
24         }
25       else if(b-a>adjustVal)
26              {
27                 hMotorReverse();
28              }
29            else
30              {
31                 int c=analogRead(cPin);
32                 int d=analogRead(dPin);
33                 if(c-d>adjustVal)
34                   {
35                      hMotorForward();
36                   }
37                 else if(d-c>adjustVal)
38                        {
39                           hMotorReverse() ;
40                        }
41                      else
42                        {
43                           hMotorStop();
44                        }
45              }
46        a=analogRead(aPin);
47        int c=analogRead(cPin);
48        if(a-c>adjustVal)
49          {
50             vMotorForward();
51          }
52        else if(c-a>adjustVal)
53               {
54                  vMotorReverse();
55               }
56             else
57               {
58                  b=analogRead(bPin);
59                  int d=analogRead(dPin);
60                  if(b-d>adjustVal)
61                     {
62                       vMotorForward();
63                     }
64                  else if(d-b>adjustVal)
```

```
65                      {
66                         vMotorReverse( ) ;
67                      }
68                    else
69                      {
70                         vMotorStop( );
71                      }
72               }
73      delay(100);
74    }

75    void hMotorStop()
76     {
77       digitalWrite(hMotorEnable,LOW);
78     }

79    void hMotorForward()
80    {
81       digitalWrite(hMotorEnable,HIGH);
82       digitalWrite(hMotorDirection,HIGH);
83    }

84    void hMotorReverse()
85     {
86       digitalWrite(hMotorEnable,HIGH);
87       digitalWrite(hMotorDirection,LOW);
88     }

89    void vMotorStop()
90     {
91       digitalWrite(vMotorEnable,LOW);
92     }

93    void vMotorForward()
94     {
95       digitalWrite(vMotorEnable,HIGH);
96       digitalWrite(vMotorDirection,HIGH);
97     }

98    void vMotorReverse()
99      {
100        digitalWrite(vMotorEnable,HIGH);
101        digitalWrite(vMotorDirection,LOW);
102     }
```

在本程序中，太阳能板从 AC 向 BD 方向转动时，水平电机为正转；太阳能板从 AB 向 CD 方向转动时，竖直电机为正转。程序的流程如图 5-23 所示。

因为光敏电阻个体的差异，即使四个分区的光照情况是一样的，从各区采集到的数值也会有差别。在本程序中，一个区的数值超过其他区 150(变量 adjustVal 的值)时，才认为光斑落在该区，要根据实际调试情况确定该值的大小。

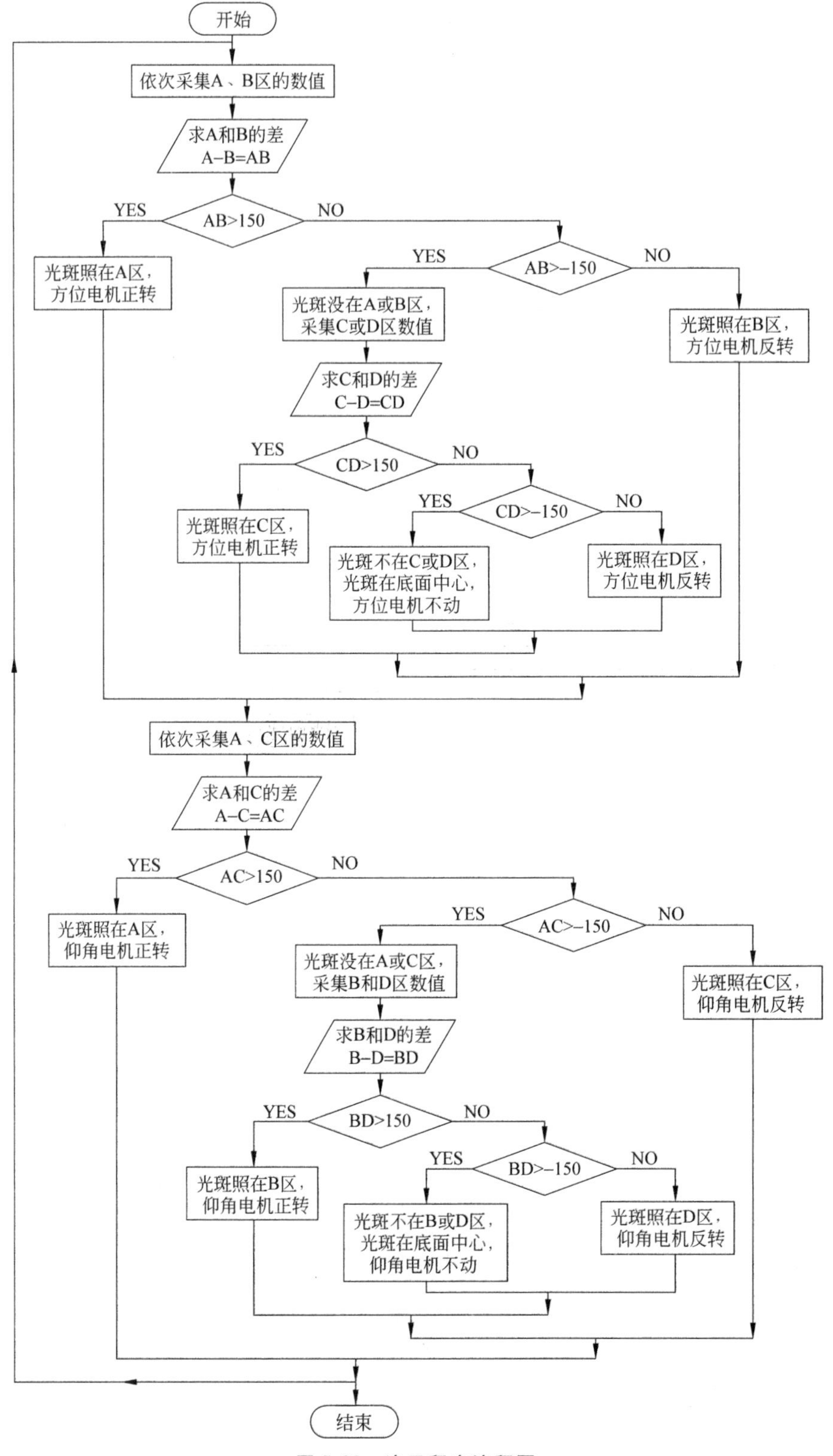

图 5-23 **追日程序流程图**

第6章　网络浇花器

很多人都喜欢养些花花草草，给家里带来生趣。相信很多人时常由于各种原因忘了给花浇水，久而久之，可能就花去盆空了。还有一种情况，如果一家人外出较长时间，给花浇水会成为一个大问题。能不能设计并制作一个自动浇水装置，为我们解除后顾之忧呢？本章就用 Arduino 来做一个自动浇花器，在此基础上逐步建立无线数据传输网络并接入互联网，使得我们在任何一个地方都可以知道花的情况并能给它浇水。

6.1　自动浇花器

要实现给花自动浇水，关键是要知道花盆中土壤的湿度。图 6-1 所示是一款土壤湿度传感器，其原理如图 6-2 所示。花盆里的土壤就相当于"土壤电阻"，土壤中水分越多，土壤电阻阻值越小，三极管 Q1 基极电流越大（请参考 4.2.3 小节），三极管发射极电流越大，电阻 R_2 两端电压越高，即传感器的输出端 1 的电压越高。使用时，将传感器的两个插脚插入花盆中，如图 6-3 所示。

图 6-1　**土壤湿度传感器**

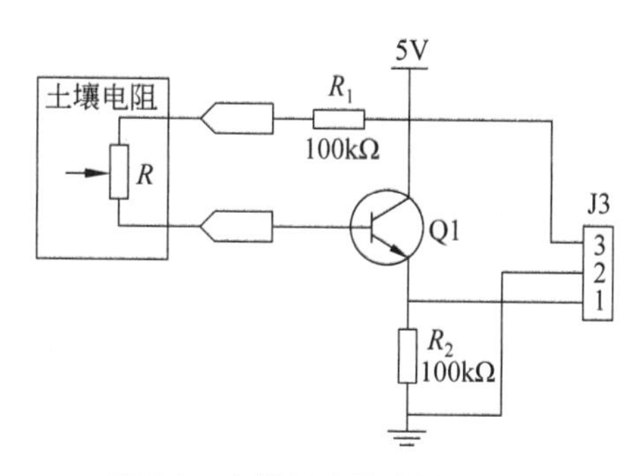

图 6-2　**土壤湿度传感器原理图**

在下面的试验中，将 Arduino 接 I/O 扩展板，土壤湿度传感器（输出模拟量）接 A0 口。

打开 Arduino IDE，新建一个名为 soilMoisture 的 sketch，代码编写如下：

图 6-3　土壤湿度传感器插在花盆中

```
1     int soilMoisturePin=0;
2       void setup()
3         {
4             Serial.begin(9600);
5         }
6       void loop()
7         {
8           Serial.print("Soil Moisture Sensor Value:");
9           Serial.println(analogRead(soilMoisturePin));
10          Serial.println("");
11          delay(1000);
12        }
```

下载并运行程序，在串口监视器中观察，在土壤干湿程度不同的情况下，传感器的输出情况如图 6-4 所示。当传感器的引脚完全暴露在空气中时，相当于两个插脚中间的土壤电阻为无穷大，传感器输出数值为 0；当两个插脚插在水中或刚浇透的土壤中时，传感器输出数值为 800 左右。一般情况下，传感器输出数值小于 300 时，土壤已较为干燥了。

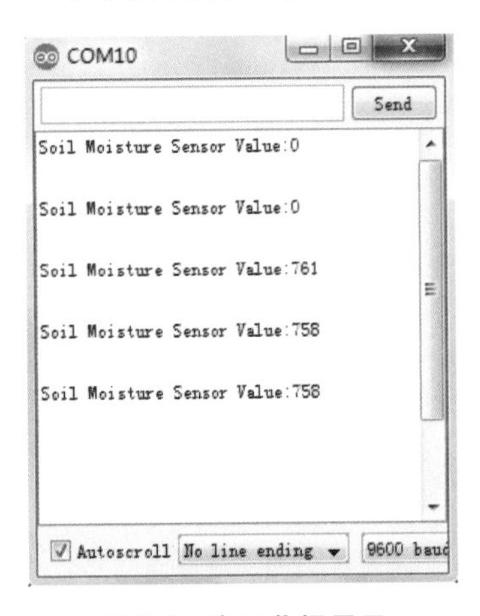

图 6-4　串口监视显示

实现给花浇水就很简单了，可以使用微型潜水泵，如图 6-5 所示，本项目中使用的水泵工作电压为 DC 6～12V，扬程和流量取决于电压。微型水泵虽小，但 Arduino 还是不能直接驱动它，需要一个继电器模块，如图 6-6 所示。其电源正极接继电器公共端(COM)，水泵负极与电源负极直接接在一起，水泵正极接继电器常开端(NO)。

自动浇花器完整结构如图 6-7 所示，各部分说明如下：

图 6-5　**微型潜水泵**

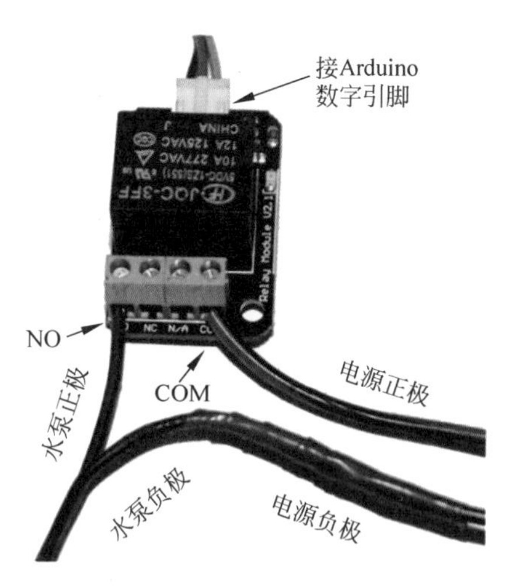

图 6-6　**继电器接法**

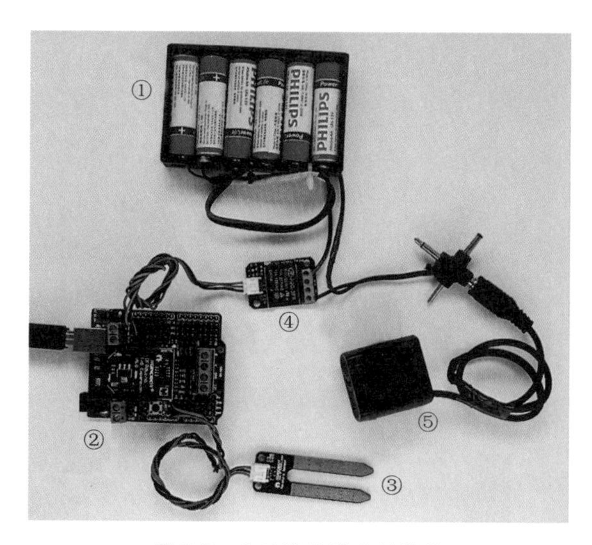

图 6-7　**自动浇花器完整结构**

① 微型水泵电源：可以使用干电池、蓄电池或电源适配器，输出电压与水泵工作电压匹配。

② Arduino 电路板：接有 I/O 扩展板。

③ 土壤湿度传感器：接模拟口 A0～A5 均可。本例中接 A0 口。

④ 继电器模块：继电器控制信号线接在 D0～D13 均可。本例中接 D12 口。

⑤ 微型潜水泵：浸入水桶中，橡胶水管一端接水泵出水口，一端放在花盆中（最好固定一下，防止意外滑出）。

打开 Arduino IDE，新建一个名为 SoilMoistureControlPump 的 sketch，代码编写如下：

```
1    int soilMoisturePin=0;
```

```
2    int pumpPin=12;
3    int soilMoisture;
4    int pumpMoisture=300;
5    int pumpTime=10000;

6    void setup()
7        {
8            pinMode(pumpPin,OUTPUT);
9            Serial.begin(9600);
10       }

11   void loop()
12       {
13          soilMoisture=analogRead(soilMoisturePin);
14          Serial.print("Soil Moisture Sensor Value:");
15          Serial.println(soilMoisture);
16          Serial.println("");
17          if(soilMoisture<pumpMoisture)
18              {
19                digitalWrite(pumpPin,HIGH);
20                delay(pumpTime);
21              }
22          else
23            {
24                digitalWrite(pumpPin,LOW);
25            }
27          delay(1000);
28     }
```

程序中,变量 pumpMoisture 决定了浇水的时机,即土壤干燥到什么程度开始浇水;变量 pumpTime 决定了一次浇多少水。这两个变量要根据所养花的喜水程度、土壤特点、水泵的流量、花盆的大小等因素具体调整。

6.2 XBee 无线网络

能不能实时地看到花盆的土壤湿度、温度等信息呢？你会说：这个我们早就会了呀，直接使用 Serial. print()不就可以在串口监视器上看到了吗。是的,不过想想把一台计算机摆在一堆花盆中间,还要经常浇水、喷水,你马上会发现这不是个好主意。使用无线网络传输数据会是个不错的选择。搭建无线网络有很多方法,下面使用 XBee 模块来实现,如图 6-8 所示。

图 6-8　XBee 模块

XBee 模块是使用 ZigBee/IEEE 802. 15. 4 标准的无线模块,可以满足低成本、低功耗无线传感网络的特殊需求。该模块易于使用,功耗极低,可提供设备间关键数据的可靠传输。

6.2.1　使用 XBee 的硬件准备

使用 XBee 时，要借助扩展板与 Arduino 连接。XBee 与 Arduino 使用串口通信，因此扩展板占用 Arduino 的串口（TX 和 RX）。在发送端，Arduino 向串口写入信息，发送端 XBee 将这些信息转化为无线信号；在接收端，接收端 XBee 接收无线信号，转化后写入串口，Arduino 从串口读取该信息。此前我们使用的 I/O 扩展板有一个 XBee 接口，市场上还有很多 XBee 扩展板可选择，如图 6-9 和图 6-10 所示。

图 6-9　XBee 扩展板（接 1 个 XBee）

图 6-10　Bees 扩展板（接 2 个 XBee）

在了解各种扩展板前，还有一件事必须了解，那就是使用 XBee 模块前要先用软件（不是 Arduino IDE）对其进行设置。

如图 6-9 所示，这种 XBee 扩展板可以接 1 个 XBee。使用时，PC 直接与 XBee 通信（需通过跳帽切换功能状态），便于用户对 XBee 模块进行模式设置和 AT 指令交互。

如图 6-10 所示，这种 Bees 扩展板可以接 2 个 XBee，主要用于需要 2 种 Bee 模块同时使用的场合。2 个 XBee 插座的串口可以任意切换。2 个 XBee 分时使用硬件串口的模式下，Arduino 的 2～13 口都可以做切换使能（使用跳帽设置）；1 个 XBee 使用硬件串口，另一个使用模拟串口的模式下，可使用任意数字口 2～13 做模拟串口（用跳帽设置）。

使用 I/O 扩展板和 Bees 扩展板时，PC 与 Xbee 不能直接通信。如图 6-11 所示，要先将 XBee 插在 XBee USB Adapter 上，XBee USB Adapter 通过 USB 线连接计算机；对 XBee 设置完成后，再将 XBee 插在 I/O 扩展板或 Bees 扩展板上使用。

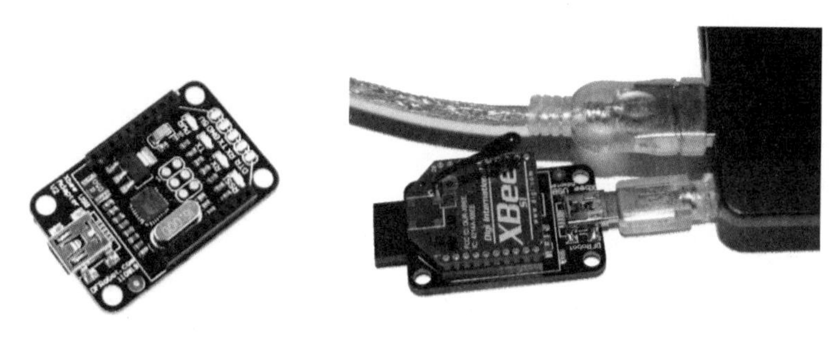

图 6-11　XBee USB Adapter 及与 PC 连接

I/O 扩展板、XBee 扩展板和 Bees 扩展板的特点如表 6-1 所示。

表 6-1　I/O 扩展板、XBee 扩展板和 Bees 扩展板的特点

名称	XBee 数	XBee 设置	XBee 通信	使用注意	特　点
I/O 扩展板	1 块	不能直接设置，需借助 XBee USB Adapter	Arduino＋I/O 扩展板＋XBee	用跳帽切换选择使用 XBee、RS-485、AP220 等模块	拓展出丰富的 I/O 口，可使用多种无线通信模块
XBee 扩展板	1 块	可以直接对 XBee 设置	Arduino＋XBee 扩展板＋XBee	用跳帽切换 XBee 设置或无线通信状态	遮挡了 Arduino 自身的 I/O 口
Bees 扩展板	2 块	不能直接设置，需借助 XBee USB Adapter	Arduino＋Bees 扩展板＋XBee	用跳帽切换 XBee 座、硬件串口和软件串口等选择	保留（引出）了 Arduino 自身的 I/O 口

6.2.2　XBee 的配置

使用 XBee 前要先使用软件 X-CTU 对 XBee 进行配置。网上有很多 X-CTU 软件的下载地址，请查找并下载。

打开 X-CTU 软件，界面如图 6-12 所示，在其上部有四个选项卡：PC Settings——用户选择通信端口(COM)，并设置端口的波特率；Range Test——用户对两个 XBee 之间的无线通信范围进行测试；Terminal——使用终端仿真程序访问计算机的 COM 端口；Modem Configuration——设置 XBee 的固件。

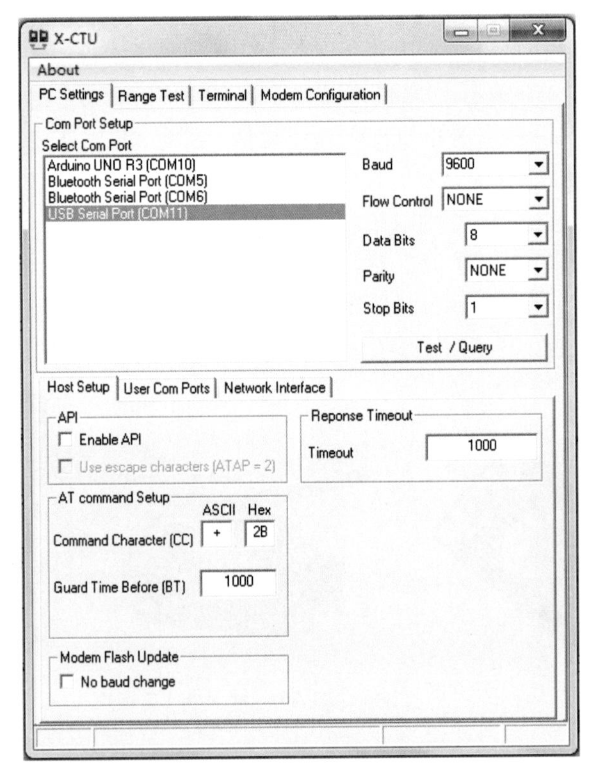

图 6-12　X-CTU 界面

1. PC Settings 选项卡

打开软件时，默认显示的是 PC Settings 标签，其主要功能是用户选择通信端口（COM 口），并设置端口的波特率。

当使用 XBee 扩展板时，选择对应 Arduino 的 COM 口；使用 XBee USB Adapter 时，选择与其对应的 COM 口（到“设备管理器”查找）。XBee 默认设置为：Baud——9600，Flow Control——NONE，Data Bits——8，Parity——NONE，Stop Bits——1。这些设置一般不需要修改。设置完成后，单击 Test/Query 按钮，测试能否正确连接上 XBee。

如果 PC 无法与 XBee 建立通信，会弹出如图 6-13 和图 6-14 所示的对话框。此时，请按图 6-13 所示对话框的提示进行操作。通常需要重新插拔 XBee 模块或是 USB 连接线，重新选择 COM 口。

成功连接时的显示如图 6-15 所示。Modem type＝xb24 代表 XBee 2.4GHz 频段用的模块；Modem firmware version＝10EC 表示这个 XBee 的固件版本为 10EC；Serial Number＝13A200408204C7 描述的是 XBee 的序列号。

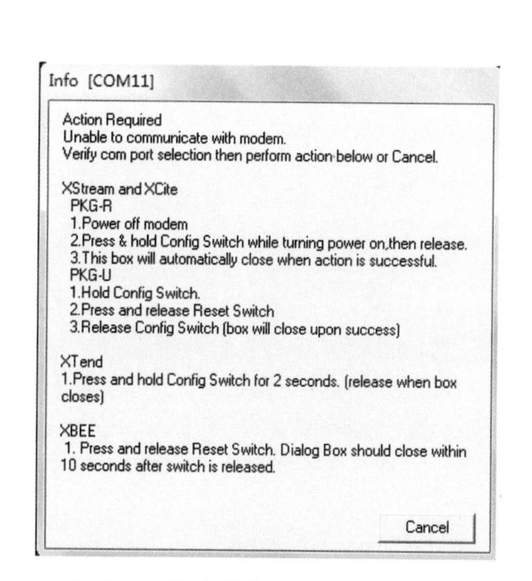

图 6-13　无法连接 XBee 时提示操作

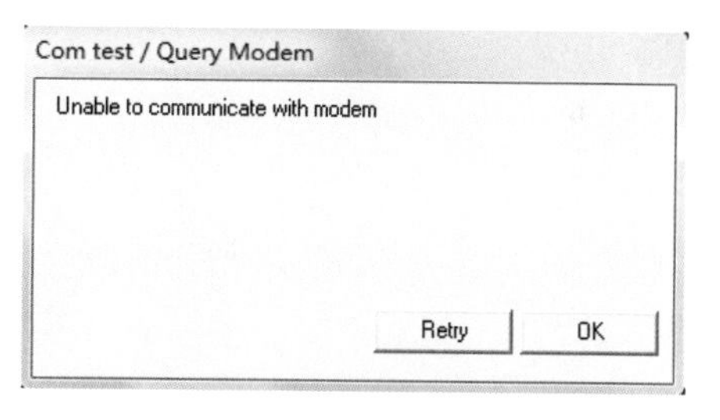

图 6-14　无法连接 XBee

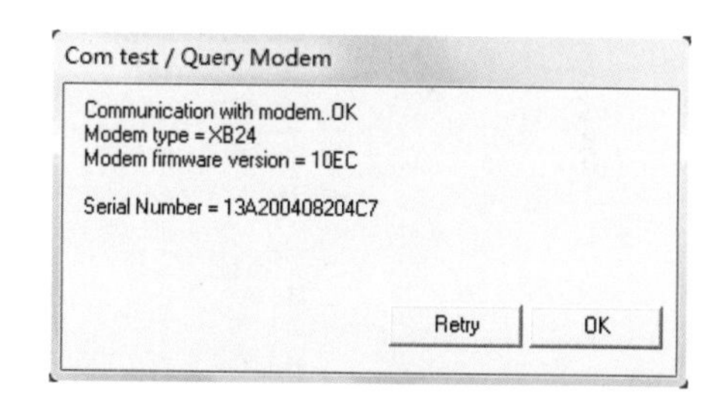

图 6-15　连接成功

2. Modem Configuration

XBee 与 PC 成功连接后，切换到 Modem Configuration 选项卡，如图 6-16 所示。找到选项卡中 Read、Write 和 Restore 三个按钮，其功能分别为：Read——读取 XBee 上目前所设定的参数；Write——写入目前设定好的参数；Restore——恢复原厂设定。

单击按钮 Read 后，读取出的固件设置信息以三种颜色显示，如图 6-17 所示，不同颜色的含义为：黑色——该参数为只读，不能设置；绿色——该参数为默认值，一般不需要设置；蓝色——该参数由用户自己设定过，与默认值不同。

XBee 的参数有很多，对于点对点通信等简单应用，只需要了解下面几个重要参数。

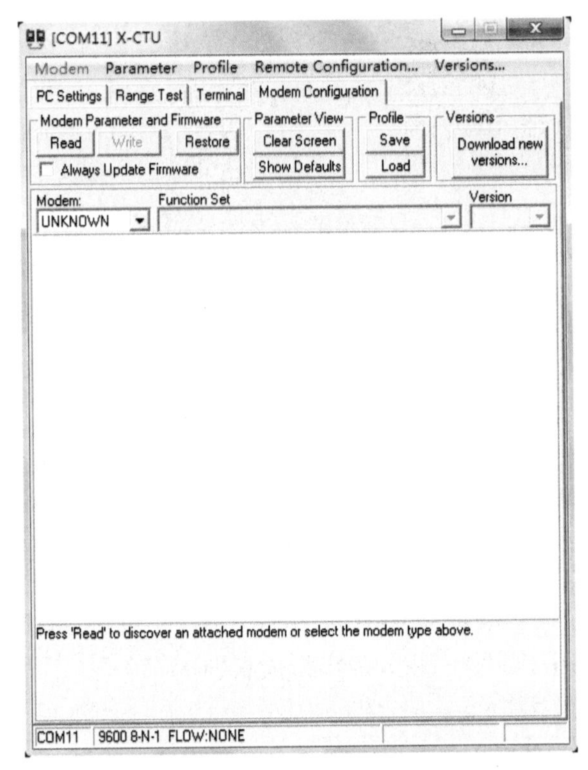

图 6-16　Modem Configuration 选项卡

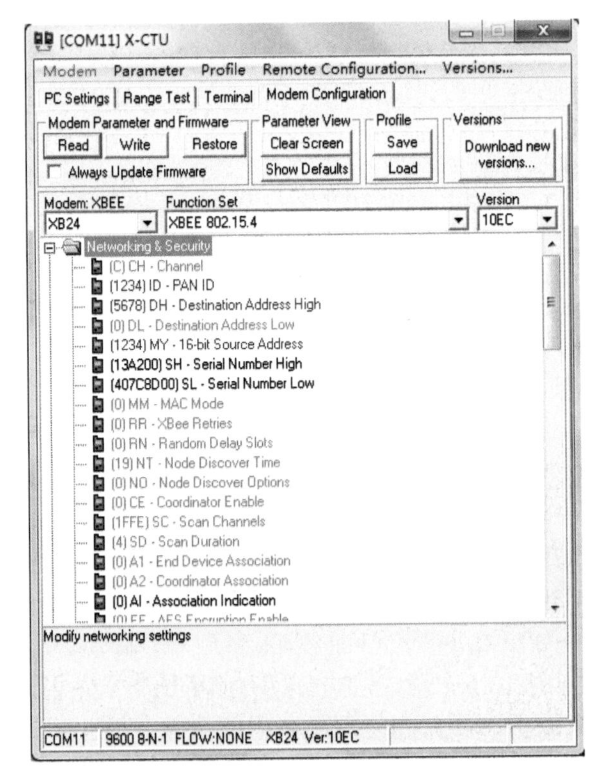

图 6-17　设置 XBee

(1) CH：要将不同的 XBee 模块接入同一网络进行通信，应将 Channel 这个参数设置为相同。这有点像我们经常看的警匪片，警察出任务前会约定一个无线电频道，如果匪徒的无线电也设置为这个频道，就能听到警察之间的对话。

该参数的范围是 0X0B～0X1A，共 16 个频道。用鼠标单击某个参数，在 X-CTU 界面的下部会显示该参数的提示信息。图 6-18 所示就是参数 CH 的提示信息。

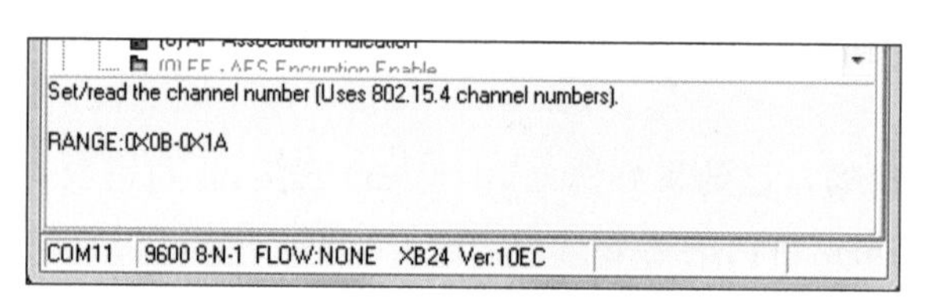

图 6-18　提示信息

(2) ID：PAN ID (Personal Area Network ID) 即个人区域网络的 ID 编号。即使在同一频道中，只有相同 PAN ID 编号的 XBee 模块才能相互通信。ID 实现了分群的功能，该参数的最小值是 0，最大值是 0xFFFF。

(3) DH 和 DL：即 Destination Address High(目标地址的高字节)和 Destination Address Low(目标地址的低字节)。所谓目标地址，就是要与之通信的那个 XBee 的地址，这是 IEEE 802.15.4 所提供的定址能力。DH＋DL 最高可以提供 32 位定址能力。DH 和 DL 的最小值是 0，最大值是 0xFFFFFFFF。

DH 和 DL 这两个参数决定了在同一 CH 和 ID 内，哪些 XBee 模块能够接收到该 XBee 模块发送的数据。具体有以下几种情况：

① 如果一个 XBee 模块(发送模块)的 DH 是 0，且 DL 小于 0xFFFF(注意，0x 是十六进制数的标记)，只要另一个 XBee 模块(接收模块)的参数 MY 等于发送模块的参数 DL，则发送模块发送的数据会被接收模块接收到。

② 如果一个 XBee 模块(发送模块)的 DH 是 0，且 DL 等于 0xFFFF，则该模块发送的数据会被其他所有的 XBee 模块接收到。

③ 如果一个 XBee 模块(发送模块)的 DH 非 0，或者 DL 大于 0xFFFF，则该模块发送的数据只会被这样的 XBee 模块接收到：接收模块的序列号等于发送模块的目标地址，即 SH 等于发送模块的 DH，SL 等于发送模块的 DL。

需要强调的是，只有具有相同的 CH 和 ID 参数的 XBee 模块间才满足上面的地址匹配关系。如果 CH 和 ID 参数不同，模块间根本就不能通信。

④ MY：16 位的来源地址。这个参数就是 XBee 模块自己的序列号，范围是 0～0xFFFF。

⑤ SH 和 SL：SH 即 Serial Numeber High，SL 即 Serial Numeber LOW，SH＋SL 就是 XBee 唯一的身份编号 MY。这个编号会贴在 XBee 模块的背面，如图 6-19 所示。注意，标签上的数字与使用 PC Settings 选项卡中 Test/Query 按钮获得的信息(如图 6-15 所示)是一致的。

图 6-19　XBee 模块的标签

6.2.3 Arduino 通过 XBee 与计算机无线通信

第一步：按图 6-11 所示将 XBee(Adapter+XBee+USB)与计算机连接。

第二步：按照 6.2.2 小节"XBee 的配置"，将第一块 XBee 模块的参数设置为：

(1) CH=C(根据自己喜好选择，在 0x0B~0x1A 间，且两块 XBee 设置相同即可)；

(2) ID=111(根据自己的喜好选择，在 0~0xFFFF 间，且两块 XBee 的设置相同即可)；

(3) DL=1234(根据自己的喜好选择，小于 0xFFFF，且与第二块的 MY 相同即可)；

(4) MY=5678(根据自己的喜好选择，小于 0xFFFF，且与第二块的 DL 相同即可)。

注意：设置完参数后，一定单击"Write"按钮，将参数写入 XBee。

第三步：将第一块 XBee 从 XBee USB Adapter 上移除，插上第二块 XBee，将其参数设置为：

(1) CH=C(与第一块设置相同)；

(2) ID=111(与第一块设置相同)；

(3) DL=5678(与第一块的 MY 相同)；

(4) MY=1234(第一块的 DL 相同)。

第四步：在 Arduino 中写入程序。

打开 Arduino IDE，新建一个名为 XBeePowerLedAndRespons 的 sketch，代码编写如下：

```
1     int ledPin=13;
2     int val;
3     void setup()
4       {
5          pinMode(ledPin, OUTPUT);
6          Serial.begin(9600);
7       }
8     void loop()
9       {
10        val=Serial.read();
11        if (-1 !=val)
12          {
13            if(val=='A')
14              {
15                digitalWrite(ledPin, HIGH);
16                Serial.println("LED is ON !");
17                delay(2000);
18                digitalWrite(ledPin, LOW);
19                Serial.println("LED is OFF !");
20                delay(2000);
21              }
22          }
23      }
```

这段代码的功能是：Arduino 读取串口上的数据(本例中由 PC 发送)，如果串口传入的是字符 A，则点亮 LED 的同时向串口发送字符串“LED is ON !”，延迟 2s 后熄灭 LED，同时向串口发送字符串“LED is OFF !”。

将程序下载至 Arduino。下载程序时，一定要将扩展板从 Arduino 上取下来，因为扩展板占用了 TX 口和 RX 口。先用 Arduino IDE 的串口监视器测试程序。在图 6-20 中标记为①位置输入 A，然后单击 Send 按钮，Arduino 向串口监视器返回的信息如图中所示。

将下载有程序的 Arduino＋扩展板＋XBee(配置好的任何一块)组合在一起，作为无线通信的一端；无线通信的另一端是 USB＋XBee USB Adapter＋XBee(配置好的另一块)，连接到 PC。

第五步：打开 X-CTU 软件的 Terminal 选项卡，如图 6-21 所示。在输入区中输入 A，Arduino 的 LED 点亮 2s 后熄灭，同时观察 Terminal 选项卡，如图 6-22 所示。

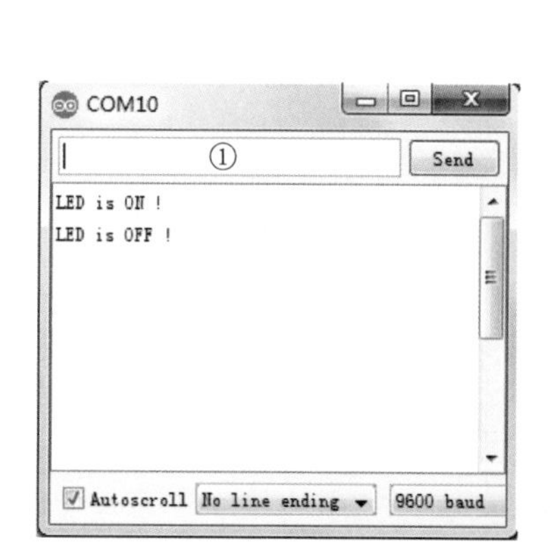

图 6-20　串口监视器发送和接收数据

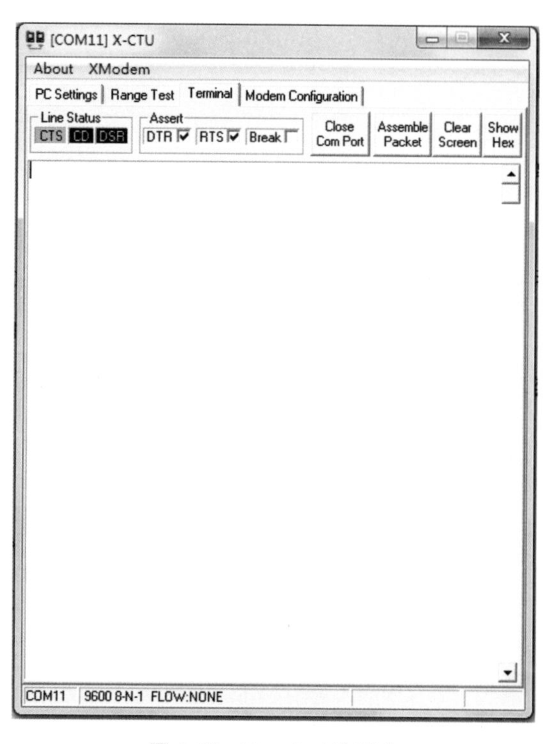

图 6-21　Terminal 选项卡

图 6-22 中，蓝色字体 A 是我们输入的内容，红色字体“LED is ON !”和“LED is OFF!”是每一次输入 A 后 Arduino 发出并被接收到的。这说明 Arduino 与计算机之间通过 XBee 建立了有效的无线通信。图中，蓝色字体 1 和 B 也是我们分两次输入的内容，根据程序，Arduino 对此不作任何反应，因此没有任何数据传回来。

使用 XBee 建立无线通信时，通信的两端有三种形式，如图 6-23 所示。

如果有两套 XBee USB Adapter＋XBee，用前面的方法设置完成后，就可以插在两台计算机上无线聊天了。

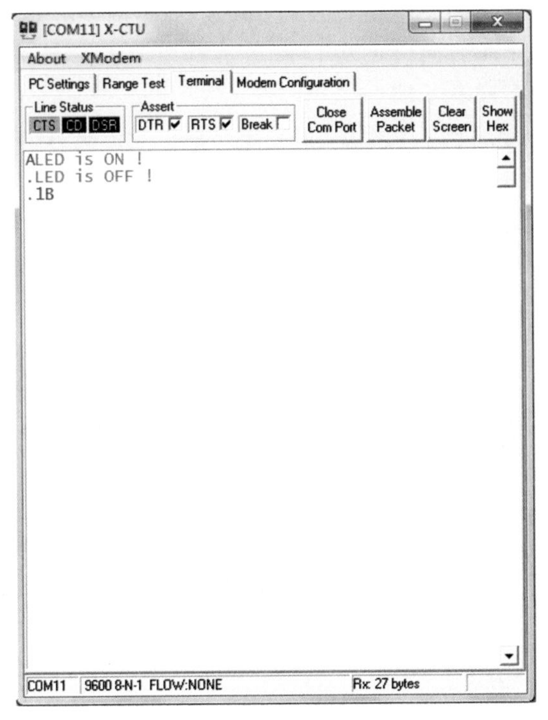

图 6-22 XBee 与 PC 无线通信

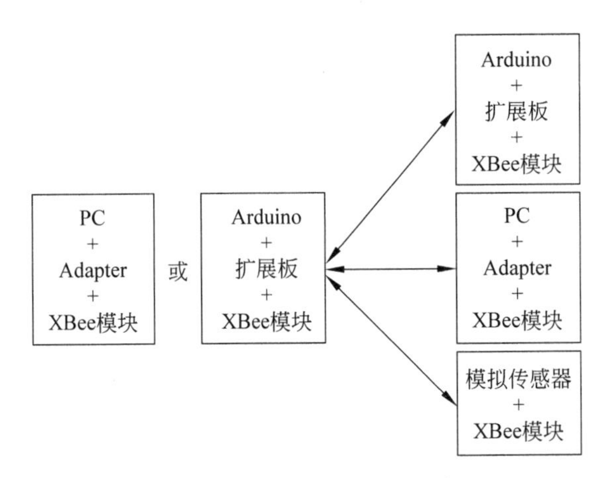

图 6-23 XBee 无线通信形式

6.2.4 自动浇花器与计算机无线通信

在图 6-7 所示自动浇花器的 I/O 扩展板上插上设置好的 XBee 模块，如图 6-24 所示。注意，要将跳帽设置在正确的位置，以正确选择 XBee 模块。如图 6-25 所示，在 I/O 扩展板上靠近数字口的地方有三组 3P 排针，跳帽如图(a)所示时，选择使用 RS-485；跳帽如图(b)所示时，选择使用 XBee、APC220、蓝牙 V3 和蓝牙 Bee。

图 6-24　**使用 I/O 扩展板连接 XBee 模块**

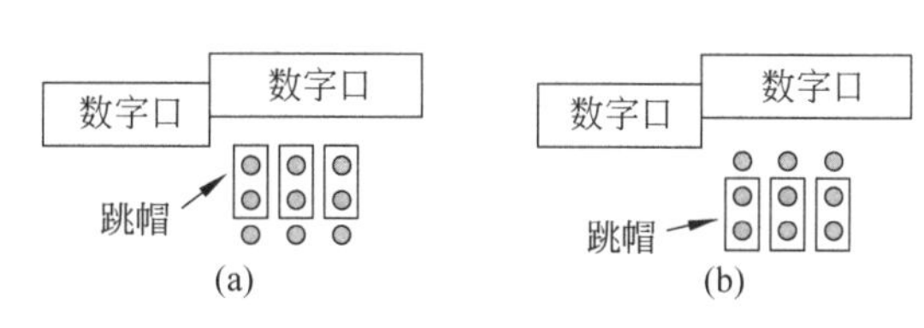

图 6-25　**I/O 扩展板跳帽位置**

打开 Arduino IDE，新建一个名为 SoilMoistureControlPumpXBee 的 sketch，代码编写如下：

```
1    int soilMoisturePin=0;
2    int pumpPin=12;
3    int soilMoisture;
4    int pumpMoisture=300;
5    int pumpTime=10000;

6    void setup()
7        {
8          pinMode(pumpPin,OUTPUT);
9          Serial.begin(9600);
10       }

11   void loop()
12       {
13         soilMoisture=analogRead(soilMoisturePin);
14         Serial.print("Soil Moisture Sensor Value:");
15         Serial.println(soilMoisture);
16         if(soilMoisture<pumpMoisture)
17            {
18              digitalWrite(pumpPin,HIGH);
19              Serial.println("The flowers need water!");
20              delay(pumpTime);
21              Serial.println("Have watered the fowers !");
22              Serial.println("");
23            }
24          else
25            {
26              digitalWrite(pumpPin,LOW);
27              Serial.println("The flowers don't need water!");
28              Serial.println("");
29            }
30         delay(1000);
```

```
31          int val=Serial.read();
32          if (val=='A')
33            {
34              digitalWrite(pumpPin,HIGH);
35              delay(pumpTime);
36              Serial.println("Have watered the fowers by your request !");
37            }
38      }
```

当 Arduino 通过 XBee 与计算机建立无线通信后，土壤湿度会显示在 X-CTU 的"Terminal"选项卡中。这个浇花程序有两个模式，一种是自动模式，一种是计算机发送命令模式。在自动模式下，如果土壤湿度低于设定值，则启动水泵；在计算机发送命令模式下，不论土壤湿度如何，只要在 X-CTU 的 Terminal 选项卡中输入"A"(蓝色字体)，浇花器就会启动水泵浇水，如图 6-26 所示。

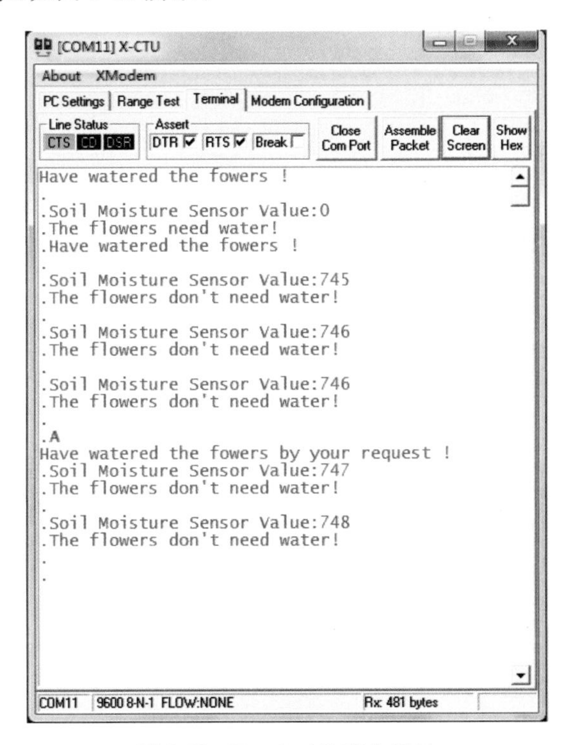

图 6-26 Terminal 选项卡显示

6.2.5 两块 Arduino 通过 XBee 通信

使用 XBee 可以方便地组建无线通信网络。如果发送端和接收端都是 Arduino＋扩展板＋XBee，两块 Arduino 之间就可以进行无线通信，XBee 模块的设置方法与 6.2.2 小节介绍的相同。

本小节使用两套"Arduino＋扩展板＋XBee"作为通信的 A 端和 B 端。当 A 端检测到水分较少时向 B 端发送信息；B 端收到信息后点亮 LED，等待一定时间后，B 向 A 发送

信息;A 接收到信息后开始浇水。这套装置没有更大的实际意义,主要是为了说明如何实现两块 Arduino 间进行 XBee 通信。

A 端硬件连接与 6.2.4 小节所述相同。打开 Arduino IDE,新建一个名为 XBeeA 的 sketch,代码编写如下:

```
1    int soilMoisturePin=0;
2    int pumpPin=12;
3    int soilMoisture;
4    int pumpMoisture=300;
5    int pumpTime=10000;
6    void setup()
7      {
8        pinMode(pumpPin,OUTPUT);
9        Serial.begin(9600);
10     }
11   void loop()
12     {
13       soilMoisture=analogRead(soilMoisturePin);
14       if(soilMoisture<pumpMoisture)
15         {
16           Serial.print('A');
17           delay(1000);
18         }
19       int val=Serial.read();
20       if (val!=-1)
21         {
22           if (val=='B')
23             {
24                digitalWrite(pumpPin,HIGH);
25                delay(pumpTime);
26                digitalWrite(pumpPin,LOW);
27             }
28         }
29   }
```

B 端硬件组成为"Arduino＋扩展板＋XBee"。打开 Arduino IDE,新建一个名为 XBeeB 的 sketch,代码编写如下:

```
1    int ledPin=13;
2    void setup()
3      {
4        pinMode(ledPin,OUTPUT);
5        Serial.begin(9600);
6      }
7    void loop()
8      {
9        int val=Serial.read();
10       if (val!=-1)
11          {
```

```
12          if (val=='A')
13            {
14              digitalWrite(ledPin,HIGH);
15              delay(1000);
16              Serial.print('B');
17              digitalWrite(ledPin,LOW);
18            }
19        }
20    }
```

6.3 将自动浇花器接入互联网

使用 XBee 无线网络虽然能实现数据的无线传输，但传输距离相对有限。有没有想过不论我们身在何处，如果能实时地"看"到家里花盆的情况，并能远程对其进行管理（比如浇水）？Arduino 配合相应的网络扩展板，就能帮助你享受不一样的感觉。

6.3.1 Ethernet 扩展板和 Ethernet 库

Ethernet W5100 扩展板如图 6-27 所示，它是一块内置 WizNet W5100 TCP/IP 微处理器的扩展板，能使 Arduino 控制器连接到因特网。扩展板通过长针脚排母（wire-wrap header）与 Arduino 堆叠连接，Arduino 没有被占用的引脚还可以连接其他设备。使用 Arduino IDE 中的 Ethernet 库程序可以轻松地使用这款扩展板连接到网络中，既可以将 Arduino 作为客户端使用，也可以作为服务器使用。最多支持 4 路双向连接（incoming or outgoing or a combination）。此款 Ethernet 扩展板增加了 micro-SD 卡的插槽，用于大容量的网络存储。Arduino 与 Ethernet 扩展板通信时使用 SPI（Serial Peripheral Interface，串行外围设备接口），是一种同步串行通信协议，用于微控制器与一个或多个外围设备进行快速短距离通信，也可以用于两个控制器之间的通信。

图 6-27 Ethernet W5100 扩展板

SPI 连接时，一定要有一个主器件用于控制外围器件。所有外围器件公用三根线：MISO（主入从出，用于从器件向主器件发送数据）、MOSI（主出从入，用于主器件向从器件发送数据）和 SCK（串行时钟，主器件产生的时钟脉冲），每个器件还有一根专线 SS（Slave Select，主器件通过这根线启用或停止指定设备）。当一个器件的从选择引脚为低电平时，它可以与主器件通信；引脚为高电平时，它忽略主器件。这就允许我们使用多个 SPI 器件共享相同的 MISO、MOSI 和 SCK 线。

Arduino 与 Ethernet 扩展板相连时占用了数字引脚 13、12 和 11，如图 6-28 所示。引脚 10 和 4 是从属选择，因为 W5100 和 SD 卡公用 SPI 口，而在同一时间只有一个能激活。

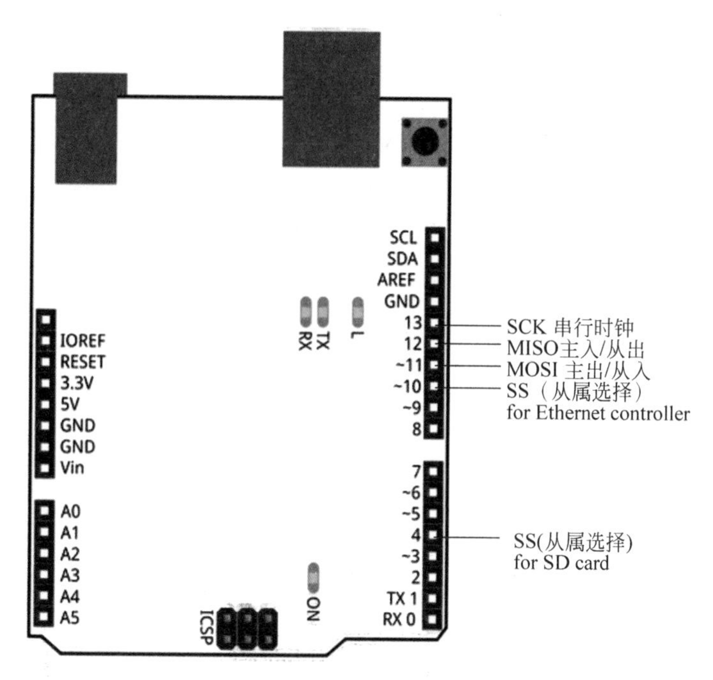

图 6-28　Ethernet 扩展板占用 Arduino 引脚示意图

如果要使用 W5100，把引脚 10 和 4 分别设置为低电平输出和高电平输出即可。

就像计算机在接入网络时要进行网络设置一样，Arduino 通过 Ethernet 扩展板接入网络时也要进行设置。这部分内容对很多人来说是相对陌生的，为此我们简单地介绍 Arduino 主页上的 Ethernet 函数库。Ethernet 函数库有 EthernetClass、IP AddressClass、ServerClass、ClientClass 和 EthernetUDPClass 五类。

1. EthernetClass 类成员函数

1）函数 Ethernet. begin()

该函数的功能是初始化 Ethernet 库和网络设置，其函数结构有以下五种形式：

```
Ethernet.begin(mac);
Ethernet.begin(mac, ip);
Ethernet.begin(mac, ip, dns);
Ethernet.begin(mac, ip, dns, gateway);
Ethernet.begin(mac, ip, dns, gateway, subnet)。
```

（1）参数 mac：设备的 MAC 地址（Media Access Control，介质访问控制），是 6 字节数组。MAC 地址是 Ethernet 拓展板的唯一标识，每一个网络设备（比如计算机）必须有一个唯一的 MAC 地址。

以 Windows 7 系统为例，单击“开始”菜单，在“搜索程序和文件”输入框输入 cmd，按回车键进入 dos 命令符窗口，输入 ipconfig/all 并按回车键，就会看到一连串返回信息。在返回信息中，找到“本地连接”中的物理地址（Physical Address），即本机的 MAC 地址，如图 6-29 所示。

```
以太网适配器 本地连接:

   连接特定的 DNS 后缀 . . . . . . . :
   描述. . . . . . . . . . . . . . . : Intel(R) 82579U Gigabit Network Connectio
n
   物理地址. . . . . . . . . . . . . : E8-9A-8F-6D-8B-58
   DHCP 已启用 . . . . . . . . . . . : 否
   自动配置已启用. . . . . . . . . . : 是
   本地链接 IPv6 地址. . . . . . . . : fe80::919c:7b1d:ccf5:6cd1%11(首选)
   IPv4 地址 . . . . . . . . . . . . : 192.168.1.22(首选)
   子网掩码  . . . . . . . . . . . . : 255.255.255.0
   默认网关. . . . . . . . . . . . . : 192.168.1.1
   DHCPv6 IAID . . . . . . . . . . . : 250124943
   DHCPv6 客户端 DUID  . . . . . . . : 00-01-00-01-15-B1-3F-D5-E8-9A-8F-6D-8B-58

   DNS 服务器  . . . . . . . . . . . : 202.106.46.151
                                       202.106.195.68
   TCPIP 上的 NetBIOS  . . . . . . . : 已启用
```

图 6-29 计算机"本地连接"信息

新出的 Ethernet 扩展板都在板子上贴有 MAC 地址。如果只使用一块 Ethernet 扩展板,可以直接使用 mac[]={ 0xDE, 0xAD, 0xBE, 0xEF, 0xFE, 0xED }。

(2) 参数 ip：设备的 IP 地址,4 字节数组。IP 地址每个字节的数值范围取决于所使用的网络是如何配置的。比如,作者家里使用的路由器 TP-LINK R860,其网关为 192.168.1.1,前 3 个字节相同、第 4 个字节为 2～255 的 IP 都是作者家可用的 IP 地址。

(3) 参数 dns：DNS(Domain Name System,域名系统)服务器地址。DNS 是因特网的一项核心服务,它作为可以将域名和 IP 地址相互映射的一个分布式数据库,能够使人们更方便地访问互联网,而不用去记住能够被机器直接读取的 IP 数串。以百度网为例,我们在浏览器地址栏输入的是"www.baidu.com(域名)",但是 DNS 会把域名变为 IP 地址"61.135.169.105"进行访问。如果愿意,在浏览器地址栏输入 61.135.169.105,同样可以访问到百度网站。

(4) 参数 gateway：网关的 IP 地址,4 字节数组,可选参数。如果已知设备 IP 地址,将最后一个字节设置为 1,就是网关的 IP 地址。

(5) 参数 subnet：子网掩码,4 字节数组,可选参数,默认的是 255.255.255.0。

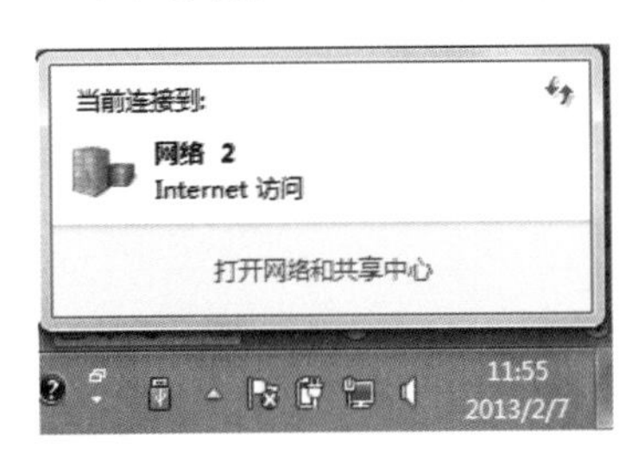

图 6-30 Internet 访问图标

仍然以计算机为例(Windows 7 系统),在屏幕右下角单击电脑形状的图标,如图 6-30 所示,然后按以下步骤操作：打开"网络和共享中心\本地连接\属性\Internet 协议版本 4(TCP/IPv4)属性",看到如图 6-31 所示的界面。

Arduino 从 1.0 版开始支持 DHCP(Dynamic Host Configuration Protocol,动态主机设置协议)。DHCP 是一个局域网网络协议,主要有两个用途：给内部网络或网络服务供应商自动分配 IP 地址,给用户或者内部网络管理员作为对所有计算机进行中央管理的手段。使用函数 Ethernet.begin(mac),只要网络设置正确,Ethernet 拓展板会自动获得 IP 地址,这将明显地降低程序的大小。函数的 DHCP 版本 Ethernet.begin(mac)可以返回数值。如果 DHCP 连接成功,函数返回整数 1;如果连接失败,返回整数 0。其他的版本不返回任何数值。

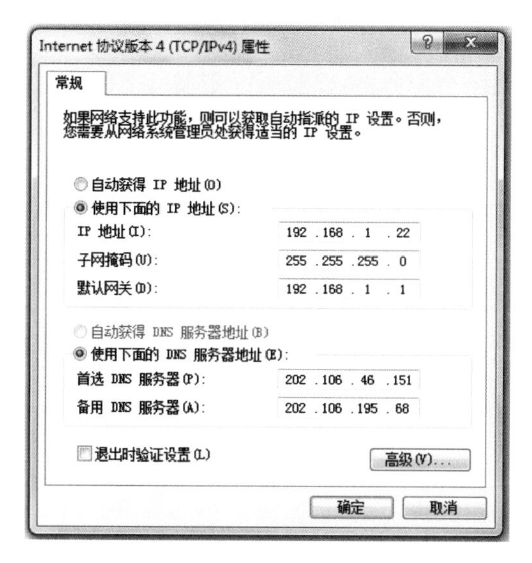

图 6-31　Internet 协议属性

2）函数 Ethernet.localIP()

该函数的功能是返回 Ethernet 扩展板的 IP 地址，没有参数。这个功能在使用 DHCP 自动分配地址时非常有用。

3）函数 Ethernet.maintain()

该函数的功能是 DHCP 租赁续约。当通过 DHCP 分配 IP 地址时，会给网络设备一个租约，以便使用 IP 地址一段时间。使用 Ethernet.maintain()，可以向 DHCP 服务器请求续约。用户可能得到相同的地址，也可能得到一个新地址或者什么也没有，这取决于服务器的配置。这个函数在 Arduino 1.0.1 及以后版本能使用。

若函数没有参数，返回值含义如下：

(1) 0：什么也没发生；

(2) 1：申请新的地址失败；

(3) 2：申请新的地址成功；

(4) 3：续约已分配的地址失败；

(5) 4：续约已分配的地址成功。

2. IPAddressClass 类

函数 IPAddress ()的功能是定义一个 IP 地址，可以是本地地址，也可以是远程地址。函数的形式为 IPaddress(address)，函数无返回值。

参数 address 是 4 字节数组，用逗号分开的列表代表 IP 地址。比如，192,168,1,1 代表 IP 地址 192.168.1.1。

3. ServerClass 类成员函数

1）函数 Server()

该函数的功能是创建一个服务器，以监听指定端口上传入的连接，无返回。函数的形式为 Server(port)。其中，参数 port 是整型，指定要监听的端口。

2）函数 EthernetServer()

该函数的功能是创建一个服务器，以监听指定端口上传入的连接，无返回。函数的形式为 EthernetServer (port)。其中，参数 port 是整型，指定要监听的端口。

3）函数 begin()

该函数的功能是告诉服务器开始监听进入的连接。函数形式为 server. begin()，无参数，无返回。

4）函数 avaliable()

该函数的功能是返回一个连接到服务器的可用（可以从其读取数据）客户端对象。函数的形式为 server. Avaliable()，没有参数，函数返回的是客户端对象。如果要关掉这个客户端，使用函数 client. stop()。

5）函数 write()

该函数的功能是向所有连接到服务器的客户端写入数据，形式为 server. write (data)，无返回。其中，参数 data 表示要写入的数值，是字符型或字节型。

6）函数 print()

该函数的功能是向所有连接到服务器的客户端打印数据，以数字序列的形式发送数值，每次一个 ASCII 字符。例如，数值 123 是以 1、2、3 这三个字符发送的。函数有 server. print(data)和 server. print(data, BASE) 两种形式。

（1）参数 data：要发送的数据，可以是字符型、字节型、整型、长整型或者字符串型。

（2）参数 BASE：表现现实数据的形式，BIN(binary)为二进制，OCT(octal)为八进制，DEC(decimal)为十进制，HEX(hexadecimal)为十六进制。

函数能返回写入数据的数量（以字节为单位统计），尽管读取这个数值是可选的。

7）函数 println()

与函数 print()类似，ln 表示打印本行后再打印换行符，即后面另起一行。函数有 server. println()、server. println(data)和 server. println(data, BASE) 三种形式。

4. ClientClass 类成员函数

1）函数 Client()

该函数的功能是创建一个客户端，以连接一个指定的因特网 IP 地址和端口。函数形式为 Client(ip, port)。

（1）参数 ip：4 字节数组，指定客户端要接入的 IP 地址。

（2）参数 Port：整型，指定客户端要接入的端口。

2）函数 EthernetClient()

该函数的功能是创建一个客户端，以连接一个指定的因特网 IP 地址和端口（在函数 client. connect()中定义）。函数的形式为 EthernetClient()，没有参数。

3）函数 if(EthernetClient)

该函数的功能是标示指定的因特网客户端是否准备好。函数形式为 if(client)，没有参数。函数返回布尔型数值。如果指定的客户端可用，则返回 true。

4）函数 connected()

该函数的功能是检测客户端是否已连接。如果已经关闭了一个客户端的连接，但仍有未读取的数值，这个客户端仍然被认为是连接上的。函数形式为 client. connected()，无参数。如果客户端已连接，则返回 true，连接失败，返回 false。

5）函数 connect()

该函数的功能是连接到指定的 IP 地址和端口。它支持域名解析，即可以使用域名。函数的形式有三种：client. connect()、client. connect(ip，port)和 client. connect(URL，port)。

(1) 参数 IP：4 字节数组，指定客户端要接入的 IP 地址。

(2) 参数 URL：客户端要接入的域名，例如 arduino. cc。

(3) 参数 port：整型，客户端要接入的端口。

如果连接成功，函数返回 true，否则返回 false。

6）函数 write()

该函数的功能是向客户端所连接的服务器写入数据。函数形式为 client. write(data)。其中，参数 data 表示要写入的字节或字符。

7）函数 print()

该函数的功能是向客户端所连接的服务器打印数据，以数字序列的形式发送数值，每次一个 ASCII 字符。例如，数值 123 是以 1、2、3 这三个字符发送的。函数有 client. print(data)和 client. print(data，BASE) 两种形式。

(1) 参数 data：要发送的数据，可以是字符型、字节型、整型、长整型或者字符串型。

(2) 参数 BASE：表现现实数据的形式，BIN(binary)为二进制、OCT(octal)为八进制、DEC(decimal)为十进制、HEX(hexadecimal)为十六进制。

函数能返回写入字节的数值(字节型)，尽管读取这个数值是可选的。

8）函数 println()

与函数 print()的功能相似，ln 表示打印本行后再打印换行符，即后面另起一行。以一系列数字的形式发送数值，每次一个 ASCII 字符。例如，数值 123 是以 1、2、3 这三个字符发送的。函数有 client. println()、client. println(data)和 client. println(data，BASE)三种形式。

9）函数 available()

该函数的功能是返回可以读取的字节数，也就是客户端所接的服务器向客户端写入的数据量。函数形式为 client. available()，没有参数。

10）函数 read()

该函数的功能是读取从客户端所连接的服务器接收的下一字节数据(在最近一次调用 read()函数后)。函数形式为 client. read()，无参数。函数返回下一个字节(或字符)或 −1(没有可读取的数据)。

11）函数 flush()

该函数的功能是放弃所有已写入客户端但还没有读取的字节。函数形式为 client. flush()，没有参数，没有返回值。

12）函数 stop()

该函数的功能是与服务器断开。函数形式为 client. stop()，没有参数，没有返回值。

与 UDP(User Datagram Protocol，用户数据包协议)相关的 EthernetUDPClass 类成员函数，请读者自己查找相关资料学习和使用。

6.3.2 让 Arduino 成为网络服务器

当 Arduino 接入网络时，既可以把它当做服务器使用，也可以把它当做客户端使用。本小节以 Arduino IDE 自带的例子来说明如何让 Arduino 成为网络服务器。本例的硬件连接为：Arduino 接 Ethernet 扩展板，网线插入 Ethernet 扩展板网口，自动浇花器的土壤湿度传感器接 A0 口(Ethernet 扩展板将 Arduino 的所有引脚都引出，但数字口和模拟口没有扩展出 V_{CC}和 GND 引脚，因此土壤湿度传感器的 3P 杜邦插头不能直接使用，可以用三根面包线转接一下)。

打开 File\Examples\Etherenet\WebServer，代码如下：

```
1     #include<SPI.h>
2     #include<Ethernet.h>
3     byte mac[]={ 0xDE, 0xAD, 0xBE, 0xEF, 0xFE, 0xED };
4     IPAddress ip(192,168,1,177);
5     EthernetServer server(80);

6     void setup()
7        {
8           Serial.begin(9600);
9           while (!Serial)
10             {
11                ;
12             }
13          Ethernet.begin(mac, ip);
14          server.begin();
15          Serial.print("server is at ");
16          Serial.println(Ethernet.localIP());
17       }

18    void loop()
19       {
20         EthernetClient client=server.available();
21         if (client)
22           {
23             Serial.println("new client");
24             boolean currentLineIsBlank=true;
25             while (client.connected())
26               {
27                  if (client.available())
28                    {
29                       char c=client.read();
30                       Serial.write(c);
```

```
31                    if (c=='\n' && currentLineIsBlank)
32                      {
33                        client.println("HTTP/1.1 200 OK");
34                        client.println("Content-Type: text/html");
35                        client.println("Connnection: close");
36                        client.println();
37                        client.println("<!DOCTYPE HTML>");
38                        client.println("<html>");
39                        client.println
                          ("<meta http-equiv=\"refresh\" content=\"5\">");
40                        for(int analogChannel=0; analogChannel<6;
                            analogChannel++)
41                          {
42                            int sensorReading=analogRead(analogChannel);
43                            client.print("analog input ");
44                            client.print(analogChannel);
45                            client.print(" is ");
46                            client.print(sensorReading);
47                            client.println("<br />");
48                          }
49                        client.println("</html>");
50                        break;
51                      }
52                    if (c=='\n')
53                      {
54                        currentLineIsBlank=true;
55                      }
56                    else if (c !='\r')
57                      {
58                        currentLineIsBlank=false;
59                      }
60                }
61            }
62          delay(1);
63          client.stop();
64          Serial.println("client disonnected");
65      }
66    }
```

代码解读

(1) 第1～2行代码：将SPI库和Ethernet库的头文件包含在程序中。

(2) 第3行代码：定义一个字节型数组mac，用于存储Ethernet扩展板的MAC地址。如果只使用一块Ethernet扩展板，不用修改这个内容。

(3) 第4行代码：定义一个IP地址ip，作者家里用的路由器网关是192.168.1.1，分配给Ethernet扩展板IP地址192.168.1.177。

(4) 第5行代码：创建一个服务器Server，以监听端口80上传入的连接，HTTP默认的端口就是 80。此时，Arduino 是服务器。

(5) 第 6～17 行代码是初始化程序。

① 第 8 行代码：设置 Arduino 与计算机进行串口通信的波特率为"9600"。串口监视器最主要的功能是显示网络中其他计算机访问 Arduino 的情况。

② 第 9～12 行代码：为 while 循环结构，其形式为

```
while(expression)
    {
        动作;
    }
```

参数 expression 是 C 语言表述语句，值为 true 或 false。当 expression 的值为 true 时，while 循环结构会一直循环，直到()中的表达式变成 false。有的时候必须改变测试的变量，否则永远也跳不出 while 循环。可以借助程序，比如一个数值增加的变量；也可以用外部状况，比如检测一个传感器，来改变变量。

第 9 行代码中"!Serial"使用的是函数 if(Serial)，函数指示指定的串口是否准备好。对所有 Arduino 版本，函数的形式为 if(Serial)，无参数，返回值都为 true。只有在 Arduino 的 Leonardo 版本上，USB CDB 串口连接未打开时会返回 false，此时循环执行第 11 行代码。而第 11 行代码没有任何动作指令，则第 9～12 行代码实现的功能就是等待。本例中使用的是 UNO，因此第 9～12 行代码没有用，可以省略。

③ 第 13 行代码：初始化 Ethernet 库和网络设置。

④ 第 14 行代码：告诉服务器(Arduino＋Ethernet 扩展板)开始监听进入的连接。

⑤ 第 15～16 行代码：在串口监视器上显示服务器(Arduino＋Ethernet 扩展板)的 IP 地址。显示结果如图 6-32 所示。

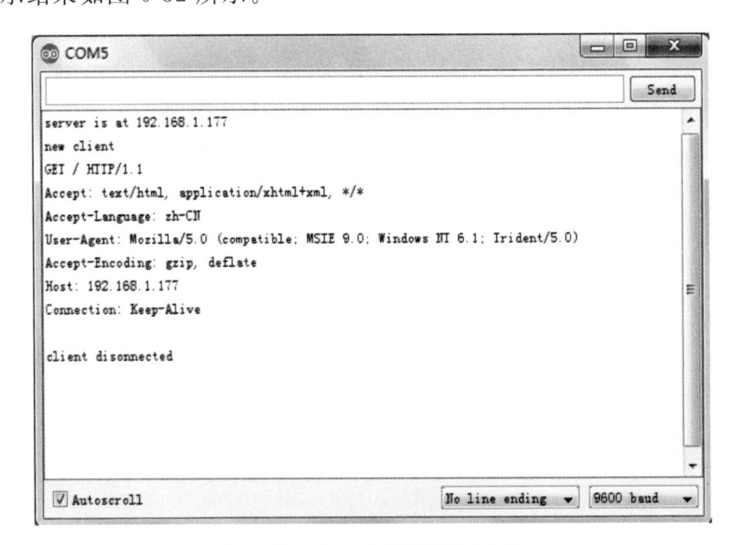

图 6-32　**串口监视器显示内容**

(6) 第 18～66 行代码是程序的 loop 部分：函数 server.available()的功能是返回一个连接到服务器(Arduino＋Ethernet 扩展板)的可用客户端对象，并将对象存储在 client

中。当用网络中的计算机访问 Arduino 时，这台计算机就是客户端。

(7) 第 21～65 行代码是一个 if 结构，当第 21 行代码“()”中为 true，即有客户端访问时，执行第 23～64 行代码中的指令。

① 第 23 行代码：串口监视器显示“new client(新的客户端)”。

② 第 24 行代码：定义一个布尔型变量 currentLineIsBlank 并赋值 true。currentLineIsBlank 用于记录当前行是不是空行。

③ 第 25～61 行代码：是一个 while 循环结构，只要 client. connected()返回值为 true，即客户端已连接，则执行第 27～61 行代码。

④ 第 27～60 行代码：是一个 if 结构。只要第 27 行代码中的 client. available()返回值为 true，即有客户端访问，且客户端已连接，服务器向客户端发送了数据，就执行第 29～59 行代码。

⑤ 第 29 行代码：client. read()获取服务器发送的下一字节数据，并存储在字符型变量 c 中。

⑥ 第 30 行代码：函数 Serial. write()的功能是向串口写入二进制数据。这些数据以一个字节或一系列字节的方式发送。如果要发送代表数值的数字字符(ASCII 字符。例如发送数值 123 是将 123 分成 1、2、3 这三个数字，而且实际发送的是 1、2、3 的 ASCII 字符)，要使用 Serial. print()。

函数有 Serial. write(val)、Serial. write(str)和 Serial. write(buf,len)三种形式。参数 val 是数值，以一个单字节发送；参数 str 是字符串，以一系列字节发送；参数 buf 是缓冲器(buffer)，以系列字节发送；参数 len 是缓冲器的长度。函数返回已经发送数据的字节数。

⑦ 第 31～51 行代码：是一个 if 结构。第 31 行中，“\n”是 C 语言的回车换行字符，&& 是逻辑与(and)符号。“()”中的含义就是：如果检测到回车符并且这一行是空行，执行下面的代码。

这部分代码的含义就是：若有客户端访问，且客户端已连接，服务器向客户端发送了数据，而且到了行末要开始新的一行，同时这一行是空行，则执行第 33～50 行代码。

⑧ 第 33～39 行代码：描述 HTTP 协议格式。

⑨ 第 40～48 行代码：使用 for 循环结构依次读取 A0～A5 共 6 个模拟引脚的值，并发送到客户端。

⑩ 第 50 行代码：break 是程序的控制结构，它绕过正常的循环条件，跳出 do、for 或者 while 循环。它也用于跳出 switch 语句。本行代码是跳出第 25～61 行的 while 循环结构。

⑪ 第 52～59 行代码：if/else 结构。第 52 行中“\n”是 C 语言的回车换行符，即开始新的一行。第 56 行中“\r”是 C 语言的回车符。这几行代码的含义是：若有客户端访问，且客户端已连接，服务器向客户端发送了数据，而且检测到回车符，将变量 currentLineIsBlank 置为 true；如果下一字节不是回车符，把变量 currentLineIsBlank 置为 false。

⑫ 第 62 行代码：给 Web 浏览器 1ms 的时间来接收数据。

⑬ 第 63 行代码：将客户端与服务器断开。

⑭ 第 64 行代码：在串口监视器上显示"client disonnected(客户端断开)"。

局域网中计算机访问 Arduino 服务器时，在地址栏输入"192.168.1.177"，页面显示如图 6-33 所示。注意，本例中只有 A0 口接了土壤湿度传感器，因此显示"analog input 0 is 715"是有意义的。其他模拟口没有接任何传感器，读取到的数值是随机的，没有任何意义。可以根据需要，接入不同的传感器并修改代码，使网页上显示的内容更明确。

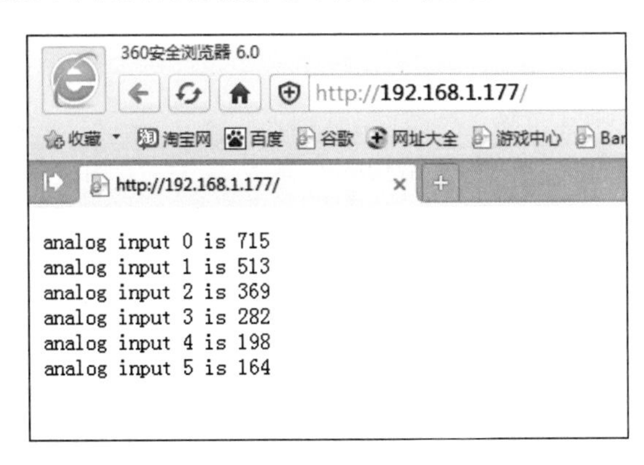

图 6-33 访问 Arduino 服务器页面显示

截至目前，我们已经可以通过网络访问 Arduino 并看到相关信息，在这个基础上可以实现很多创造性的想法。

6.4 将 Arduino 接入物联网

在 6.4 节中，我们实现了通过网络访问 Arduino，但不够完美。我们只能在 Arduino 所在的局域网内访问它，这是因为第 4 行代码"IPAddress ip(192.168.1.177)"中的 IP 地址是一个本地 IP 地址。理论上来说，只要将其换成远程 IP 地址，就可以在任何地方访问 Arduino 了。但实际上，因为 IP 地址资源非常短缺，一般的宽带用户都不具备固定 IP 地址，而是由 ISP 动态分配的一个 IP 地址，因此实现远程访问还有一点困难。本节介绍一个非常有用的网络平台 Yeelink(http://www.yeelink.net)。Yeelink 作为开放的公共物联网接入平台，目的是服务所有的爱好者和开发者，使传感器数据的接入、存储和展现变得轻松、简单。

6.4.1 Yeelink 快速开始

第一步：注册 Yeelink 用户

(1) 登录 http://www.yeelink.net，然后单击"注册新用户"，如图 6-34 所示，填写用户名、电子邮件并设置密码。注册后，进入注册用的邮箱，会自动收到一封激活邮件。单击邮件中的链接激活账号。

(2) 激活账号后，登录 Yeelink，进入"用户中心"，如图 6-35 所示，可以通过这个用户中心来管理和查看物联网设备。

新用户注册

用户名　yanshiyonghu

电子邮件　yanshiyonghu@126.com

密码　••••••••••••••

确认密码　••••••••••••••

验证码　g6syxz

看不清楚？再换一张

注册 Yeelink 帐号

请仔细阅读我们的服务条款，点击注册按钮表明您明白并且同意其中的事项。

图 6-34　**注册新用户**

图 6-35　**用户中心**

(3) 进入“账户”，然后单击“我的账户设置”，如图 6-36 所示。其中最重要的信息是属于自己的“API KEY”，它能够将自己的数据和其他人区分开来，要安全保存且不要泄露。作者注册的 yanshiyonghu 分配到的 API key 是 d5070b9e866085e0b667f50f15d91deb。

(4) 进入“我的设备”，然后单击“增加新设备”，如图 6-37 和图 6-38 所示，最后单击“保存”按钮，完成添加设备。因为设备是公开的，这些信息能够帮助别人更多地了解用户的设备和数据。

图 6-36　账户设置

图 6-37　增加新设备

图 6-38　添加地理信息

(5) 进入"管理设备"后单击"增加一个传感器"，如图 6-39 和图 6-40 所示，增加一个"土壤湿度传感器"。保存后，出现如图 6-41 所示的信息。当传感器的数据上传后，形成一条数据曲线，数据曲线的路径为 http://api.yeelink.net/v1.0/device/1915/sensor/2447/datapoints。由此可知，对于土壤湿度传感器，Device=1915，Sensor=2447，这是传感器在服务器系统中的唯一标识，上传数据时由这两个 ID 和 API KEY 进行验证。

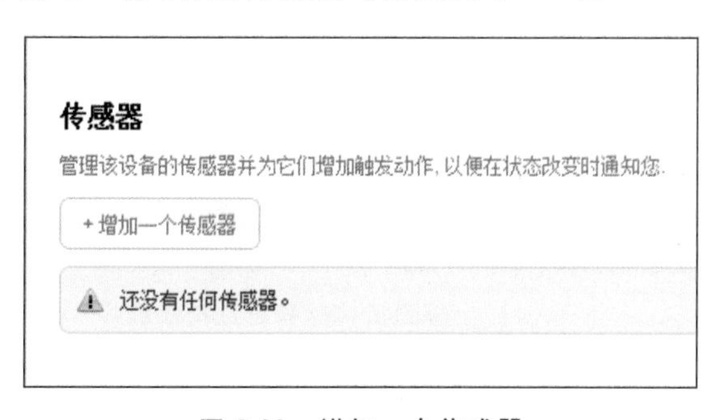

图 6-39　增加一个传感器

(6) 自动浇花器中的水泵有开和关两种状态，我们把它当做一个开关传感器添加，如图 6-42 所示。水泵的状态路径为 http://api.yeelink.net/v1.0/device/1915/sensor/2448/datapoints。水泵的 Device=1915，Sensor=2448，这是传感器在服务器系统中的唯一标识。图 6-43 中有一个形象的开关按钮，可以通过它对水泵进行控制操作，即通过改变这个按钮的状态远程(有网络的任何地方)打开或关闭水泵。

增加新传感器

传感器名

为它起一个好记的名字，以区别于其它传感器

土壤湿度传感器

类型

数值型传感器

单位/符号

例如：摄氏度 ℃

毫伏　mV

标签TAGS

标签之间请使用逗号(,)分隔

土壤，湿度，模拟

描述

不超过30个字符

接在Arduino模拟口，测量花盆土壤湿度

清空　保存

图 6-40　增加土壤湿度传感器

图 6-41　增加一个开关传感器

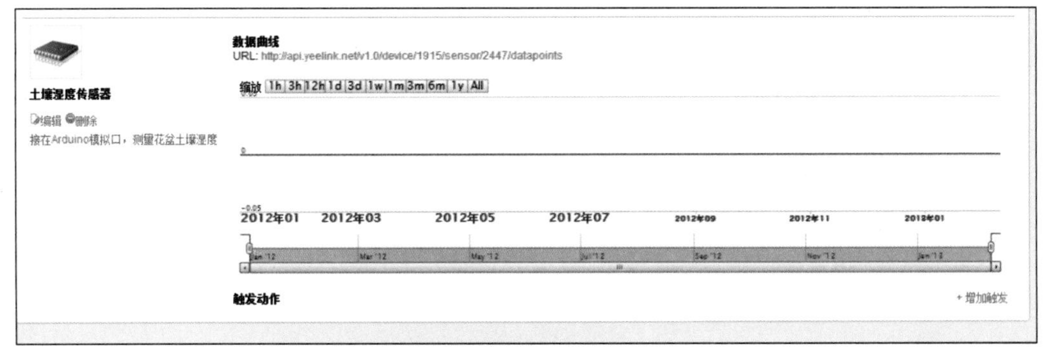

图 6-42　土壤湿度传感器的数据曲线

图 6-43　开关传感器的状态 URL 和控制操作

6.4.2 上传土壤湿度传感器的数据

硬件准备：Arduino 接 Ethernet 扩展板，网线插入 Ethernet 扩展板网口，自动浇花器的土壤湿度传感器接 A0 口（Ethernet 扩展板将 Arduino 的所有引脚都引出，但数字口和模拟口没有扩展出 V_{CC} 和 GND 引脚，因此土壤湿度传感器的 3P 杜邦插头不能直接使用，可以用三根面包线转接一下）。

Yeeklink 开源了上传数据的开发例程及相应代码，比如例程“Arduino 上的 YeekLink 客户端”。不过，这个案例使用的传感器是 I^2C 设备（参考 8.5 节），与我们使用的土壤湿度传感器不同，需要局部修改代码后才能使用。

打开 Arduino IDE，新建一个名为 YeekLinkMoilstureSensorClient 的 sketch，代码编写如下：

```
1    #include<SPI.h>
2    #include<Ethernet.h>
3    #include<math.h>

4    #define APIKEY          "d5070b9e866085e0b667f50f15d91deb"
5    #define DEVICEID        1915
6    #define SENSORID        2447
7    byte mac[]={ 0xDE, 0xAD, 0xBE, 0xEF, 0xFE, 0xED};
8    EthernetClient client;
9    char server[]="api.yeelink.net";
10   unsigned long lastConnectionTime=0;
11   boolean lastConnected=false;
12   const unsigned long postingInterval=30 * 1000;

13   void setup()
14     {
15       Serial.begin(9600);
16       if (Ethernet.begin(mac)==0)
17         {
18           Serial.println("Failed to configure Ethernet using DHCP");
19           for(;;)
20           ;
21         }
22       else
23         {
24           Serial.println("Ethernet configuration OK");
25         }
26     }

27   void loop()
28     {
29       if (client.available())
30         {
31           char c=client.read();
```

```
32              Serial.print(c);
33           }
34        if (!client.connected() && lastConnected)
35           {
36              Serial.println();
37              Serial.println("disconnecting.");
38              client.stop();
39           }
40        if(!client.connected() && (millis()-lastConnectionTime>postingInterval))
41           {
42              int sensorReading=analogRead(0);
43              Serial.print("yeelink:");
44              Serial.println(sensorReading);
45              sendData(sensorReading);
46           }
47        lastConnected=client.connected();
48     }

49  void sendData(int thisData)
50     {
51        if (client.connect(server, 80))
52           {
53              Serial.println("connecting...");
54              client.print("POST /v1.0/device/");
55              client.print(DEVICEID);
56              client.print("/sensor/");
57              client.print(SENSORID);
58              client.print("/datapoints");
59              client.println(" HTTP/1.1");
60              client.println("Host: api.yeelink.net");
61              client.print("Accept: * ");
62              client.print("/");
63              client.println("* ");
64              client.print("U-ApiKey: ");
65              client.println(APIKEY);
66              client.print("Content-Length: ");
67              int thisLength=10+getLength(thisData);
68              client.println(thisLength);
69              client.println("Content-Type: application/x-www-form-urlencoded");
70              client.println("Connection: close");
71              client.println();
72              client.print("{\"value\":");
73              client.print(thisData);
74              client.println("}");
75           }
76        else
77           {
78              Serial.println("connection failed");
79              Serial.println();
```

```
80              Serial.println("disconnecting.");
81              client.stop();
82            }
83        lastConnectionTime=millis();
84      }

85   int getLength(int someValue)
86      {
87          int digits=1;
88          int dividend=someValue /10;
89          while (dividend>0)
90            {
91              dividend=dividend /10;
92              digits++;
93            }
94          return digits;
95      }
```

代码解读

(1) 第 1～3 行代码：将 SPI、Ethernet 和 math 库包含在程序中。

(2) 第 4～6 行代码：#define 是 C 语言的一个重要组成部分，它的功能是在程序开始之前给常量数值一个名字，其好处是不占用存储空间，这样的语句后面没有"；"结尾，其形式为：

```
#define constantName value
```

例如：

```
#define ledPin 3
```

注意：在使用设备时，要用自己账号的 API KEY、设备编号和传感器编号代替 d5070b9e866085e0b667f50f15d91deb、1915 和 2447。参考 6.4.1 小节找到这三个编号。

(3) 第 7 行代码：定义一个字节型数组 mac，用于存储 Ethernet 扩展板的 MAC 地址。要将这个地址换成你自己 Ethernet 扩展板的 MAC 地址，一般可以使用{0xDE，0xAD，0xBE，0xEF，0xFE，0xED }。

(4) 第 8 行代码：创建一个 EthernetClient 对象 client。

(5) 第 9～12 行代码：定义一个字符型数组 server，用于存储 Yeelink API 服务器地址；定义一个无符号长整型变量 lastConnectionTime，用于存储上一次连接到服务器的时间，单位是(ms)；定义一个布尔型变量 lastConnected，用于存储上一轮 loop 循环时连接到服务器的状态(成功或失败)；const 的功能就是给常量一个名字(有 const 时，就不再使用 #define)。在第 12 行代码中，无符号长整型常量 postingInterval 决定了两个数据点的时间间隔，即每隔 30s 更新一次数据。

(6) 第 13～26 行代码：初始化程序。第 16 行代码中的 Ethernet. begin(mac)返回数值为"0"，表示 DHCP 连接失败。运行本程序时，要将路由器设置为 DHCP(动态分配 IP)

模式。具体方法为：

第一步：找到路由器，一般在路由器背面贴有路由器的网关、用户名和密码。比如，作者使用的路由器的网关为 192.168.1.1。

第二步：在浏览器地址栏输入路由器网关地址，然后在弹出的对话框中输入用户名和密码，进入路由器设置界面。

第三步：找到“DHCP 服务器 /DHCP 服务”，如图 6-44 所示，选择“启用 DHCP 服务器”，然后单击“保存”按钮。重启路由器后，设置生效。

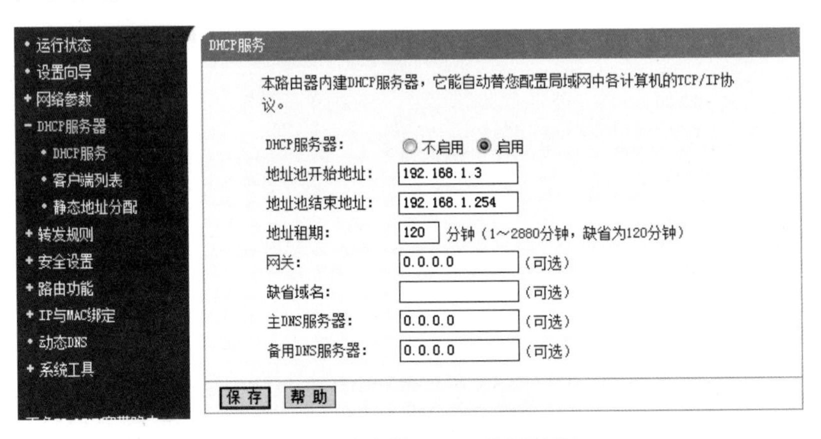

图 6-44　**路由器 DHCP 设置界面**

第 19、20 行代码是一个空的 for 循环，功能是一直等待。

（7）第 27～48 行代码：是程序的 loop 结构。

（8）第 29～33 行代码：如果有网络连接并接收到数据，在串口监视器上显示，一般用来查错。

（9）第 34～39 行代码：如果上一轮循环中与服务器成功连接，而且当前连接失败，则断开与服务器的连接，同时在串口监视器上显示“disconnecting.”。

（10）第 40～46 行代码：函数 millis()的功能是返回 Arduino 从开始运行此程序到现在的毫秒数。在运行大约 50 天后，这个数值会溢出（重新置“0”）。

这几行代码的含义是：当前与服务器没有连接，且距离上一次连接已经过了 30s，则读取模拟口 A0 的数值，存储在变量 sensorReading 中，在串口监视器上显示“yeelink:”及该数值。调用 sendData()函数，重新连接服务器并向服务器发送数据。函数 sendData()是在第 49～84 行代码定义的一个子函数。第 40 行代码中的 lastConnectionTime 要参考第 83 行代码。

（11）第 48 行代码：存储与服务器的连接状态，在下一轮 loop 循环中使用。

（12）第 49～84 行代码：定义子函数 sendData()，其主要功能是连接服务器，并向服务器发送数据，该数据由参数“thisData”指定。如果成功连接，则运行第 52～75 行代码；如果不成功，则运行第 77～82 行代码。

其中，第 67 代码是计算传感器输出的数据长度（按字节计），这里调用了第 85～95 行定义的子程序 getLength()。

第 72～74 行代码才是实质性的 PUT 请求。

第 83 行代码记录下此次连接或尝试连接的时刻。

运行第 51～75 行代码时，串口监视器显示内容如下：

```
connecting...
HTTP/1.1 200 OK
Server: nginx/1.0.14
Date: Mon, 11 Feb 2013 11:11:04 GMT
Content-Type: text/html
Connection: close
X-Powered-By: PHP/5.3.10
Set-Cookie: CAKEPHP=8i7uj6777np8125ks83gurcea3; expires=Tue, 19-Feb-2013 19:11:04 GMT; path=/
P3P: CP="NOI ADM DEV PSAi COM NAV OUR OTRo STP IND DEM"
Vary: Accept-Encoding
Content-Length: 0
```

第 77～82 行代码运行时，串口监视器显示内容如下：

```
connection failed

disconnecting.
```

下载程序到 Arduino，Arduino 就开始每 30s 向 Yeelink 服务器发送一次传感器的数据。登录 Yeelink，进入"用户中心"，在"管理设备"中查看"土壤湿度传感器"。此时网页上生成一个土壤湿度传感器的数据图像，如图 6-45 所示。当光标在图像上掠过时，图像会精确显示某个数据点的数据值和时间(精确到秒)，如图 6-46 所示。图 6-45 中的数据有非常大的跳跃，是作者在做实验的时候将传感器反复放入水中和拿出的结果。

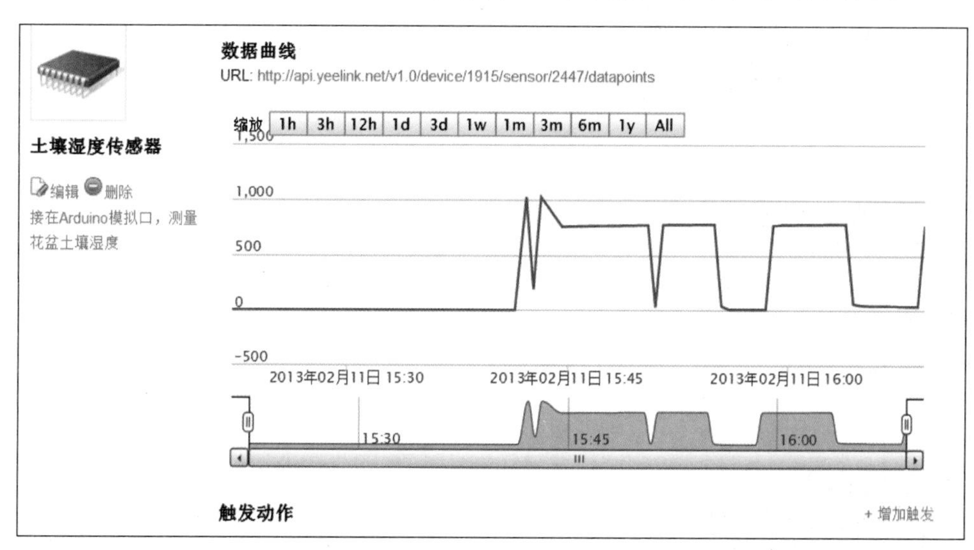

图 6-45　**土壤湿度传感器数据曲线**

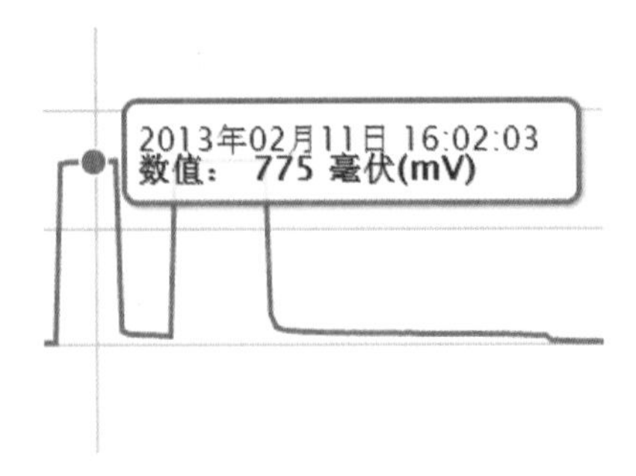

图 6-46　数据点

我们不可能 24 小时盯着数据曲线监控花盆是不是缺水，有没有什么办法自动提醒呢？当然！Yeelink 可以为数据曲线设置“触发动作”，即当数据满足某些条件时，执行相应的动作，就像常用的 if 语句。

如图 6-47 所示，进入“用户中心\我的设备\管理动作”增加新动作。如图 6-48 所示，增加一个名为“邮件提醒花盆缺水”的动作，其类型为“电子邮件”。可用的动作类型有“电子邮件”、“网址推送”、“微博发布”等，如图 6-49 所示。

图 6-47　进入“管理动作”

图 6-48　增加新动作

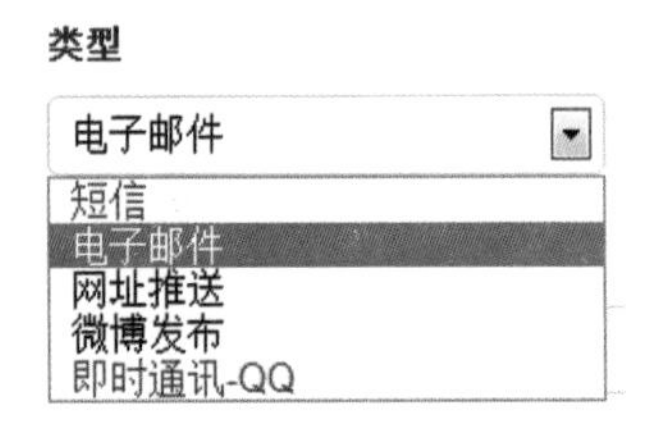

图 6-49　可选动作类型

增加新动作后，回到数据曲线，然后单击“增加触发”，设置触发条件。如图 6-50 所示，作者设置了当数据小于 300 时，向邮箱里发送一封邮件。如图 6-51 所示，传感器的数值在 16 点 18 分 07 秒时变为 127，在 16 点 18 分 08 秒时作者的邮箱中就收到了提醒邮件。之后，Yeelink 每隔 15 分钟发送一封邮件。

图 6-50　触发动作条件设置

图 6-51　数据点满足条件后触发动作

6.4.3　远程控制浇花水泵

邮件提醒虽好，但对家里的花来说仍然是“远水不解近渴”。能不能远程控制水泵给花浇水呢？下面我们就用 Yeelink 来实现。

硬件准备：Arduino 接 Ethernet 扩展板，网线插入 Ethernet 扩展板网口，控制水泵的继电器接在数字 7 号引脚上。

注意：不能使用数字 13、12、11、10 和 4 号引脚，因为 Ethernet 扩展板已经占用了这几个数字引脚。

程序借鉴了 Yeelink 公布的开源例程，在其基础上做了微小的改动。打开 Arduino IDE，新建一个名为 YeeLinkPowerPump 的 sketch，代码编写如下：

```
1    #include<SPI.h>
2    #include<Ethernet.h>

3    #define APIKEY          "d5070b9e866085e0b667f50f15d91deb"
4    #define DEVICEID        1915
5    #define SENSORID        2448

6    byte mac[]={0xDE, 0xAD, 0xBE, 0xEF, 0xFE, 0xED};
7    EthernetClient client;
8    char server[]="api.yeelink.net";
9    unsigned long lastConnectionTime=0;
10   boolean lastConnected=false;
11   const unsigned long postingInterval=3*1000;
12   String returnValue="";
13   boolean ResponseBegin=false;

14   void setup()
15     {
16       pinMode(7, OUTPUT);
17       Serial.begin(9600);
18       if (Ethernet.begin(mac)==0)
19           {
20           Serial.println("Failed to configure Ethernet using DHCP");
21           for(;;)
22               ;
23           }
24       else
25           {
26             Serial.println("Ethernet configuration OK");
27           }
28     }

29   void loop()
30     {
31       if (client.available())
32           {
33              char c=client.read();
34              if (c=='{')
35                  {
36                    ResponseBegin=true;
37                  }
38              else if (c=='}')
39                  {
40                    ResponseBegin=false;
41                  }
42              if (ResponseBegin)
```

```
43                 {
44                    returnValue+=c;
45                  }
46         }
47     if (returnValue.length() !=0 && (ResponseBegin==false))
48         {
49            Serial.println(returnValue);
50            if (returnValue.charAt(returnValue.length() -1)=='1')
51                {
52                  Serial.println("turn on the LED");
53                  digitalWrite(7, HIGH);
54                 }
55            else if(returnValue.charAt(returnValue.length() -1)=='0')
56                {
57                   Serial.println("turn off the LED");
58                  digitalWrite(7, LOW);
59                 }
60            returnValue="";
61         }
62     if (!client.connected() && lastConnected)
63         {
64           Serial.println();
65           Serial.println("disconnecting.");
66           client.stop();
67         }
68     if(!client.connected()&& (millis() -lastConnectionTime>postingInterval))
69         {
70            Serial.print("yeelink:");
71            getData();
72         }
73     lastConnected=client.connected();
74   }

75 void getData(void)
76    {
77       if (client.connect(server, 80))
78           {
79              Serial.println("connecting...");
80              client.print("GET /v1.0/device/");
81              client.print(DEVICEID);
82              client.print("/sensor/");
83              client.print(SENSORID);
84              client.print("/datapoints");
85              client.println(" HTTP/1.1");
86              client.println("Host: api.yeelink.net");
87              client.print("Accept: * ");
88              client.print("/");
89              client.println(" * ");
90              client.print("U-ApiKey: ");
```

```
91              client.println(APIKEY);
92              client.println("Content-Length: 0");
93              client.println("Connection: close");
94              client.println();
95              Serial.println("print get done.");
96            }
97          else
98           {
99              Serial.println("connection failed");
100              Serial.println();
101              Serial.println("disconnecting.");
102              client.stop();
103           }
104         lastConnectionTime=millis();
105       }
```

代码解读

(1) 第 3～5 行代码：要换成自己的 APIKEY、设备编号和传感器编号。

(2) 第 6 行代码：要换成自己 Ethernet 扩展板的 MAC 地址。

(3) 第 11 行代码：常量 long postingInterval 的值为 3s，即每 3s 读取一次 Yeelink 服务器上传感器"浇花水泵"的状态。如果此值偏大，会感觉控制有延迟。

(4) 第 12 行代码：定义一个字符串型变量 returnValue，用于存储服务器向 Arduino 发送的数据。

(5) 第 13 行代码：定义一个布尔型变量，用于标记是否开始接收服务器发送的数据。

(6) 第 16 行代码：将数字引脚 7 设置为输出模式。

(7) 第 31～46 行代码：服务器向 Arduino 发送的数据如下所示。

```
{"timestamp":"2003-02-12T00:53:14","value":0}
```

数据以"{"开始，以"}"结束，包含了 timestamp(时间戳)和 value。value 为"0"，代表服务器上"浇花水泵"的状态设置为关闭；value 为"1"代表服务器上"浇花水泵"的状态设置为打开。

函数 client.read()读取到"{"，表示开始接收数据；读取到"}"，表示数据接收完毕。当没有读取到"}"时，第 47～61 行的 if 语句条件都不成立，因此 loop 循环结构每一轮执行的只有"c=client.read()"和"returnValue+=c;"，即依次读取服务器发送数据的各个字节，并依次加到字符串 returnValue 中。

(8) 第 47～61 行代码：函数 length()的功能是返回字符串的字符数，其形式为 string.length()。函数 charAt()的功能是访问字符串中某个特定的字符，函数形式为 string.charAt(n)。参数 string 是字符串型变量，参数 n 是要访问的字符。函数返回的是字符串中第 n 个字符。

这几行代码的含义就是：如果接收到了数据且数据接收完毕，如果倒数第二个字符是"1"，则设置数字 7 号引脚输出高电平，即打开水泵；如果倒数第二个字符是"0"，则设置

数字7号引脚输出低电平，即关闭水泵。最后，把字符串变量returnValue设置为空字符串，以便下一轮loop循环使用。

后面的代码与YeeLinkMoilstureSensorClient的代码相似，不再解释。

下载程序到Arduino并运行，登录Yeelink，进入"用户中心"，在"管理设备"中查看"浇花水泵"。单击开关按钮改变其状态，有没有听到继电器清脆的"啪、啪"声、水泵的"嗡、嗡"声和流水的"哗、哗"声？而且鼠标轻轻一点就能控制它们。相信此时，你一定会觉得这是世界上最美妙的声音。

除了能远程控制小水泵，还能控制别的吗？当然！如果我们用继电器控制一个插座，所有插在插座上的家用电器就在掌控之中了。按图6-52和图6-53所示连接电路即可。不过要提醒几点：①家用电器使用的是220V交流电，比较危险，一般不建议初学者做这个尝试，切记；②实际应用时，应该把继电器模块封装在绝缘的保护外壳中，防止触电；③实际应用时，应使用两组触片(即公共端、常开和常闭有两组)的继电器(参考5.3.1小节)，能同时控制插座的零线和火线，而不是图6-53所示的只控制其中之一，这样比较安全；④要根据家用电器的功率，选择触点负载能力足够的继电器。

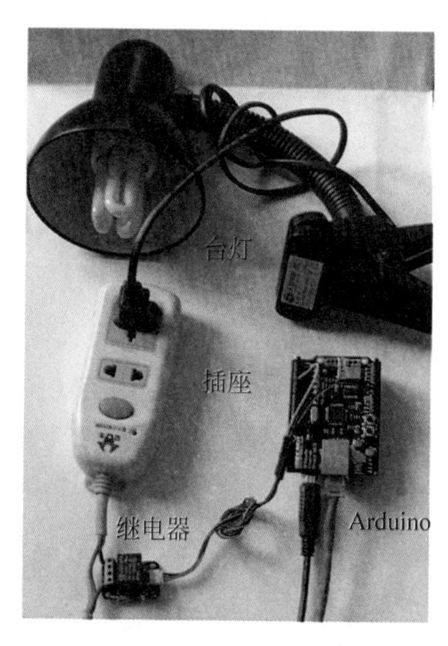

图6-52　**远程控制插座电路**

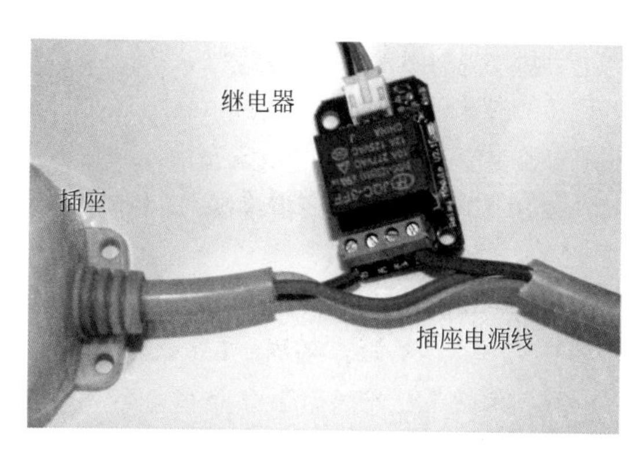

图6-53　**继电器的接法**

不管是使用干电池、蓄电池、电源适配器或是220V的照明电，不当的操作都会带来危险，请注意用电安全。

第7章 Arduino与中学物理实验

中学物理课程有很多动手实践的实验，一些实验做起来有些烦琐，能不能用我们手中的 Arduino 做一些辅助工作，降低实验的难度，提高实验的精度呢？这一章我们就来做些尝试。

7.1 测量单摆的周期

如果把一根细线(长度不变，质量可忽略不计)的一端悬挂在一个固定点，另一端系一个金属小球(直径远小于线长)，当小球在铅垂面内摆动时，只要摆角比较小(与铅垂线的夹角小于 5°)，小球的摆动是周期性的，这套装置称为单摆，如图 7-1 所示。

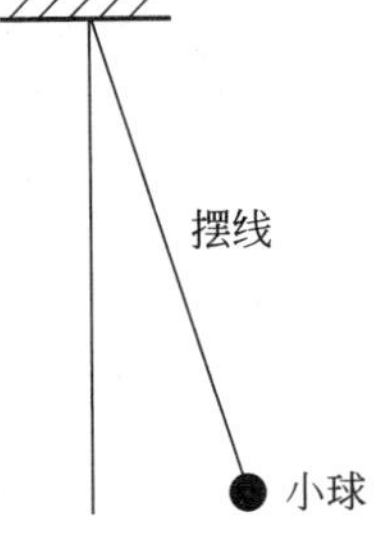

图 7-1 单摆的结构示意图

单摆的周期满足下面的规律：

$$T = 2\pi\sqrt{\frac{L}{g}} \tag{7-1}$$

式中：T 为单摆的周期；L 为摆长(悬点到球心的距离)；g 为重力加速度。

这个式子可以变形为：

$$g = \frac{4\pi^2 L}{T^2} \tag{7-2}$$

中学物理中就利用式(7-2)来测量重力加速度。做这个实验的时候，一般使用秒表测量几十个周期的总时间，计算出单个周期的平均值(为减小误差)。实验中，计时开始和结束的时机很考验计时员的敏捷程度，而且几十个周期很容易数错。用 Arduino 可以轻松解决这些问题。还记得第 2.3 节介绍的红外接近开关吗？只要让小球在摆动轨迹的最低点时遮挡红外接近开关，就可以记录时间和次数。因为小球每次通过时非常快，在本项目里改用对射式光电开关，如图 7-2 所示。

对射式光电开关由发射端和接收端两部分组成。发射端向外发射红外线，有两条引线，红色引线接电源正极，黑色引线(或绿色)接电源负极；接收端接收红外线，有三条引线，红色引线接电源正极，黑色引线(或绿色)接电源负极，黄色引线是输出端。本例中使用的光电开关工作电压为 5V，可以使用 Arduino 的 5V 引脚直接驱动；光电开关为常闭式，发射端和接收端正对放置，当两者间没有障碍物遮挡时，接收端黄色引线输出高电平(5V)，有障碍物遮挡时输出低电平(对于常开式光电开关，输出与此相反)。

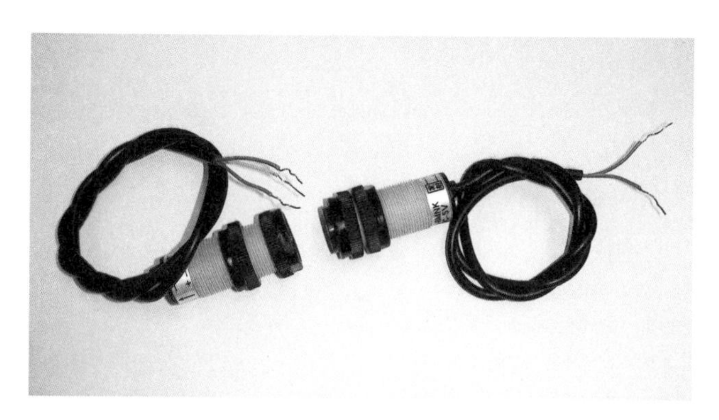

图 7-2　**对射式光电开关**

使用对射式光电开关，关键是要让发射端和接收端正对安装，可以采用如图 7-3～图 7-5 所示的方法：找一个方形的纸盒，在相应位置打安装孔。实验时，摆线应适当长一些(1m 左右)，装置如图 7-6 所示。

图 7-3　**方型纸盒**

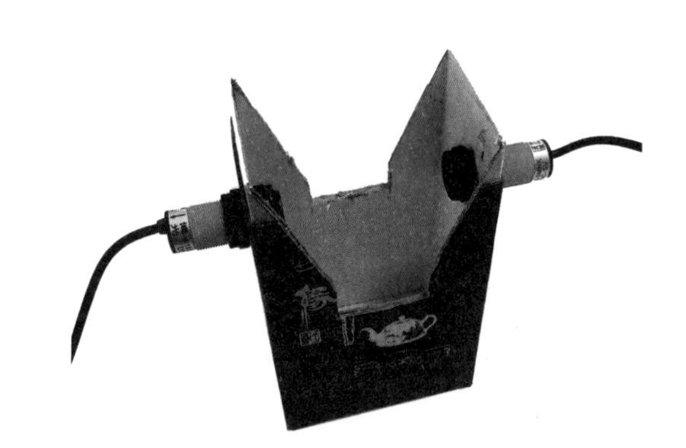

图 7-4　**安装光电开关**

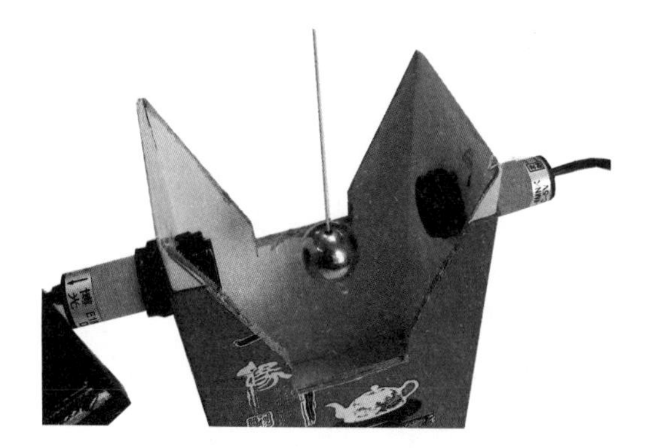

图 7-5　**单摆小球与光电开关**

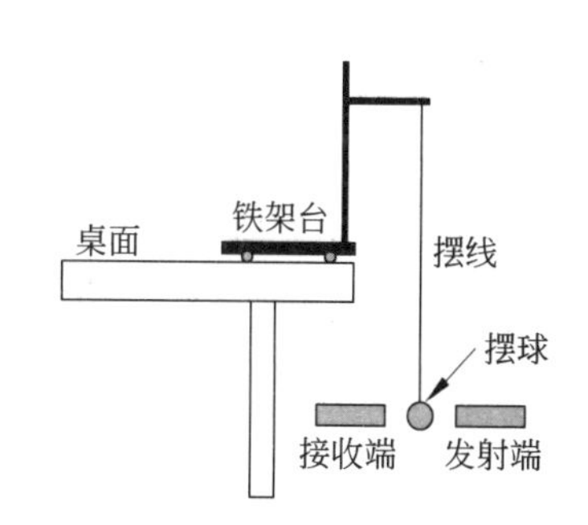

图 7-6　**单摆实验示意图**

打开 Arduino IDE，新建一个名为 SimplePendulumPeriod 的 sketch，代码编写如下：

```
1    int inPin=10;
2    int n=3;
3    int N=30;
```

```
4     int i=0;
5     int val=HIGH;
6     int lastVal=HIGH;
7     long time[100];

8     void setup()
9       {
10         pinMode(inPin,INPUT);
11         pinMode(ledPin,OUTPUT);
12         digitalWrite(ledPin,LOW);
13         Serial.begin(9600);
14         Serial.println("Measuring the period of simple pendulum");
15       }

16    void loop()
17      {
18         val=digitalRead(inPin);

19         if(val==LOW&&lastVal==HIGH)
20           {
21             time[i]=millis();
22             i=i+1;
23             Serial.println( i) ;
24             delay(50);
25           }
26         lastVal=val;
27         if(i>2 * (n+N))
28           {
29             Serial.print("Start at :");
30             Serial.println(n);
31             Serial.print("End at:");
32             Serial.println(N);
33             int  T=(time[2 * (n+N)]-time[2 * n])/N;
34             Serial.print("the cycle of simple pendulum is:");
35             Serial.print(T);
36             Serial.print( "ms") ;
37             delay(100000);
38           }
39      }
```

代码解读

（1）第 21 行代码：将每次小球遮挡光电开关的时刻存储在数组 time[]中。

（2）第 24 行代码：小球遮挡光电开关时，跟第 2 章的按键开关一样，会有 bounce。延迟一段时间，能够消除 bounce。因为实验中摆长约 1m，单摆的周期约 2s，小球两次遮挡光电开关的间隔时间约为 1s，因此利用延迟时间消除 bounce 最方便，且不会影响测量结果。

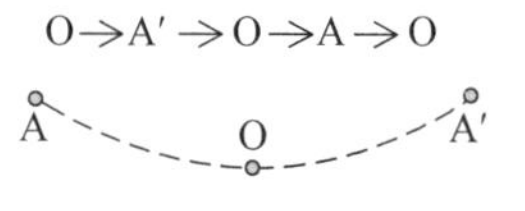

图 7-7　单摆一个周期内的轨迹

（3）第 33 行代码：单摆在一个周期内的运动轨迹如图 7-7 所示，因此一个周期内摆球会遮挡光电开关两次。实验时，一般不在释放小球后立即计时，这是因为前几个周期单摆并不稳定。此行代码将前 3 个周期舍去，取之后的 30 个周期。

实验结果如图 7-8 所示，单摆周期为 1.951s（实验中的摆长略小于 1m，1m 摆长的单摆周期为 2s）。

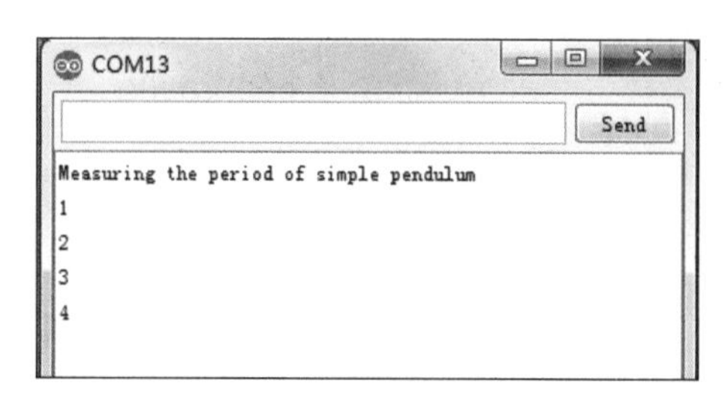

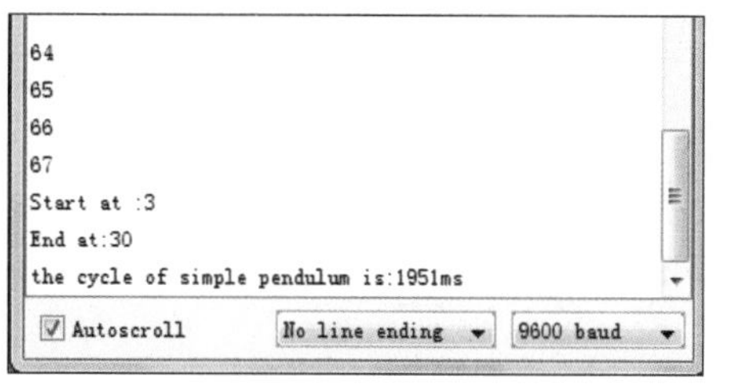

图 7-8　串口监视器显示

7.2　晶体和非晶体熔化实验

7.2.1　熔化实验简介

初中物理在《熔化和凝固》这部分内容里，有“探究晶体和非晶体熔化规律”这个实验。实验装置如图 7-9 所示。

该实验中，要在试管中加入适量的海波（硫代硫酸钠），温度计液泡插入海波，测量和记录温度，以分析海波在熔化过程中处于固态、固液混合和液态三种状态下温度的变化规律。这个实验有一定的难度：试管中海波的量很少，熔化过程较快，固液混合状态持续的时间很短，有时甚至观察不到。为此，实验中要将试管放在装有水的烧杯中，通过热水间接给海波加热（水浴加热）。为了防止水温太高，还要在烧杯中插入温度计以监控水温（图 7-9 中未画出）。实验过程中，要不断地搅拌海波，使其受热均匀；同时要隔很短的时间（30s）测量并记录一次温度。因为要兼顾的事情太多，不少学生在做这个实验的时候会失败。

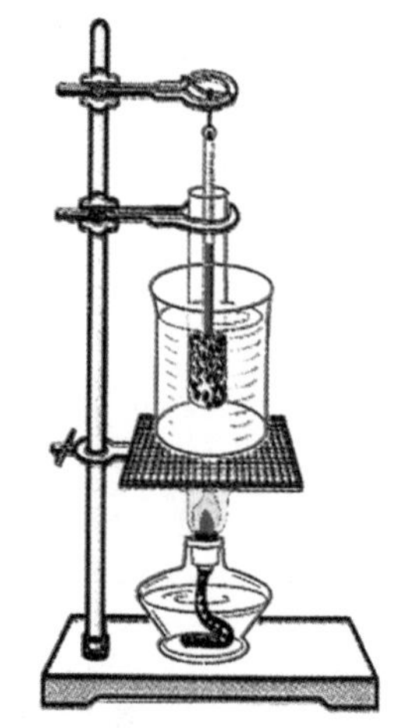

图 7-9　熔化实验装置图

7.2.2　实验改进

本小节我们使用 Arduino 来完成这个实验。只需要解决两个问题即可：一是温度测量，二是数据记录。

温度测量可以用我们熟悉的 LM35 温度传感器。因为传感器要浸入水中和海波中，我们使用不锈钢封装的 LM35，如图 7-10 所示。实验中要使用两个温度传感器：一个监测烧杯中的水温，不用记录；一个测量试管中海波的温度，需要记录。改进后的实验装置如图 7-11 和图 7-12 所示。

图 7-10 不锈钢封装的 LM35 温度传感器

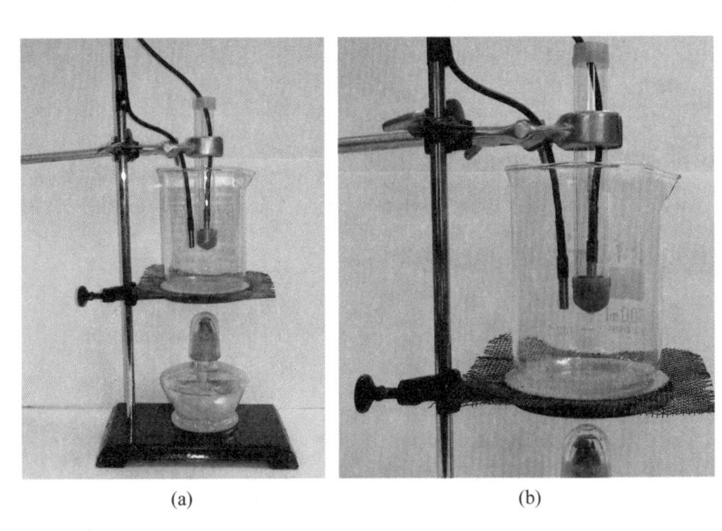

(a) (b)

图 7-11 LM35 温度传感器的放置

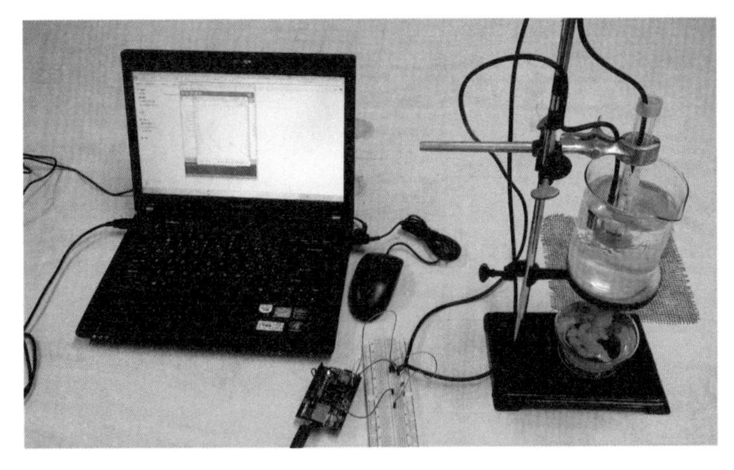

图 7-12 熔化试验装置

记录数据要使用 SD 卡。SD 库允许 Arduino 从 SD 卡读取数据或向 SD 卡写入数据。Ethernet 扩展板上就有一个 miniSD 卡插槽。SD 库支持标准的 SD 卡和 SDHC 卡，文件系统为 FAT16 和 FAT32。它使用 8.3 短文件名为文件命名。文件名可以包含带斜杠"\"分割的路径，比如"目录\文件名.txt"。因为工作目录即是 SD 卡的根目录，文件名不管带不带斜杠都一样，比如"目录\文件名.txt"等同于"文件名.txt"。

Arduino 与 SD 卡通信使用的是 SPI(与 Ethernet 扩展板相同)，占用了 UNO 的数字 13、12、11 号引脚。除此之外，还要有一个引脚用来选择 SD 卡，这个引脚可以是硬件 SS，或者用函数 SD.begin()指定一个引脚。采用 Ethernet 扩展板时，同一时间只能使用 Ethernet 和 SD 卡中的一个。默认的 10 号引脚给 Ethernet 扩展板使用，4 号引脚给 SD 卡使用。数字 4 号引脚用作 SD 卡的选择引脚(CS)，但 10 号引脚也必须设置为 OUTPUT 模式，否则 SD 库成员函数不能正常地工作。

打开 Arduino IDE，新建一个名为 DataLoggerSD 的 sketch，代码编写如下：

```
1     #include<SD.h>
2     const int chipSelect=4;
3     int  tempPin=0;
4     int  alertTempPin=1;
5     int  ledPin=7;

6     void setup()
7      {
8        Serial.begin(9600);
9        Serial.print("Initializing SD card...");
10       pinMode(10, OUTPUT);
11       pinMode(ledPin,OUTPUT);
12       if (!SD.begin(chipSelect))
13         {
14           Serial.println("Card failed, or not present");
15           return;
16         }
17       Serial.println("card initialized.");
18     }

19    void loop()
20     {
21       float temp=analogRead(tempPin);
22       int alertTemp=analogRead(alertTempPin);
23       temp=(temp/1024.0)*5000/10;
24       alertTemp=(alertTemp/1024.0)*5000/10;
25       int temp100=temp*100 ;
26       String dataString=String(temp100);
27       if(alertTemp>60)
28        {
29          digitalWrite(ledPin,HIGH);
30        }
31       else
```

```
32        {
33          digitalWrite(ledPin,LOW);
34        }
35       File dataFile=SD.open("datalog.txt", FILE_WRITE);
36       if (dataFile)
37        {
38          dataFile.println(dataString);
39          dataFile.close();
40          Serial.println(dataString);
41        }
42       else
43        {
44          Serial.println("error opening datalog.txt");
45        }

46       delay(10000);
47     }
```

代码解读

(1) 第 1 行代码：将 SD 库包含在程序中。

(2) 第 2～5 行代码：SD 卡芯片选择数字 4 号引脚，测量海波温度的 LM35 接引脚 A0，测水浴温度的 LM35 接模拟 1 号引脚，水浴温度报警 LED 接数字 7 号引脚(LED 串联 220Ω 电阻)。

(3) 第 10 行代码：把数字 10 号引脚(SS)设置为 OUTPUT 模式。

(4) 第 12～16 行代码：检测 SD 卡是否准备好，能否初始化。

(5) 第 21 行代码：定义一个浮点型变量 temp，存储检测到的海波温度。这里不能使用整型变量，否则会降低测量精度，影响实验结果。

(6) 第 23、24 行代码：将模拟口检测到的电压值转化为温度。

(7) 第 25、26 行代码：26 行代码中第一个"String"的功能是创建一个 String 类对象 dataString。

函数 String()的功能是将"()"中的数值转变成字符串，这个字符串由代表数值数字的 ASCII 码组成。有 Sting(val)和 Sting(val，base)两种形式。

① 参数 val：要转变成字符串的变量。这个变量可以是字符串型、字符型、字节型、整型、长整型、无符号整型和无符号长整型。

② 参数 base(可选)：转化结果使用的进制，默认的是十进制。例如，String thisString＝String(13)，返回的结果是 13；String thisString＝String(13，HEX)，返回的结果是 D，是十进制数值 13 的十六进制表示。String thisString＝String(13，BIN)，返回的结果是 1101，是十进制数值 13 的二进制表示。

因为函数 String()不能转换浮点型变量，因此用第 25 行代码先把 temp 乘以 100 后转化为整型。

(8) 第 27～34 行代码：海波的熔点是 48.5℃，保持水浴温度不超过 60℃(根据需要

进行调整)，以保证对海波加热不会太快。当温度高于 60℃时，点亮 LED，提示操作者暂时撤去酒精灯。

(9) 第 35 行代码：创建一个 File 类对象 dataFile，打开 SD 卡中名为 datalog.txt 的文件。如果 SD 卡中没有这个文件，函数先创建这个文件。有关函数 SD.open()的内容，请参考第 7.2.4 小节。

(10) 第 38 行代码：将 dataString 写入文件。

(11) 第 39 行代码：关闭文件，确保要写入文件的数据都物理保存在 SD 卡上。

7.2.3　数据处理

实验结束后，取出 SD 卡并在计算机上打开，在根目录下可以看到一个名为 datalog.txt 的文件(记事本文件)，打开后如图 7-13 所示。

复制记事本文件中的数据到 Excel 2007 中，然后在新的一列输入公式，将数据转化为温度值，如图 7-14 所示。注意，将该列“单元格格式”设置为“数值”，并保留两位小数，如图 7-15 所示。

图 7-13　记事本文件

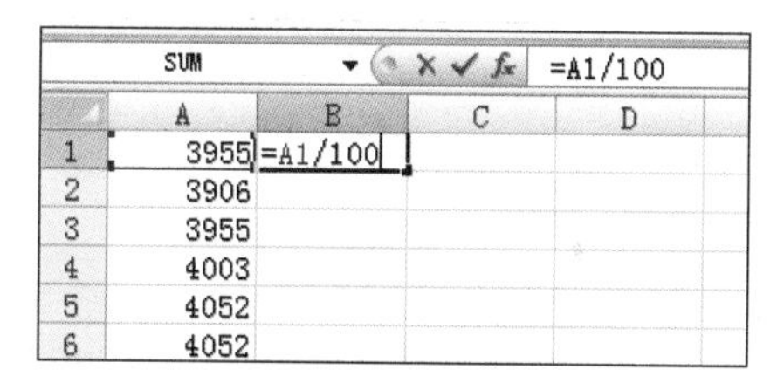

图 7-14　将数据转化为温度值

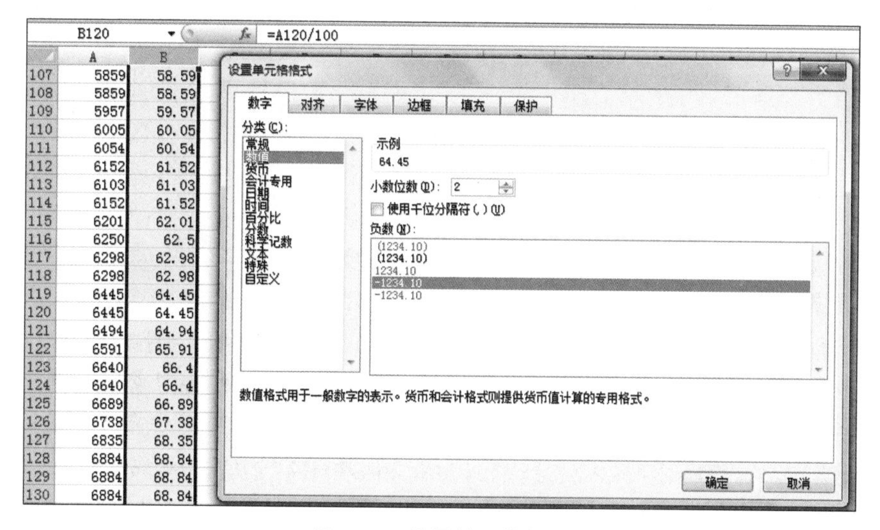

图 7-15　设置单元格格式

如图 7-16 所示，选择“插入/折线图/二维折线图/折线图”，在页面中插入一个空白的图像。右击空白图像，在弹出的快捷菜单中选择“选择数据”，将弹出“选择数据源”对话框，如图 7-17 所示。选择所有的温度数值，然后单击“确定”按钮，生成熔化过程温度图像，如图 7-18 所示。

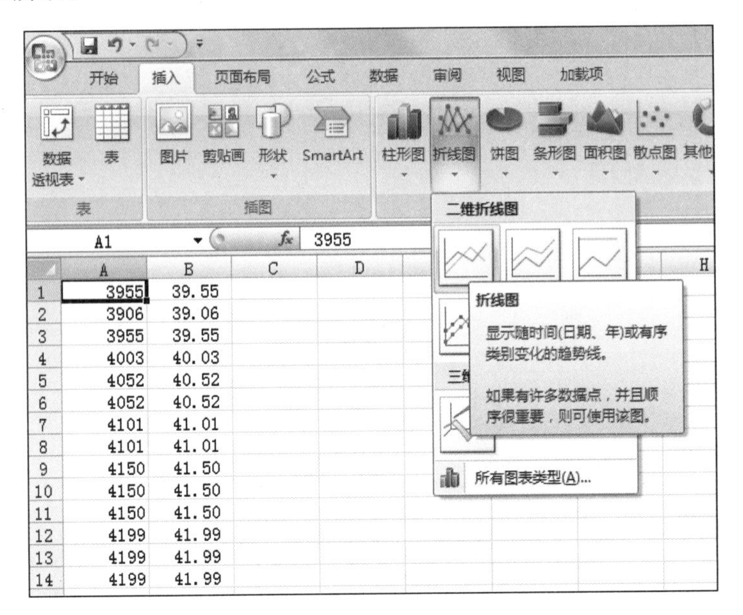

图 7-16　**插入二维折线图**

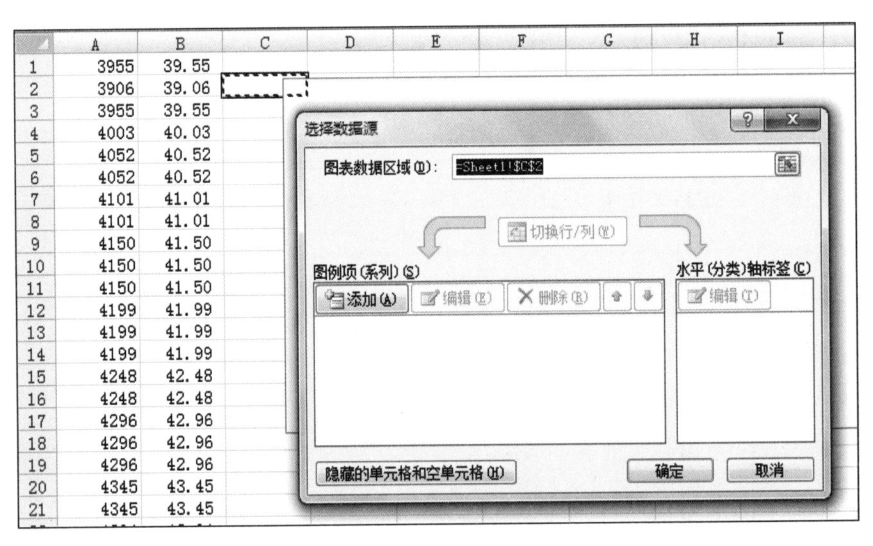

图 7-17　**选择数据源**

在图 7-18 中可以清楚地看到，海波在熔化过程(固液混合状态，如图 7-19(a)所示)中，温度保持不变，这是晶体熔化的特征，该温度即晶体的熔点。

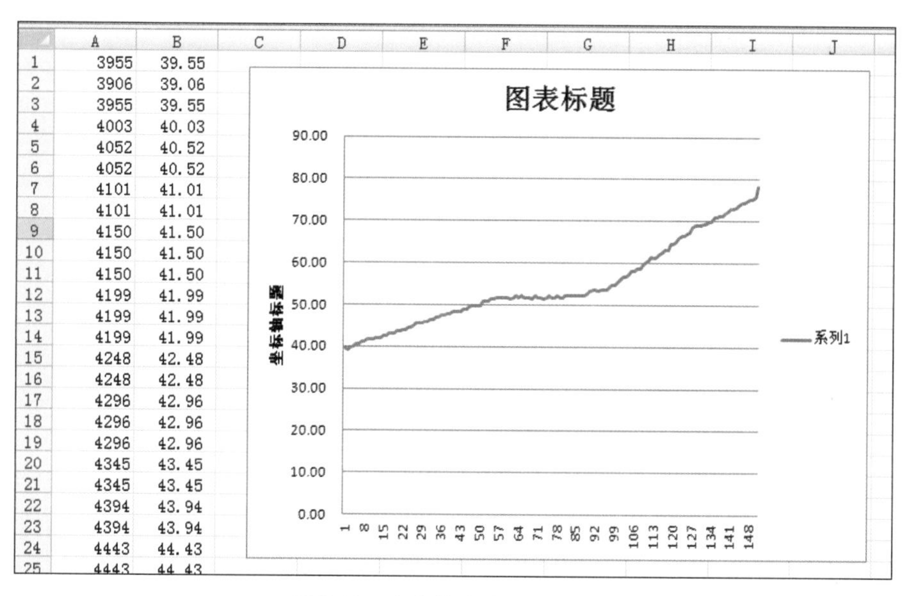

图 7-18　**生成熔化过程温度图像**

(a) 固液混合状态

(b) 几乎完全熔化

(c) 完全熔化

图 7-19　**海波熔化过程**

7.2.4　补充阅读

1. SD 类成员函数

1）函数 begin()

该函数的功能是初始化 SD 库和 SD 卡。函数启用了 SPI 总线(数字引脚 11、12 和 13)和芯片选择引脚(默认的设置是数字引脚 4)。

函数有 SD. begin()和 SD. begin(cspin)两种形式。参数 cspin(可选)表示指定连接到 SD 卡选择线路的引脚,默认的是连接到 SPI 总线的硬件 SS 线。

函数返回 true 表示成功,返回 false 表示失败。

2）函数 exists()

该函数的功能是测试一个文件是否存在于 SD 卡上。函数的形式为 SD. exists(filename)。参数 filename 表示要测试的文件名,可以包含目录。

如果文件存在函数,返回 true;否则返回 false。

3）函数 mkdir()

该函数的功能是在 SD 卡上创建一个目录。函数的形式为 SD. mkdir(filename)。参数 filename 指定要创建的目录名，子目录用“/”隔开。

如果成功创建了目录函数，返回 true；否则返回 false。

4）函数 open()

该函数的功能是打开 SD 卡中的一个文件，注意一次只能打开一个文件。函数有 SD. open(filepath)和 SD. open(filepath，mode)两种形式。

（1）参数 filepath：要打开的文件名，可以包含目录。

（2）参数 mode(可选)：可以是 FILE_READ(读取文件，开始于文件开头)或 FILE_WRITE(读取和写入文件，开始于文件末)。默认的是 FILE_READ。

5）函数 remove()

该函数的功能是从 SD 卡中移除一个文件。函数形式为 SD. remove(filename)。参数 filename 指要移除的文件名。如果移除成功，函数返回 true；否则返回 false。

2. File 类成员函数（部分）

1）函数 available()

该函数的功能是检查文件是否有可读取的字节。函数的形式为 file. available()，参数 file 是文件类的对象(由 SD. open()返回)。函数返回可读取的字节数。

2）函数 close

该函数的功能是关闭文件，确保所有写入文件的数据都保存在 SD 卡上。函数的形式为 file. close()。参数 file 是文件类的对象(由 SD. open()返回)，函数无返回。

3）函数 flush()

该函数的功能是确保所有要写入文件的字节都被物理保存在 SD 卡上。当文件被关闭时，这个动作是自动的。函数的形式为 file. flush()，参数 file 是文件类的对象(由 SD. open()返回)，函数无返回。

4）函数 peek()

该函数的功能是从文件里读取字节且不推进到下一个字节。也就是说，连续使用 peek()，返回的是同一个值；要读取下一个字节，用函数 read()。函数的形式为 file. peek()，参数 file 是文件类的对象(由 SD. open()返回)。函数返回下一个字节或字符，或者“－1”(没有)。

5）函数 read

该函数的功能是从文件中读取一个字节，形式为 file. read()，参数 file 是文件类的对象(由 SD. open()返回)。函数返回下一字节或字符，或者“－1”(没有)。

6）函数 position()

该函数的功能是返回在文件中的当前位置。函数的形式为 file. position()，参数 file 是文件类的对象(由 SD. open()返回)。

7）函数 print()

该函数的功能是打印数据到文件，这些数据已经进行过写入操作。以数字序列的形式打印数值，每次一个 ASCII 字符。例如，数值 123 是以 1、2、3 这三个字符发送的。函

数有 file. print(data)和 file. print(data, BASE) 两种形式。

(1) 参数 file：文件类的对象(由 SD. open()返回)。

(2) 参数 data：要发送的数据，可以是字符型、字节型、整型、长整型或者字符串型。

(3) 参数 BASE：表现现实数据的形式，BIN(binary)为二进制，OCT(octal)为八进制，DEC(decimal)为十进制，HEX(hexadecimal)为十六进制。

函数能返回写入数据的数量(以字节为单位统计)，尽管读取这个数值是可选的。

8) 函数 println()

该函数与 print()相似，只是多了回车换行。

9) 函数 seek()

该函数的功能是寻找文件中的一个位置，函数的形式为 file. seek(pos)。参数 file 是文件类的对象(由 SD. open()返回)，参数 pos 要寻找的位置。如果成功函数，返回 true；否者返回 false。

10) 函数 size()

该函数的功能是获得(返回)文件的大小，函数的形式为 file. size()，参数 file 是文件类的对象(由 SD. open()返回)。

11) 函数 write()

该函数的功能是向文件写入数据，形式有 file. write(data)和 file. write(buf,len)两种形式。

(1) 参数 file：文件类的对象(由 SD. open()返回)。

(2) 参数 data：要写入的字节、字符或字符串型数据。

(3) 参数 buf：字符型或字节型数组。

(4) 参数 len：buf 的元素个数。

12) 函数 openNextFile()

该函数的功能是打开目录中的下一个文件或文件夹，形式为 file. openNextFile()，参数 file 是文件类的对象(由 SD. open()返回)。

第 8 章 Arduino 与 Lego

Arduino 与 Lego 本身没有关系，但它们有相似之处。哪里相似呢？也许它们都是为创意而生的。Lego 在青少年中非常普及，有着庞大的使用人群，也积累了非常丰富的资源。Lego 有自己的微型控制器（比如 NXT）和机械结构部分。Arduino 正迅速成为电子爱好者、机器人爱好者的新宠，开源的特点使其拥有无限的生命力。Arduino 主要是电子控制，还没有简单易用的结构件与之匹配。Arduino 与 Lego 各有所长，如果能把两者放在一起玩，一定会有无限的乐趣。

8.1 Arduino 与 Lego 结合

Lego 的电机和传感器功能很出色，但接口很特殊。要想将 Arduino 与 Lego 结合在一起，就要借助扩展板——NXShield。在网址 http://www.openelectrons.com/上有 NXShield 的产品信息，从 http://www.openelectrons.com/docs/viewdoc/1 上可以下载 NXShield 技术文档。

NXShield 是为 Arduino 控制乐高 NXT 电机和使用乐高 NXT 传感器而设计的扩展板，针对不同的 Arduino 电路板版本有不同的型号，如表 8-1 所示。本书中使用 NXShield-D 和 Arduino UNO R3。

表 8-1 NXShield 支持的 Arduino 电路板

NXShield 型号	支持的 Arduino 电路板
NXShield（或 NXShield-D）	Arduino Duemilanove Arduino UNO（或 UNO R3） chipKIT UNO32
NXShield-M	Arduino Mega2560（或 2560-R3） Arduino ADK chipKIT Max32

1. NXShield 的结构（如图 8-1 和图 8-2 所示）

(1) NXShield 在电路板上标记了"Bank-A"和"Bank-B"，每一边都有自己的 I^2C 地址。出厂默认的地址分别为 0x06 和 0x08。

(2) A 边和 B 边各有 2 个 NXT 电机接口，分别标记为"Mortor-1"和"Mortor-2"。

(3) A 边和 B 边各有 2 个 NXT 传感器接口。其中，Bank-A 边的标记为"BAS1"

图 8-1 NXShield-D

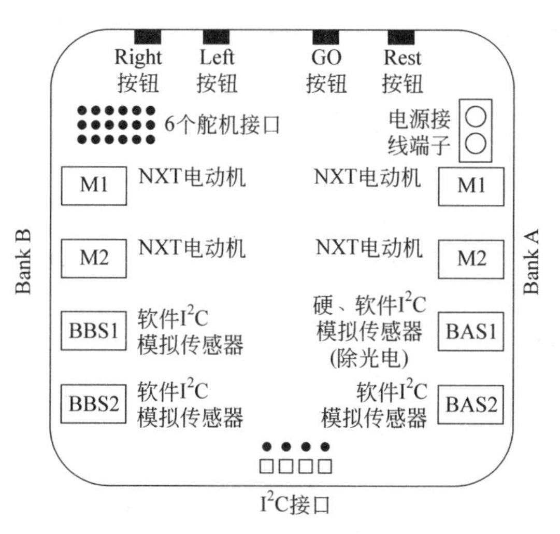

图 8-2 NXShield-D 接口示意图

(Bank-A Sensor1)和“BAS2”(Bank-A Sensor2), Bank-B 边的标记为“BBS1”(Bank-B Sensor1)和“BBS2”(Bank-B Sensor2)。

NXT 传感器是 I^2C 设备。NXShield 支持两种 I^2C 协议:硬件 I^2C 和软件 I^2C,可以在程序中选择。硬件 I^2C 协议速度更快,但不支持 NXT 数字传感器(比如超声波传感器)。

(4) NXShield 有四个按钮:Reset 与 Arduino 的 Reset 引脚相连,用于回到程序开头;GO 用于开始运行程序之前进行等待;Right 和 Left 是两个输入按键,可以根据需要通过程序设定其具体功能。

(5) NXShield 采用可堆叠设计,可以直接插在 Arduino 电路板上。

(6) NXShield 有两组 I^2C 端口,一组是公头,一组是母头。

(7) NXShield 有 6 个舵机接口,分别标记为 3、5、6、9、10、11。之所以这样标记,是因为舵机使用了 Arduino 电路板的数字 3、5、6、9、10、11 引脚。

(8) NXShield 配合 Arduino 使用时,Arduino 引脚使用情况如图 8-3 所示。图中,斜体字标记的引脚是 NXShield 功能必需的引脚,用于硬件 I^2C;如果需要使用其他 I^2C 设备,只要设备地址不冲突,就可以共用这些引脚。图中用"*"标记的引脚可以有其他用途,但会牺牲 NXShield 的一些功能;其他引脚可以有其他用途,并不会影响 NXShield 的功能。

图 8-3 NXShield-D 占用 Arduino 引脚示意图

2. NXShield 与 Arduino 连接

NXShield 采用可堆叠设计,可以与 Arduino 直接插在一起,如图 8-4 所示。NXShield 需要单独供电,外接电源接在 NXShield 的接线端子(绿色,分别标记为"+"和"-")上。该电源同时对插在 NXShield 上的 Arduino 电路板供电,因此不需其他电源为 Arduino 供电。当然,如果用额外电源(比如 USB)为 Arduino 供电也没有问题。

接在 NXShield 上的电源电压不能超过 10.5V。当使用电机或者舵机时,电压不能低于 6.6V。任何满足此电压要求的直流电源都可以使用,为方便起见,我们使用 6 节五号电池供电(NXT 就可以使用这种方式供电)。官方文件上特别提醒不要接错正、负极(NXShield 的这种接线端子很容易接错),否则可能损坏电路板。

NXShield 自身工作需要的电流约为 5mA,可以为每个 NXT 电机提供高达 1A 的电

图 8-4　NXShield 与 Arduino 堆叠连接

流。过大电流(如错误的电机连接或电机被卡住)会导致 NXShield 内部关闭电源,直到问题解决。

3. NXShield 与 Lego 连接

NXShield 在电路板上专门设计了✚型的孔,与乐高的“十”字销相匹配,可以方便地与乐高零件组装在一起,如图 8-5 所示。

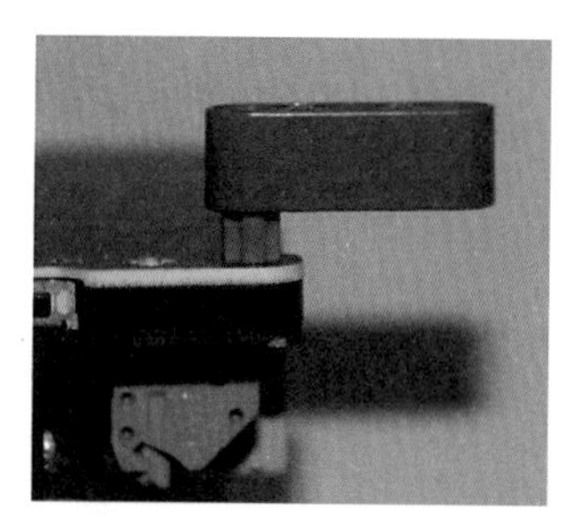

图 8-5　NXShield 与乐高机械件连接

4. NXShield 控制 Lego

表 8-2 列出了 NXShield 控制乐高电机和传感器的主要功能。熟悉 Mindstorm 编程的人会发现,这和使用 Mindstorm 是一样的,只不过 Mindstorm 是图形化的编程环境,而现在要使用代码语句。

表 8-2　NXShield 控制乐高电机和传感器的主要功能

特　征	描　述
电机运行时间控制	每个电机都可以连续运行一段设定的时间
编码控制电机运行	每个电机都可以从当前的编码器位置运行到新的编码器位置(以或不以特定的速度)
电机速度控制	每个电机的速度控制,运行指定的时间方式或编码器方式下均可

续表

特　征	描　述
电机制动和缓停	每个电机停止方式都可以设定为制动(电机不能轻易转动,表现为紧急刹停)或缓停(电机在外力作用下可以自由转动,表现为缓慢刹停)
电机转动一定角度	向前或向后
电机转动一定圈数	360°为一圈
异步运行	当一个电机在运行时,可以执行其他操作
电机无限时间运行	当电机运行时,可以执行其他操作 注意:当电机被设定为"无限时间运行"时,它将一直转动,直到"停止"命令被发出(或断电)
突然停止电机	对电机制动,即"刹车"状态
读取电机编码器数值	可以从 NXShield 读取每一个编码器的数值
读取 NXT I^2C 传感器数值	可以读取每个连接到 NXShield 的传感器的数值
读取 NXT 超声波传感器数值	可以连接一个 NXT 超声波传感器到 NXShield 并读取数值
读取 NXT 模拟传感器数值	可以连接模拟传感器到 NXShield 并读取数值

8.2 NXShield 程序示例

登录 http://www.openelectrons.com/下载 NXShield 最新的库文件,例如 NXShield-0.1.03.zip。解压缩该文件,得到一个名为 NXShield 的文件夹,把它复制到 Arduino 的 library 文件夹中。

打开 Arduino IDE 的 Sketch\Import Library\NXShield,就会在 IDE 中列出所有的头文件。根据需要选用,如图 8-6 所示。

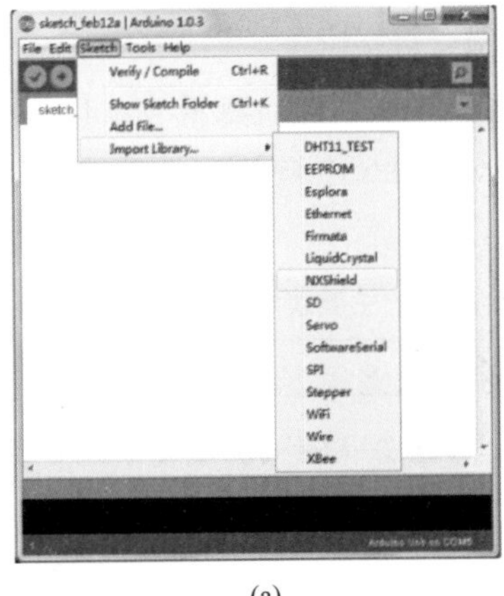

(a)

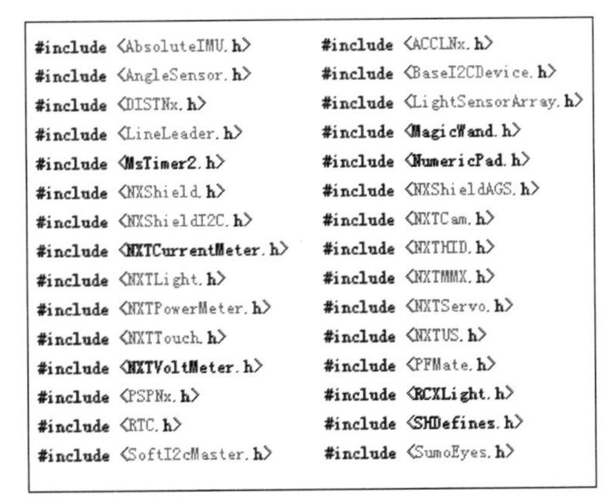

```
#include <AbsoluteIMU.h>        #include <ACCLNx.h>
#include <AngleSensor.h>        #include <BaseI2CDevice.h>
#include <DISTNx.h>             #include <LightSensorArray.h>
#include <LineLeader.h>         #include <MagicWand.h>
#include <MsTimer2.h>           #include <NumericPad.h>
#include <NXShield.h>           #include <NXShieldAGS.h>
#include <NXShieldI2C.h>        #include <NXTCam.h>
#include <NXTCurrentMeter.h>    #include <NXTHID.h>
#include <NXTLight.h>           #include <NXTMMX.h>
#include <NXTPowerMeter.h>      #include <NXTServo.h>
#include <NXTTouch.h>           #include <NXTUS.h>
#include <NXTVoltMeter.h>       #include <PFMate.h>
#include <PSPNx.h>              #include <RCXLight.h>
#include <RTC.h>                #include <SHDefines.h>
#include <SoftI2cMaster.h>      #include <SumoEyes.h>
```

(b)

图 8-6　导入 NXShield 头文件

文件夹 NXShield 包含一个名为 NXShield_examples 的文件夹，其中有很多编程实例，这些例子会出现在 File\Examples\NXShield\NXShield_examples 中，参考这些例子作为你自己编写程序的起点。

8.2.1　NXT 触碰和光电传感器使用示例

在该示例中，在 NXShield 上接一个 NXT 触碰传感器(BAS1)和一个 NXT 光电传感器(BAS2)，每次按压触碰传感器，光电传感器在主动模式和被动模式间切换，程序同时持续地读取光电传感器的数值。硬件连接如图 8-7 所示。

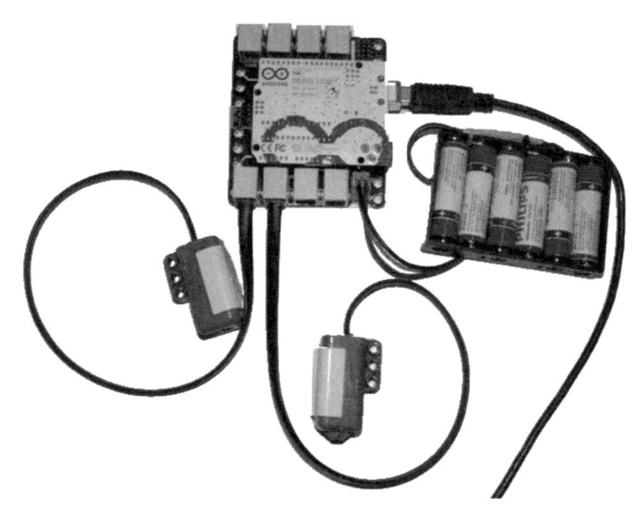

图 8-7　NXShield 触碰和光电传感器

打开 Arduino IDE，新建一个名为 NXShieldTouchLight 的 sketch，代码编写如下：

```
1     #include<Wire.h>
2     #include<NXShield.h>
3     #include<NXTTouch.h>
4     #include<NXTLight.h>

5     NXShield  nxshield;
6     NXTTouch  touch1;
7     NXTLight  light1;

8     void setup()
9        {
10          Serial.begin(9600);
11          delay(500);
12          Serial.println("Initializing the devices...");
13          nxshield.init(SH_HardwareI2C);
14          Serial.println("Press GO button to continue");
15          nxshield.waitForButtonPress(BTN_GO);
16          touch1.init(&nxshield,SH_BAS1);
17          light1.init(&nxshield,SH_BAS2);
```

```
18      }

19  boolean lastTouch;
20  boolean touchPressed;

21  void loop()
22      {
23         char   str[256];
24         int    lightReading;
25         Serial.println("Into loop--------");
26         touchPressed=touch1.isPressed();
27         sprintf(str,"touch1:is pressed:%s",touchPressed?"true":"false");
28         Serial.print(str);
29         if (touchPressed!=lastTouch)
30            {
31               if(touchPressed==true)
32                  {
33                  Serial.println("Changing light sensor to reflected light mode ");
34                  light1.setReflected();
35                  }
36               else
37                  {
38                  Serial.println("Changing light sensor to ambient light mode");
39                  light1.setAmbient();
40                  }
41               lastTouch=touchPressed;
42            }
43         lightReading=light1.readRaw();
44         sprintf(str,"Light sensor Reading:%d ",lightReading);
45         Serial.println(str);
46         delay(500);
47      }
```

代码解读

(1) 第1、2行代码：这两行代码是必需的，将所需的头文件包含在程序中。

Wire Library 的功能是允许 Arduino 与 I^2C/TWI 设备通信。在 Arduino UNO R3 电路板上，数据线(SDA)和时钟线(SCL)在靠近 ARFE 引脚的地方(标记印在板子的背面)。更多关于 Wire Library 的信息请参考本小节后的“Wire Library 函数简介”或参考 http://arduino.cc/en/Reference/Wire。

(2) 第3、4行代码：NXShield Library 有很多组成部分，要在 NXShield 上连接哪些设备，就要将对应的头文件包含在程序中。

(3) 第5～7行代码：分别创建一个 NXShield、NXTTouch 和 NXTLight 对象变量，分别命名为 nxshield、touch1 和 light1。实际上就是声明连接在 Arudino 电路板上的 NXShield 扩展板名为 nxshield，连接在 NXShield 扩展板上的设备名分别为 touch1 和 light1。

(4) 第 10～12 行代码：设定串口通信波特率为 9600；等待 500ms 以启动串口监视器；串口监视器上显示内容“Initializing the devices...(正在初始化设备……)”，如图 8-7 所示。需要说明的是，使用串口显示器显示信息是一种非常好的习惯，可以使程序更具交互性，方便查错(debug)。

(5) 第 13 行代码：使用 NXShield 同其他扩展板一样，要用到相应的库，库中包含许多新的函数。这些函数的格式、使用方法、功能等信息从哪里得到呢？一般来说，函数库的发布者都会同时发布相应的说明资料，可以到网页 http://nxshield.svn.sourceforge.net/viewvc/nxshield/NXShield/html/index.html 上查找 NXShield 的参考资料。

如图 8-8 所示，在网页上找到“Classes\NXShield”，其右侧就列出了 NXShield 类中的函数。

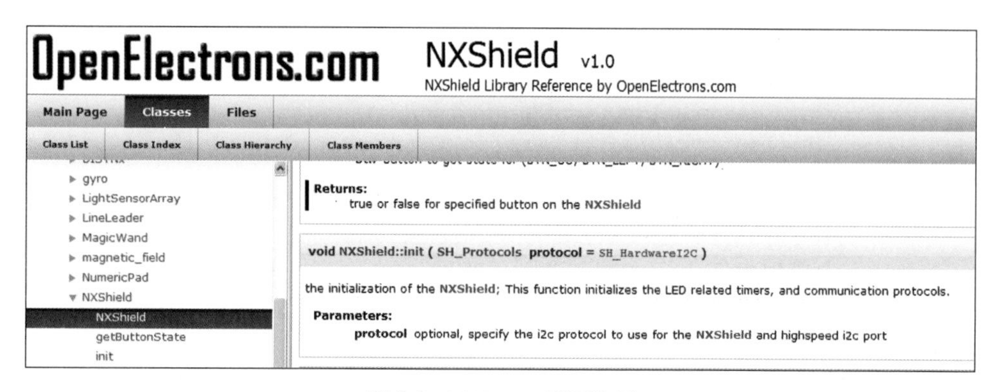

图 8-8　NXShield 网页资料

函数 NXShield.init(Protocol)有两个参数：参数 NXShield 指定 NXShield 扩展板；参数 Protocol 指定 I^2C 协议类型，有 SH_Hardware I^2C 和 SH_Software I^2C 两种。

本行代码即初始化 NXShield 的 I^2C 协议，使用硬件协议。一般来说，推荐使用硬件协议。只有使用超声波传感器时，才使用软件协议。

(6) 第 14 行代码：在串口监视器显示内容“Press GO button to continue(请按 GO 按钮以继续)”。运行程序时，在串口监视器中显示如图 8-9 标记①所示。

(7) 第 15 行代码：等待，直到按下 GO 按钮，程序继续。函数 NXShield.waitForButtonPress(btn,led_pattern)有三个参数：参数 NXShield 指定 NXShield 扩展板；参数 btn 指定要按的按钮，有 BTN_GO、BTN_LEFT、BTN_RIGHT 三个；参数 led_pattern 指定 NXShield 上 LED 闪烁的模式。取 0 时，关掉 LED(NXShield 接通电源时，LED 显示白色弱光。此处 LED 点亮，是指发出很亮的白光，因此关掉 LED 时仍显示有弱光)；取 1 时，LED 以“呼吸”模式(LED 缓慢逐渐变亮，再缓慢逐渐变暗，保持约 1s，如此循环)点亮；取 2 时，LED 以心跳模式(LED 较快速逐渐变亮，再较快速逐渐变暗，频率大致与正常人的心跳频率相同)点亮。其中，参数 led_pattern 是可选的，第 15 行代码就省略了该参数。通常，LED 默认为“呼吸”模式。

(8) 第 16、17 行代码：初始化模拟传感器。触碰传感器接在 BAS1 口，光电传感器接在 BAS2 接口。注意，BAS1 口不支持光电传感器。

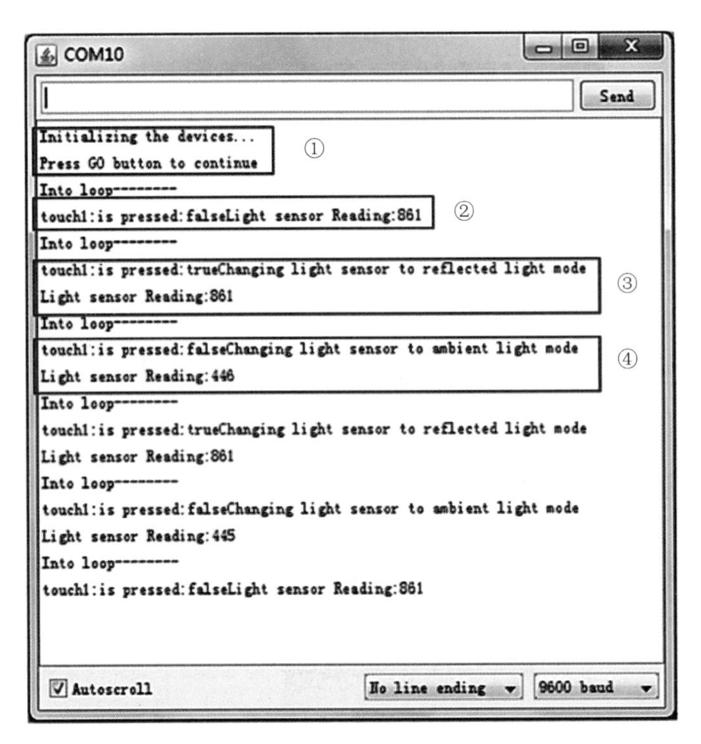

图 8-9　程序运行时串口监视器显示

函数 Sensor. init(&NXShield,Port)有三个参数：参数 Sensor 指定传感器，参数 &NXShield 指定 NXShield 扩展板，参数 Port 指定传感器连接的端口。

(9) 第 19、20 行代码：分别定义布尔型变量 lastTouch 和 touchPressed。

(10) 第 23、24 行代码：定义字符型数组 str[]，数组最多有 256 个元素；定义整型变量 lightReading。

(11) 第 25 行代码：串口监视器显示内容"Into loop--------(进入循环)"。

(12) 第 26 行代码：函数 touchSensor. isPressed()有一个参数 touchSensor，指定是哪个触碰传感器。如果触碰传感器被按下，函数返回值为 true，否则返回值为 false。返回值赋给变量 touchPressed 存储。

(13) 第 27 行代码：函数 sprintf()是一个字符串格式化命令，主要功能是把格式化的数据写入某个字符串。在这里只做简单说明。

str 是目标字符串，也就是说，要把后面的内容放在 str 中。

"touch1:is pressed:%s"是格式串，"%s"是以%为开头的格式说明符并占据一个位置，在后面的变量列表中提供相应的变量代替这个说明符。

"touchPressed?"true":"false""询问布尔型变量 touchPressed 是真或假，返回 true 或 false 到%s 所占据的位置。

运行程序时，在串口监视器中显示如图 8-9 标记②所示。有兴趣的话，可以把这部分代码改成"touchPressed?"yes":"no""，运行程序，观察串口监视器显示内容的变化。

(14) 第 28 行代码：串口监视器显示变量 str 所存储的字符串。

(15) 第 29～42 行代码：if 条件判断结构。第 41 行代码标记触碰传感器的状态，以便在下一轮 loop 循环中使用。下一轮 loop 循环时，这个状态已经是过去时，因此存储在变量 lastTouch 中。

第 29 行代码判断条件 touchPressed！＝lastTouch 是否满足。如果条件满足，说明触碰传感器的状态发生改变，执行第 30～42 行代码，否则跳过第 30～42 行代码。

第 31～40 行代码是嵌套在 if 结构中的 if/else 结构。

如果第 31 行代码判断条件 touchPressed＝＝true 满足，说明触碰传感器当前处于按下状态，即传感器是从释放状态变为按下状态，执行第 32～35 行代码。函数 NXTLight.setReflected()的功能是将 NXT 光电传感器设置为反射光线模式(打开传感器上自带的 LED)，参数 NXTLight 指定是哪个光电传感器。

运行程序时，在串口监视器中显示如图 8-9 标记③所示。

如果第 31 行代码判断条件 touchPressed＝＝true 不满足，说明触碰传感器当前处于释放状态，即传感器是从按下状态变为释放状态，执行第 37～40 行代码。函数 NXTLight.setAmbient()的功能是将 NXT 光电传感器设置为环境光线模式(关闭传感器上自带的 LED)。

运行程序时，在串口监视器中显示如图 8-9 标记④所示。

(16) 第 43 行代码

函数 NXShield.readRaw()的功能是从传感器读取原始的模拟数值，并以整型数值返回。参数 NXShield.指定是哪个传感器。

NXShield.readRaw()是 NXShieldAGS(NXShield 模拟传感器)类中的函数之一。

(17) 第 44～45 行代码

请参考第 27～28 行代码的说明。

8.2.2 NXT 电机和超声波传感器使用示例

在该案例中，在 NXShield 上接一个 NXT 超声波传感器(BBS1)和一个 NXT 电机(Bank-A Motor1)，超声波传感器测量与障碍物的距离，电机根据距离改变为正转或反转。硬件连接如图 8-10 所示。

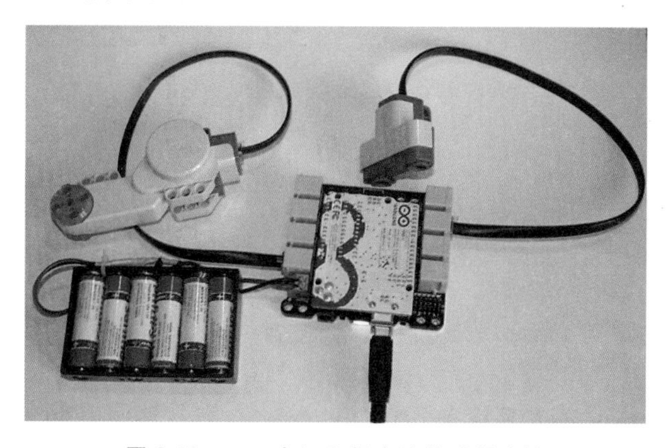

图 8-10　NXT 电机和超声波传感器连接

打开 Arduino IDE，新建一个名为 NXShieldSonarMotor 的 sketch，代码编写如下：

```
1    #include<Wire.h>
2    #include<NXShield.h>
3    #include<NXTUS.h>
4    NXShield nxshield;
5    NXTUS sonar1;
6    char info[80];
7    char str[256];
8    int  distance;

9    void setup()
10     {
11       Serial.begin(9600);
12       delay(500);
13       Serial.println ("Initializing the devices ...");
14       nxshield.init( SH_SoftwareI2C );
15       nxshield.bank_a.motorReset();
16       nxshield.bank_b.motorReset();
17       sonar1.init( &nxshield, SH_BBS1 );
18       strcpy(info, sonar1.getFirmwareVersion() );
19       sprintf (str, "sonar1: FirmwareVersion: %s", info);
20       Serial.println(str);
21       strcpy(info, sonar1.getDeviceID() );
22       sprintf (str, "sonar1: DeviceID: %s", info);
23       Serial.println(str);
24       strcpy(info, sonar1.getVendorID() );
25       sprintf (str, "sonar1: VendorID: %s", info);
26       Serial.println(str);
27       Serial.println();
28       Serial.println ("Press GO button to continue");
29       nxshield.waitForButtonPress(BTN_GO);
30     }

31   void loop()
32     {
33       distance=sonar1.getDist();
34       sprintf (str, "sonar1: Obstacle at: %d mm", distance );
35       Serial.println(str);
36       if(distance>50)
37         {
38           Serial.print("The motor begin to run forward,The present moment is:") ;
39           Serial.println(millis());
40           nxshield.bank_a.motorRunRotations(SH_Motor_1,
                                               SH_Direction_Forward,
                                               50,
                                               3,
                                               SH_Completion_Wait_For,
                                               SH_Next_Action_BrakeHold);
```

```
41              Serial.print("The motor stop,The present moment is:") ;
42              Serial.println(millis());
43              Serial.println();
44          }
45      else
46          {
47              Serial.print("The motor begin to run reverse,The present moment is:");
48              Serial.println(millis());
49              nxshield.bank_a.motorRunRotations(SH_Motor_1,
                                                    SH_Direction_Reverse,
                                                    50,
                                                    3,
                                                    SH_Completion_Wait_For,
                                                    SH_Next_Action_BrakeHold);
50              Serial.print("The motor stop,The present moment is:");
51              Serial.println(millis()) ;
52              Serial.println();
53          }
54      }
```

代码解读

(1) 第 14 行代码：初始化 NXShield 的 I^2C 协议，超声波传感器只能使用软件协议。

(2) 第 15～17 行代码：重启 NXT 电机，初始化超声波传感器。

(3) 第 18～26 行代码：获取超声波传感器的固件信息。函数 NXTUS. getFirmwareVersion()、NXTUS. getDeviceID 和 NXTUS. getVendorID 的功能分别是获取超声波传感器的固件版本、产品 ID 和制造商 ID 信息。在 NXT 传感器中，只有超声波传感器有这个功能及相应的函数。

(4) 第 40 行代码：NXShieldBank 类成员函数的形式为：NXShield. which_bank. function(parameter)。NXShield. which_bank. motorRunRotations(which_motors, direction, speed, rotations, wait_for_completion, next_action)是其中之一。

① 参数 which_motors：指定电机，可以是 SH_Motor_1、SH_Motor_1 或 SH_Motor_Both。

② 参数 direction：指定转动方向，可以是 SH_Direction_Forward 或 SH_Direction_Reverse。

③ 参数 speed：指定转动速度，整型，范围是 1～100。

④ 参数 rotations：指定转动圈数，长整型。

⑤ 参数 wait_for_completion：指定是否要等到执行完这个函数再执行下一个动作，可以是 wait_for_completion(等电机完成动作，程序再往下执行)或 SH_Completion_Dont_Wait(不等电机完成动作，程序往下执行)。

⑥ 参数 next_action：指定电机的下一个动作，可以是 SH_Next_Action_Brake(刹车，但如果位置改变，不恢复位置)、SH_Next_Action_BrakeHold(刹车，如果继续转动，恢复位置)或 SH_Next_Action_Float(缓停)。

运行这段代码时，串口监视器显示如图 8-11 所示。可以看出，电机要转动两圈后，程序才能继续执行。

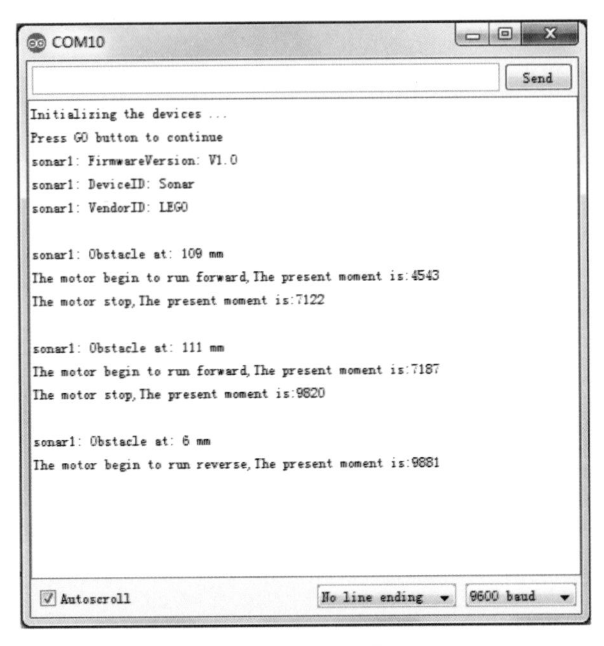

图 8-11　**串口监视器显示**

将参数 wait_for_completion 设置为 SH_Completion_Dont_Wait 后运行程序，经实际测试，没有明显的变化，仍然要等电机转够 3 圈才会往下执行程序。

关于某个函数的功能和参数的设置方法，可以通过从网页 http://nxshield.svn.sourceforge.net/viewvc/nxshield/NXShield/html/index.html 上查看 Files 得到。

8.3　循迹小车

相信玩过 Lego Mindstorms 的人一定做过循迹小车这个项目。本小节就用 Arduino 结合 Lego，做一个循迹小车。

本例中使用 2 个 NXT 电机及结构件搭建一个三轮的(2 个驱动轮、1 个万向轮)小车，其左、右各安装一个光电传感器，跨在黑线两边。正前方安装一个超声波传感器，以探测途中放置的障碍物。Arduino＋NXShield 以及电池盒安装在小车上部。主要结构如图 8-12～图 8-20 所示。电机和传感器对应接口如表 8-3 所示。

表 8-3　**电机和传感器对应接口**

器件	左电机	右电机	左光电传感器	右光电传感器	超声波传感器
接口	Bank-A Motor1	Bank-A Motor2	BAS2	BBS2	BBS1

打开 Arduino IDE，新建一个名为 NXShieldFollowLine 的 sketch，代码编写如下：

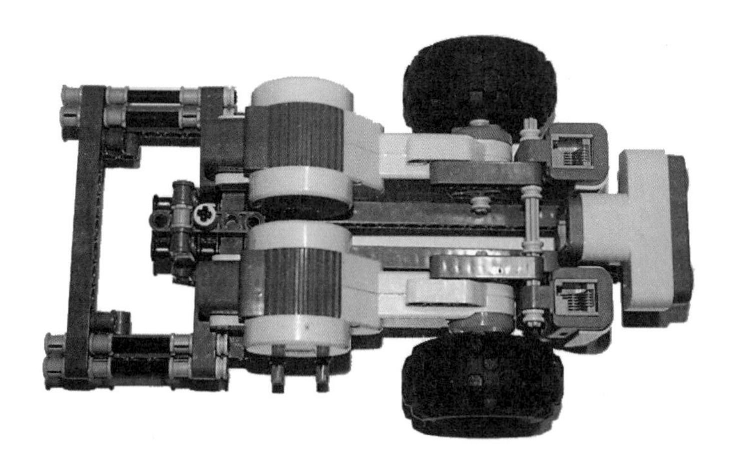

图 8-12　结构部分整车俯视

图 8-13　结构部分整车侧视

图 8-14　光电和超声传感器

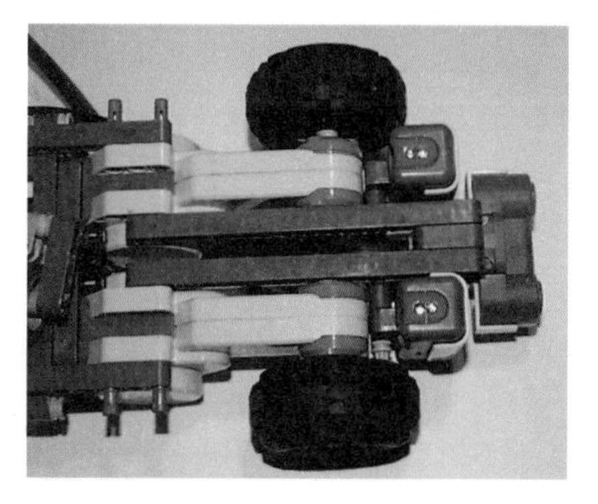

图 8-15　光电和超声传感器(底部)

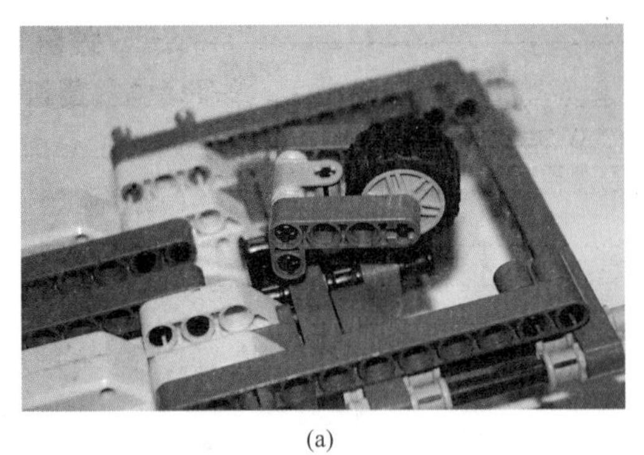
(a)

(b)

图 8-16　万向轮

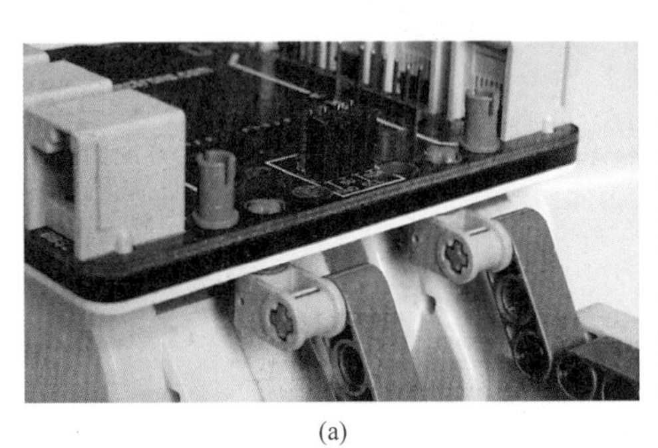
(a)

(b)

图 8-17　安装 NXShield

图 8-18　连接 Arduino 到 NXShield

图 8-19　安装电池盒

图 8-20　连接电源、电机和传感器到 NXShield

```
1     #include<Wire.h>
2     #include<NXShield.h>
3     #include<NXTLight.h>
4     #include<NXTUS.h>

5     NXShield nxshield;
6     NXTLight light1;
7     NXTLight light2;
8     NXTUS sonar1;
9     int distance;
10    int lightReading1;
11    int lightReading2;

12    void setup()
13      {
14         nxshield.init( SH_SoftwareI2C );

15         nxshield.bank_a.motorReset();
16         nxshield.bank_b.motorReset();
17         sonar1.init(&nxshield, SH_BBS1 );
18         light1.init(&nxshield, SH_BAS2 );
19         light2.init(&nxshield, SH_BBS2 );
20         light1.setReflected();
21         light2.setReflected();
22         nxshield.waitForButtonPress(BTN_GO);
23      }

24    void loop()
25       {
26         distance=sonar1.getDist();
27         lightReading1=light1.readRaw();
28         lightReading2=light2.readRaw();
29         if(distance>50)
30           {
31              if(lightReading1<500&&lightReading2<500)
32                 {
33                    nxshield.bank_a.motorRunUnlimited(SH_Motor_Both,
                                                 SH_Direction_Forward,30);
34                 }
35              if(lightReading1<500&&lightReading2>500)
36                 {
37                    nxshield.bank_a.motorRunUnlimited(SH_Motor_1,
                                                 SH_Direction_Forward,30);
38                    nxshield.bank_a.motorRunUnlimited(SH_Motor_2,
                                                 SH_Direction_Reverse,20);
39                 }
40              if(lightReading1>500&&lightReading2<500)
41                 {
42                    nxshield.bank_a.motorRunUnlimited(SH_Motor_2,
                                                 SH_Direction_Forward,30);
43                    nxshield.bank_a.motorRunUnlimited(SH_Motor_1,
                                                 SH_Direction_Reverse,30);
44                 }
```

```
45            }
46          else
47           {
48             nxshield.bank_a.motorStop(SH_Motor_Both,SH_Next_Action_BrakeHold);
49           }
50        }
```

代码解读

此程序的结构为：超声波传感器探测黑线上放置的障碍物，在距离 50mm 的位置停下来。光电传感器打在白色部分时，输出小于 500(需要根据实际环境调整)；光电传感器打在黑色部分时，输出大于 500。根据两个光电传感器的输出值判断小车的状态是在沿线、左偏或是右偏，依次让电机作出动作调整。

需要说明两点：①这个程序里没有串口监视器显示的代码，因为小车跑起来后就不能连接计算机，而且运行这些代码会花费一些时间，造成小车不能快速地根据情况作出反应；②电机的动作要设为 motorRunUnlimited，因为 NXT 电机在设置为这种状态时可以运行其他程序，以保证每轮 loop 需要非常短的时间，小车才能及时地判断自己的状态并作出调整。

8.4 NXShield 控制舵机

NXShield-D 在与 Arduino 结合后，不仅能使用 NXT 的电机和传感器，同时留出了 6 个舵机接口，极大地丰富了可实现的功能。Arduino IDE 中 File\Examples\NXShield\NXShield_examples\servo_examples\servo 的例子讲解了最基本的 NXShield 控制舵机的方法，作者将其简化以突出重点。

本例中使用一个 180°舵机(HITEC HS-485HB)，接在 NXShield-D 的 3 号舵机接口上，如图 8-21 所示。

图 8-21　NXShield 控制舵机

打开 Arduino IDE，新建一个名为 NXShieldServo 的 sketch，代码编写如下：

```
1     #include<Wire.h>
2     #include<NXShield.h>
3     #include<Servo.h>
4     Servo myservo3;
5     int pos=0;
6     void setup()
7       {
8           Serial.begin(9600);
9           Serial.println("Running Servos");
10          myservo3.attach(3);
11      }
12    void loop()
13      {
14          pos=255;
15          myservo3.write(pos);
16          delay(1000);
17          pos=0;
18          myservo3.write(pos);
19          delay(1000);
20      }
```

代码解读

(1) 第 1～3 行代码：将所需要的头文件包含在程序中。

(2) 第 4 行代码：创建一个舵机对象，名为“myservo3”。NXShield-D 上的 6 个舵机接口分别标记为 3、5、6、9、10、11(分别与 Arduino 数字引脚 3、5、6、9、10、11 相连)，因此为舵机对象命名时最好用数字标记接口。

(3) 第 10 行代码：指明舵机接在数字引脚 3 上。

(4) 第 15 行代码：注意该行代码与 File\Examples\Servo 中的代码形式上相同，但参数稍有差别。在直接使用 Arduino 控制舵机时，函数 servo. write(angle)的参数 angle 代表角度，范围是 0°～180°。但在使用 NXShield 时，angle 的范围是 0～255，对应的角度范围是 0°～180°。

Lego 没有能直接与舵机相连的齿轮和结构件。要将舵机应用在 Lego 结构中，需要想一些办法，如图 8-22～图 8-34 所示。

图 8-22　Lego 齿轮连接舵机所需配件

图 8-23　Lego 皮带轮与舵机舵盘相接

(a)

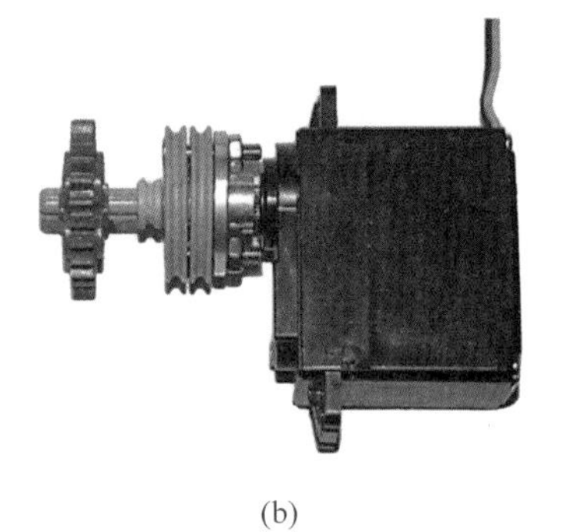

(b)

图 8-24　连接 Lego 齿轮到舵机

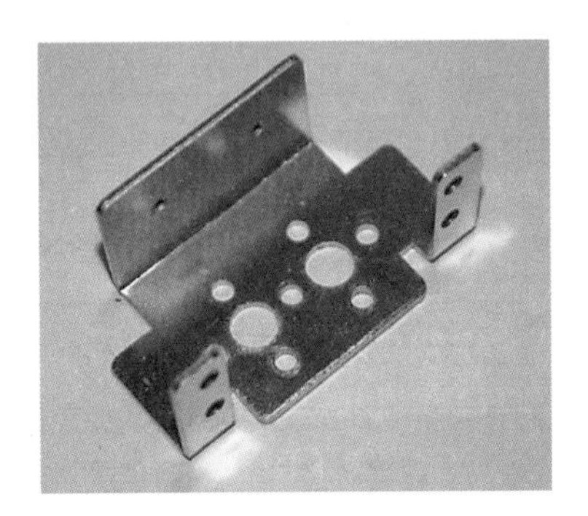

图 8-25　舵机座

(a)

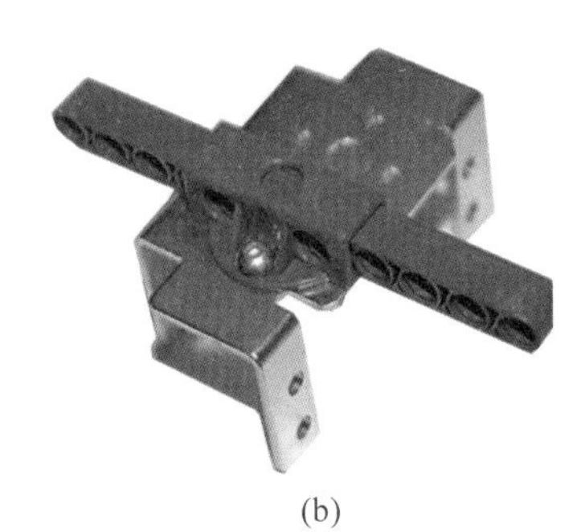

(b)

图 8-26　Lego 金塑连接件

(a)

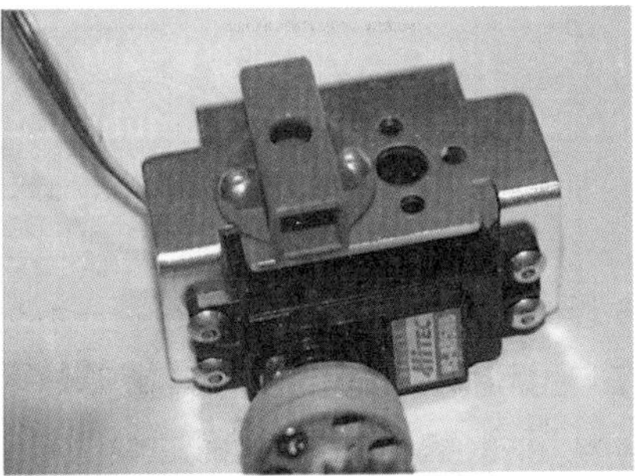

(b)

图 8-27　舵机安装在舵机座上

(a)

(b)

图 8-28　舵机安装在 Lego 结构中

图 8-29　Lego 四轮小车

图 8-30　Lego 四轮小车的前轮

图 8-31　四轮小车底部

图 8-32　后轮差速器

图 8-33　安装 NXShield-D 和 Arduino

图 8-34　完成后的四轮小车

LEGO 在 FTC(FIRST Tech Challenge，FIRST 科技挑战赛)比赛中，新出了金属结构件，图 8-26 中的 Lego 金塑连接件是专门用于将金属结构件与 Lego 塑料结构件连接在一起的配件。

本例中，Lego 四轮小车前轮使用连杆机构(如图 8-30 所示)。它充分利用舵机可以转动精确角度的特点，使舵机带动齿条精确控制前轮左、右转向的角度。

8.5　扩展阅读——I^2C 和 Wire 库

本章在用到 NXShield 时，总要提到 I^2C 和 Wire 库，它们究竟是什么？本小节就来了解一下。

I^2C(Inter-Integrated Circuit)总线是两线式串行总线，用于连接微控制器(如 Arduino)及其外围设备，是微电子通信控制领域广泛采用的一种总线标准。它具有接口线少，控制方式简单，器件封装形式小，通信速率较高等优点。如图 8-35 所示，I^2C 只有两

根双向信号线，一根是数据线 SDA，一根是时钟线 SCL。I^2C 是多主机总线，总线上可以有一个或多个主机，但同一时刻只能由一个主机工作。每个接到 I^2C 总线上的器件都有一个唯一的地址，主机与其他器件间可以进行双向的数据通信。

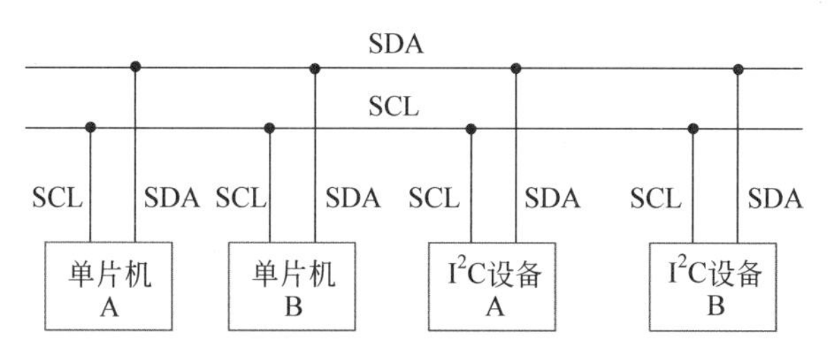

图 8-35　I^2C 连接示意图

I^2C 写通信的基本过程为：①主机在检测到总线空闲的状况下，首先发送一个 START 信号掌管总线；②发送一个地址字节(包括 7 位地址码和 1 位 R/W)；③当从机检测到主机发送的地址与自己的地址相同时，发送一个应答信号(ACK)；④主机收到 ACK 后，开始发送第一个数据字节；⑤从机收到数据字节后，发送 ACK 表示继续传送数据，发送 NACK 表示传送数据结束；⑥主机发送完全部数据后，发送一个停止位 STOP，结束整个通信并且释放总线。

I^2C 读通信的基本过程为：①主机在检测到总线空闲的状况下，首先发送一个 START 信号掌管总线；②发送一个地址字节(包括 7 位地址码和 1 位 R/W)；③当从机检测到主机发送的地址与自己的地址相同时，发送一个应答信号(ACK)；④主机收到 ACK 后释放数据总线，开始接收第一个数据字节；⑤主机收到数据后，发送 ACK 表示继续传送数据，发送 NACK 表示传送数据结束；⑥主机接收完全部数据后，发送一个停止位 STOP，结束整个通信并且释放总线。

在 Arduino UNO R3 电路板上，数据线(SDA)和时钟线(SCL)在靠近 ARFE 引脚的地方，电路板背面可以看到标记。Wire Library 的功能是允许 Arduino 与 I^2C 设备通信。

库的成员函数简介如下：

1. 函数 Wirebegin(address)

该函数的功能是初始化 wire 库，函数只调用一次。参数 address 表示 7 位从机地址(可选)。函数无返回值。

2. 函数 WirerequestFrom()

该函数的功能是设置主机向从机请求的字节量。要配合 available()和 read()函数使用。函数的形式有 Wire. requestFrom(address，quantity)和 Wire. requestFrom(address，quantity，stop)两种。

(1) 参数 address：7 位从机地址。

(2) 参数 quantity：请求的字节量。

(3) 参数 stop：布尔型。如果是 true，则在请求之后发送一个停止信息，释放总线；如果是 false，则在请求之后保持连接。

3. 函数 Wirebegin Transmission(address)

该函数的功能是启动与指定地址的从机进行通信。参数 address 表示 7 位从机地址。

4. 函数 WireendTransmission()

该函数的功能是结束与从机的通信。函数有 Wire. endTransmission()和 Wire. endTransmission(stop)两种形式。

参数 stop 是布尔型。如果是 true,则在通信结束后释放总线;如果是 false,则保持连接。

函数返回有以下几种情况:

(1) 0:成功;

(2) 1:数据太长;

(3) 2:发送地址时收到 NACK;

(4) 3:发送数据时收到 NACK;

(5) 4:其他错误。

5. 函数 write()

该函数的功能是根据主机的请求从从机写入数据,或将主机发送到从机的数据列队。函数的形式有 Wire. write(value)、Wire. write(string)和 Wire. write(data, length)三种。

(1) 参数 value:以单字节发送的数值;

(2) 参数 string:以字节序列发送的字符串;

(3) 参数 data:以字节发送的数据数组;

(4) 参数 length:发送的字节数。

函数返回字节型数值,表示写入的字节数。

6. 函数 Wireavailable()

该函数的功能是返回可接收的字节数,无参数。

7. 函数 read ( )

该函数的功能是返回接收到的下一个字节。函数形式为 Wire. read(),无参数。

8. 函数 WireonReceive(handler)

该函数的功能是注册一个函数,在从机从主机接收数据时调用。

参数 handler:当从机接收数据时调用的函数,这个函数只有一个整型变量(从主机读取的字节数),函数没有返回。例如:

```
void myHandler(int numBytes)
```

9. 函数 WireonRequest(handler)

该函数的功能是注册一个函数,在主机向从机请求数据时调用。

参数 handler 是要调用的函数,函数没有参数,没有返回。例如:

```
void myHandler()
```

附录　硬件推荐及说明

DFRduino UNO R3

DFRduino UNO R3 是一款完全兼容 Arduino UNO 的微控制板。它具备 14 个数字输入和输出口，其中 6 个为 PWM 输出口，6 个为模拟输入口。UNO R3 包含了一切微控制器的必备要素。只要将其通过 USB 连接到计算机，或者用适配器(或电池)为其供电，UNO R3 就能够像普通主控器一样工作。

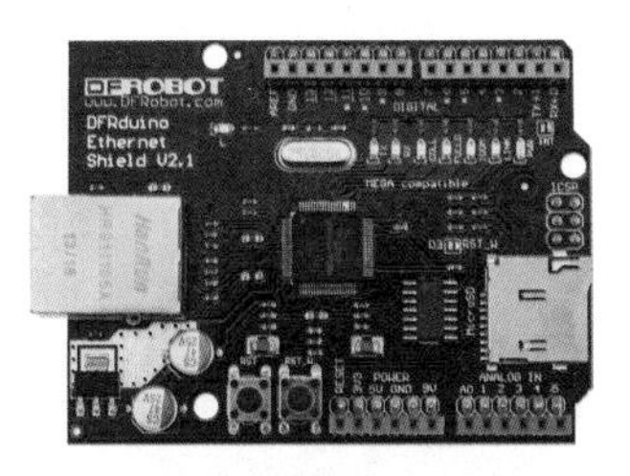

Ethernet W5100 扩展板

DFRduino Ethernet W5100 扩展板内置 WizNet W5100 TCP/IP 微处理器，能使 Arduino 控制器连接到因特网。它通过长针脚排母(wire-wrap header)连接 Arduino 板。使用 Ethernet Lib 程序便可以轻松地使用 Ethernet W5100 的扩展板的功能。这款扩展板同时支持 4 个 socket 的连接，可提供标准的 RJ-45 以太网插座。扩展板上的 Reset 按键可以同时重启 W5100 芯片以及 Arduino 控制器。

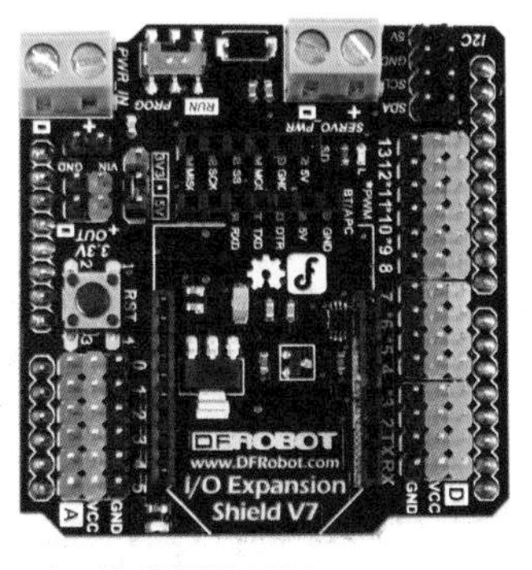

DFRobot I/O 传感器扩展板 V7

DFRobot I/O 传感器扩展板 V7 将 Arduino 系列主控板的 I/O 端口通过 3Pin 排针(GND、V_{CC}、SIGNAL)的形式扩展出来。用户可以直接将传感器模块插在上面，省去了烦琐的面包板接线。另外，扩展板上还可以直插 XBee 封装的通信模块和普通封装的蓝牙或射频模块。DFRobot I/O 传感器扩展板还能为主控器提供外接电源，并且提供 3.3V 供电，兼容更多扩展设备。

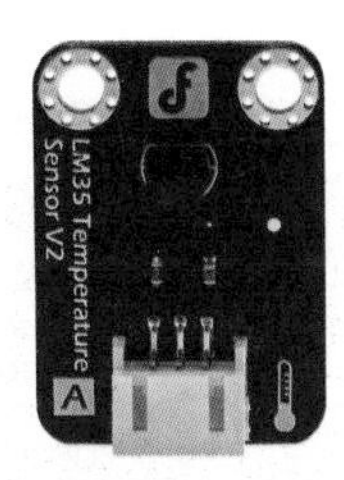

温度传感器(普通封装)

基于 LM35 半导体的温度传感器可以用来对环境温度进行定性的检测。其测温范围为－40～150℃，灵敏度为 10mV/℃，输出电压与温度成正比。

继电器模块

采用大电流优质继电器，提供 1 路输入与输出，最高可以接 277V/10A 的交流设备或 24V/10A 的直流设备，因此能够用来控制电灯、电机等设备。

电位器

基于多圈精密电位器，可以旋转 10 圈左右，并可将电压细分为 1024 份。可通过 3Pin 的连接线与传感器扩展板结合，精确地实现角度微小变化的互动效果。

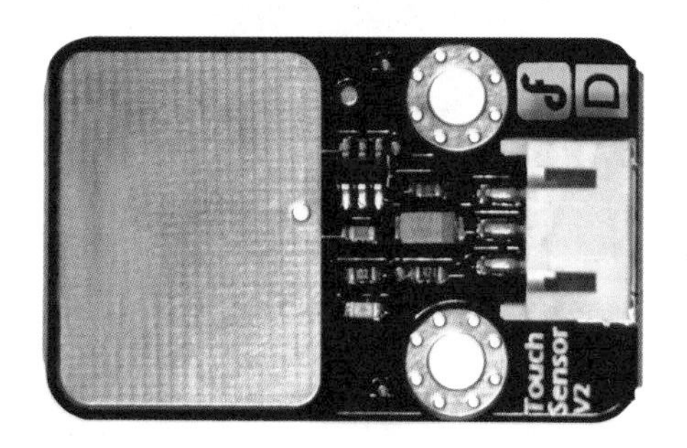

感应式触摸开关

触摸开关基于电容感应原理。人体或金属在传感器金属面上的直接触碰会被感应到。除了直接触摸，隔着一定厚度的塑料、玻璃等材料的接触也可以被感应到，感应灵敏度随接触面的大小和覆盖材料的厚度而变化。

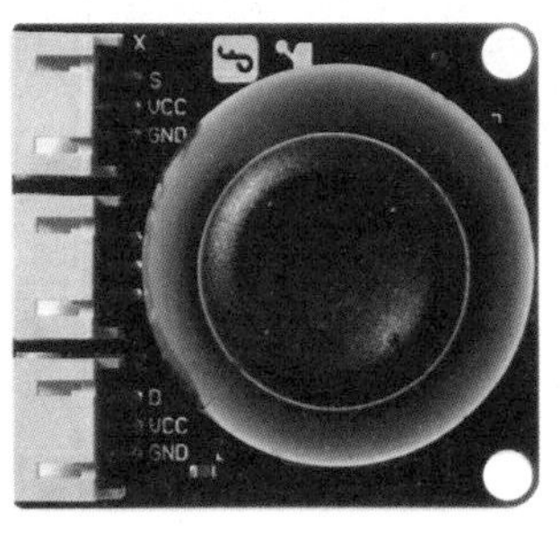

Joystick 模块

JoyStick 模块采用原装优质金属 PS2 摇杆电位器制作，具有(X，Y)2 轴模拟输出、(Z)1 路按钮数字输出。3 路信号分别通过 3Pin 线接到 Arduino 传感器扩展板，常被用作遥控器或者设备操作台的输入模块。

XBee USB 适配器

可以让 PC 通过 mini USB 线配置 XBee/蓝牙模块，与控制器/开发板进行无线实时数据传输，也可以通过该模块无线烧录控制器的程序。新版的适配器为 FTDI 接口焊接了母头排针。用户可以直接把该适配器作为 FTDI 烧写器，其适用微型 Arduino 主控器的程序烧录。

L298N 直流电机驱动模块

DF-MDv1.3 大功率直流电机驱动器采用电机专用驱动芯片 L298N，可直接驱动 2 路直流电机，驱动电流达 2A，电机输出端采用高速肖特基二极管作为保护。DF-MDv1.3 增加了散热器，可以承受更大的电流；控制端口由原来的 6 个改为 4 个，不但可以节约控制器端口，而且控制程序更为简单。

USB to Serial 模块

2.4G 的 XBee 无线模块，采用 802.15.4 协议栈，通过串口与单片机等设备进行通信，支持点对点通信以及点对多点网络。此模块的天线为导线天线，简单、方便。

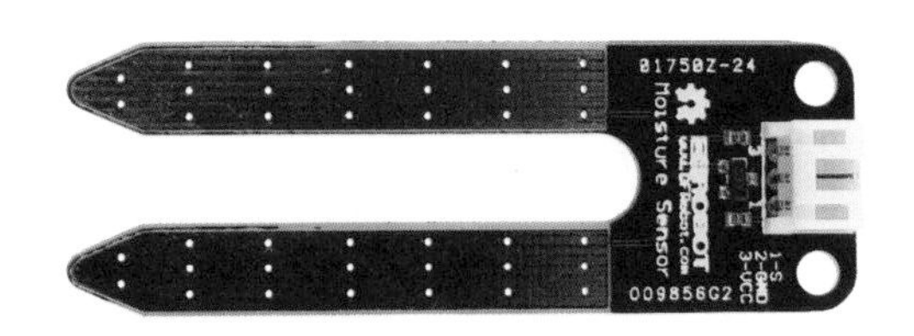

土壤湿度传感器

这是一个简易的水分传感器，可用于检测土壤的水分。当土壤缺水时，传感器输出值减小，反之增大。传感器表面做了镀金处理，可以延长它的使用寿命。将它插入土壤，然后使用 AD 转换器进行读取。

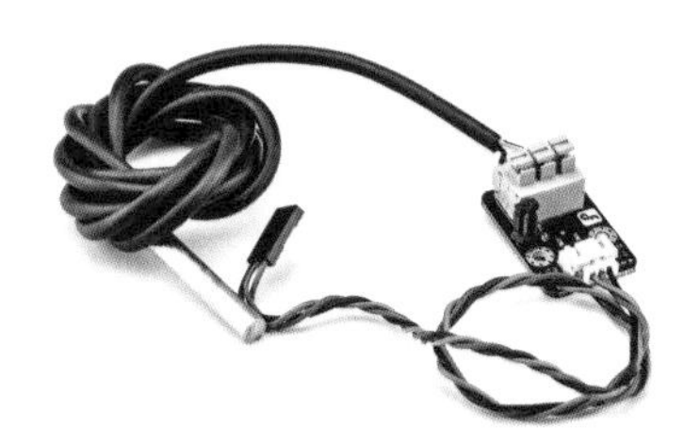

温度传感器（不锈钢封装）

这款防水 DS18B20 温度传感器在测量远处的温度和环境比较潮湿的情况下，能发挥极大的作用。传感器是数字式的，即使传输距离再远，也不会有信号衰减的问题。DS18B20 仅需通过 1 根传感器信号线就能连接到（Arduino）微控制器，提供 9～12 位（可配置）温度数据读取。

红外接近开关

红外接近开关是一种集发射与接收于一体的光电开关传感器。当探头前方无障碍时输出高电平，有障碍时则相反。传感器背面有一个电位器，可以调节障碍的检测距离。调节好电位器（如调节好的最大距离为 60cm），并且障碍在有效距离内（如 40cm 处或者 10cm 处），则输出低电平，否则是高电平。

微型潜水泵

采用静音设计，工作时的音量小于 30dB。这款水泵内有一个过滤器，并装有吸盘，因此能够紧紧地粘在光滑的表面上。注意：这款水泵只能在水中使用。

舵机

由 HITEC 出品的 HS-422 舵机具有运动精度高、噪声低、响应速度快等优点，适合制作机械手夹持器以及监控云台等。它可以直接插在 Arduino I/O 扩展板上，使用 Arduino 的 Servo Lib 就可以轻松驱动舵机。

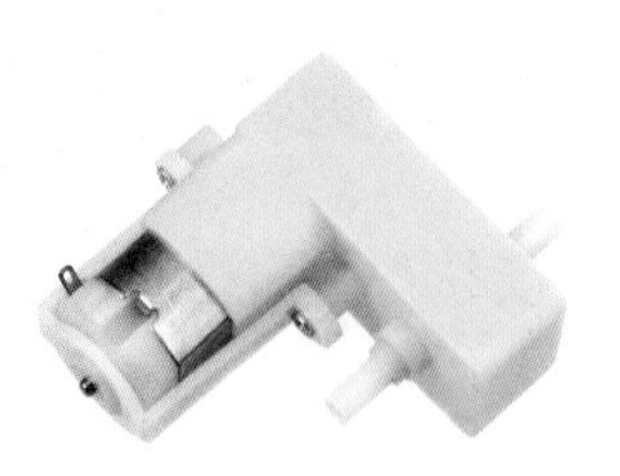

直流电机

这是一款双轴输出的微型直流减速电机。一端的轴承可安装车轮，另一端的轴承可安装编码器，配合 Arduino 控制器和电机驱动器就能够完成闭环 PID、测速、PWM 调速等。

杜邦线

在面包板上做实验时使用的电路连接线。

4 位七段数码管

4 位七段数码管是由 4 个 1 位七段数码管组成，能显示 4 位数字。

1 位七段数码管

顾名思义，七段数码管其实就是由 7 个 LED 组成，它们一般按照共阴或者共阳的方式连接在一起，可以很方便地显示 0～9 的数字以及特定的字母。

继电器

继电器的选用型号是 HRS2H-S-DC5V。继电器是一种电子控制器件，常应用于自动控制电路中。它实际上是一种用较小的电流控制较大电流的“自动开关”，在电路中起到自动调节、安全保护、转换电路等作用。

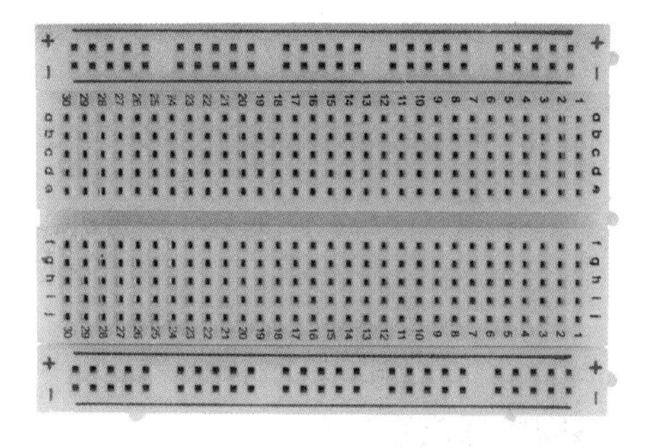

面包板

优质迷你面包板具有 170 个插孔，可以配合 Arduino 各种型号的 ProtoShield(原型扩展板)，自带双面粘胶，可以粘贴到各种开发板、扩展板上，也可粘贴到各种轮式机器人或履带式机器人基板上，实现个性化功能调试。

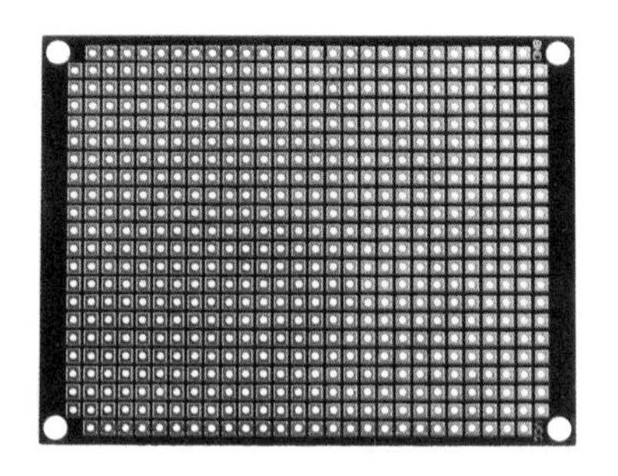

洞洞板

俗称“万用板”，是电路设计中常用的电路板。板子的尺寸为 58mm×78mm，孔间距是标准 IC 间距(2.54mm)。板子还配有 4 个直径为 3mm 的安装孔，起固定作用。

色环电阻

不同阻值的电阻若干，可以通过上面的颜色环识别。

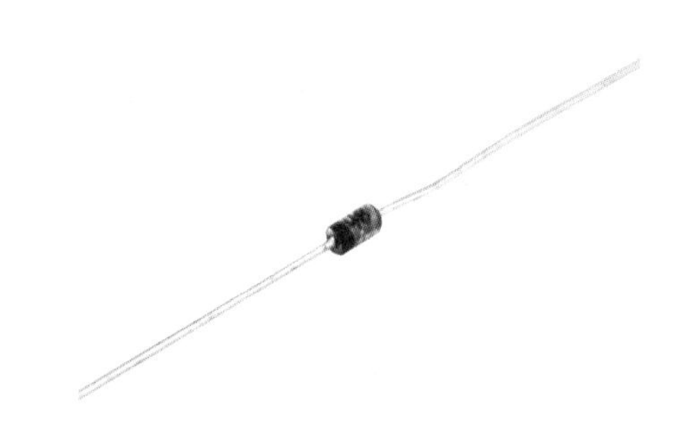

二极管

一种具有两个电极的装置，只允许电流由单一方向流过，也称为二极管的单向导电性。通过二极管的这一特性，能起到有效保护电路的作用。此处选用的是开关二极管，型号是 1N4148。

三极管

一种电流控制电流的半导体器件。其作用是把微弱信号放大成辐值较大的电信号，也用作无触点开关，是电子电路的核心元件。不同三极管的相应功能有所不同。此处选用了三极管 9013 和三极管 8050。

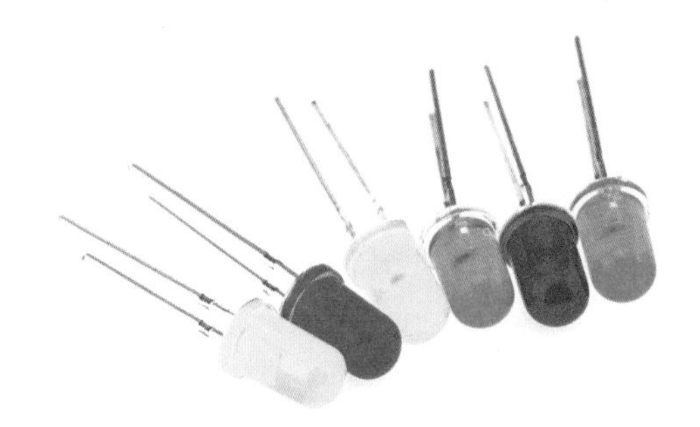

LED(发光二极管)

俗称“按键开关”，是最常用的输入器件。使用时以满足操作力的条件向开关操作方向施压，开关闭合接通；当撤销压力时，开关即断开，可非常方便地插入面包板，实现通断功能。

轻触开关

俗称“按键开关”，是最常用的输入器件。向开关施压时，开关功能闭合接通；当撤销压力时，开关即断开。其内部是靠金属弹片受力变化来实现通断的。可非常方便地插入面包板实现通断功能。

USB 小风扇

超静音、低电流、无刷电机设计，铁质外壳，超长寿命，可以 24 小时工作。

9V 电池

9V 层叠电池可提供高达 9V 的输出电压，但是输出电流较小，适用于高电压、小电流的场合。与 9V 电池扣相连接，可方便地接插到 Arduino 控制器和 32 路舵机控制器上，即插即用，非常方便。

参 考 文 献

[1] Massino Banzi. 爱上 Arduino[M]. 于欣龙,郭浩赟,译. 北京：人民邮电出版社,2011

[2] Smion Monk. 基于 Arduino 的趣味电子制作[M]. 吴兰臻,郑海昕,王天祥,译. 北京：科学出版社,2011.

[3] 孙俊荣,吴明展,卢聪勇. Arduino 一试就上手[M]. 北京：科学出版社,2012.

[4] 程晨. Arduino 开发实战指南：AVR 篇[M]. 北京：机械工业出版社,2012

[5] Michael Margolis. Arduino Cookbook[M]. USA:O'Reilly Media Inc. , 2011

[6] John Baichtal, Matthew Beckler, Adam Wolf. Make: LEGO and Arduino Projects: Projects for Extending MINDSTORMS NXT with Open-Source Electronics [M]. USA: O'Reilly Media Inc. ,2012.